污灌农田污染土壤修复试验研究

◎ 齐学斌　樊向阳　乔冬梅　著

中国农业科学技术出版社

图书在版编目（CIP）数据

污灌农田污染土壤修复试验研究 / 齐学斌，樊向阳，乔冬梅著. —北京：中国农业
科学技术出版社，2019.10

ISBN 978-7-5116-4428-2

Ⅰ.①污… Ⅱ.①齐… ②樊… ③乔… Ⅲ.①农业用地—污染土壤—修复—试验研
究 Ⅳ.①X53-33

中国版本图书馆 CIP 数据核字（2019）第 219324 号

责任编辑 崔改泵　李　华
责任校对 李向荣

出 版 者 中国农业科学技术出版社
　　　　　　北京市中关村南大街12号　　邮编：100081
电　　话 （010）82109708（编辑室）　（010）82109702（发行部）
　　　　　　（010）82109709（读者服务部）
传　　真 （010）82106650
网　　址 http：// www.castp.cn
经 销 者 各地新华书店
印 刷 者 北京建宏印刷有限公司
开　　本 787mm×1 092mm　1/16
印　　张 13
字　　数 269千字
版　　次 2019年10月第1版　　2019年10月第1次印刷
定　　价 86.00元

内容提要

本书介绍了污灌区中轻度污染农田土壤修复理论与技术研究的有关成果。全书分8章，第1章概括介绍了我国污灌农田土壤污染的现状、特点与成因以及污染土壤修复技术的国内外研究成果；第2章介绍了污灌农田污染物源解析的方法及定性定量识别技术；第3章介绍了含Cd微污染水重金属去除吸附材料的吸附机理及基于水质提升的不同吸附材料吸附处理组合工艺；第4章介绍了中轻度Cd污染农田微污染水灌溉的土壤—作物系统响应及基于源头污染减量化的微污染水安全灌溉技术模式与操作规程；第5章介绍了低吸收Cd作物品种筛选结果及轻度Cd污染土壤低吸收作物与钝化剂集成修复技术模式；第6章介绍了富集Cd作物品种筛选结果及中轻度Cd污染土壤富集作物与有机酸诱导集成修复技术模式；第7章介绍了典型有机污染物检测方法研究及中轻度有机污染农田土壤植物修复的试验结果；第8章介绍了土壤典型重金属—有机物复合污染植物修复的试验结果。

本书可供农业、环保、水利等领域的技术人员及相关专业学生阅读参考。

前　言

　　土壤污染总体上分为无机物污染和有机物污染两大类。无机污染物主要包括酸，碱，重金属，盐类，放射性元素铯、锶的化合物，含砷、硒、氟的化合物等。有机污染物主要包括有机农药、酚类、氰化物、石油、合成洗涤剂、3，4-苯并芘以及由城市污水、污泥及厩肥带来的有害微生物等。当土壤中有害物质过多，超过土壤的自净能力，就会引起土壤组成、结构和功能等发生变化，微生物活动也将受到抑制，有害物质或其分解产物在土壤中逐渐积累，并通过"土壤→植物→人体"或"土壤→水→人体"的途径间接被人体吸收，达到危害人体健康的程度。同时，土壤污染在使土壤降低或丧失生产力的同时，可能危及农产品、地下水和人居环境安全，对"米袋子""菜篮子""水缸子"构成巨大威胁。2014年4月，原环境保护部和原国土资源部联合发布的《全国土壤污染调查公报》显示，全国土壤点位总超标率为16.1%；从污染分布情况看，南方土壤污染重于北方，长江三角洲、珠江三角洲、东北老工业基地等部分区域土壤污染问题较为突出，西南、中南地区土壤重金属超标范围较大。2019年1月1日，我国第一部规范土壤污染防治的专门性法律——《中华人民共和国土壤污染防治法》正式实施，该法的出台，填补了当前土壤污染防治立法层面的空白，也起到厘清环境责任、明确治污主体的作用，对于土壤治理和修复研究工作的开展具有重要指导作用。

　　土壤污染具有隐蔽性、潜伏性和长期性的特点，通过食物链的层层传导，进而影响到动物和人类的健康，且这一过程，不易被察觉。土壤污染同时具有累积性的特点，污染物在土壤中不易迁移、扩散、稀释；甚至土壤污染具有不可逆性，如重金属对土壤的污染基本上是一个不可逆转的过程，许多有机化合物的污染也需要较长时间才能降解。更重要的是，土壤污染的治理成本很高，见效的过程也较为缓慢。

　　在污染土壤的治理和修复技术方面，我国呈现多元化的特点。在污染土壤修复的初期阶段，绝大多数采用水泥窑协同焚烧处置或安全填埋等相对简单的技术方式处理。最近10年来，土壤治理从理论到技术装备都有了长足发展。目前，应用热解吸、土壤淋洗、原位热脱附、原位化学氧化、生物修复等先进技术已经成为主流，特别是生物修复技术已成为当前关注的焦点。但和国外污染治理技术相比，我国还有不小差距。近年来，随着对环境的日益重视，我国加大了对土壤环境污染的研发资助力度，有力地促进和带动了土壤污染控制与土壤修复理论与技术的研究与发展。

2011年以来，在国家自然科学基金委员会、科技部、中国农业科学院等部门的资助下，中国农业科学院农田灌溉研究所主持承担了国家自然科学基金项目"基于土壤病原菌与重金属生态效应的再生水分根区交替灌溉调控机制"（51679241）、国家自然科学基金项目"植物修复重金属污染的水分调控机理"（51879268）、国家"十二五"863计划课题"污灌农田及退化土壤修复关键技术"（2012AA101404）、国家自然科学基金项目"再生水灌溉根际土壤氮素调控机理研究"（51009141）、国家自然科学基金项目"氮、钾肥料对再生水灌溉土壤重金属运移特性的影响及调控机制"（51479201）， 以及中国农业科学院科技创新工程项目"农业水资源优化配置与调控技术"等，本书是上述研究项目取得的试验研究成果。本书的出版得到了国家自然科学基金项目"基于土壤病原菌与重金属生态效应的再生水分根区交替灌溉调控机制"（51679241）和"植物修复重金属污染的水分调控机理"（51879268）的资助。

本书由齐学斌、樊向阳、乔冬梅统稿，主要著者分工如下：第1章由樊向阳、崔二苹、李松旌撰写；第2章由樊向阳、赵志娟、黄仲冬撰写；第3章由高青、齐学斌、石岩撰写；第4章由李平、胡艳玲、齐学斌、樊向阳撰写；第5章由李中阳、吴海卿、杜臻杰、齐学斌撰写；第6章由乔冬梅、胡超、齐学斌撰写；第7章由呼世斌、雷霁、王娇娇、魏丽琼撰写； 第8章由呼世斌、贾婵、王效国、乔冬梅撰写。 由于研究者水平和研究时间有限，本书所呈现的仅仅是污灌区中轻度污染土壤修复试验研究的初步成果，且未涵盖污染土壤的所有土壤类型、污染物种类及修复治理的各种方法等，不足和错误之处在所难免，恳请读者批评指正。

著 者
2019年8月

目　录

1 概述

1.1 我国污灌农田土壤污染现状

污灌，顾名思义污水灌溉，指以作物增产或缓解用水短缺矛盾为目的，主动或被动利用生活污水、生产废水进行灌溉的行为。不合理或长期污水灌溉是造成土壤污染的主要原因。土壤污染是指人类活动产生的污染物进入土壤，使得土壤环境质量已经发生或可能发生恶化，对生物、水体、空气和人体健康产生危害或可能有危害的现象。当土壤环境中所含污染物的数量超过土壤自净能力，或当污染物在土壤环境中的积累量超过土壤环境基准或土壤环境标准时，即为土壤污染。从土壤污染概念来看，判断土壤发生污染的指标，一是土壤自净能力，二是动植物直接、间接吸收而受害的临界浓度。土壤污染物包括化学污染物、物理污染物、生物污染物和放射性污染物等。根据2014年4月17日发布的《全国土壤污染状况调查公报》，我国耕地土壤点位超标率为19.4%，其中轻微（超过评价标准1~2倍）、轻度（超过评价标准2~3倍）、中度（超过评价标准3~5倍）和重度（超过评价标准5倍以上）污染点位比例分别为13.7%、2.8%、1.8%和1.1%。总体上，我国南方地区土壤污染重于北方地区，长江三角洲、珠江三角洲、东北老工业基地等区域土壤污染问题更为突出，西南、中南地区土壤重金属超标范围较大。

用未经处理或未达到排放标准的废污水灌溉农田是污染物进入土壤的主要途径。生活污水和工业废水中含有氮、磷、钾等许多植物所需要的养分，合理使用污水灌溉农田一般可具有增产效果。但污水中不可避免地含有重金属、酚、氰化物等有毒有害物质，如果污水没有经过必要的处理直接用于农田灌溉，有毒有害物质将随水带至农田，污染土壤。例如，冶炼、电镀、燃料等工业废水灌溉可引起土壤Cd、Hg、Cr、Cu等重金属污染；石油化工、肥料、农药等工业废水灌溉可引起土壤酚、三氯乙醛、农药等有机物的污染。此外，施用矿质肥料、有机肥、农药以及大气降尘等均有可能造成土壤污染。

1.1.1 我国农田污水灌溉历史及特点

1.1.1.1 我国污水灌溉发展历程

污水最初被作为肥水用于农田灌溉，随着水资源短缺矛盾的不断加剧，农民在没有清水或清水灌溉不能满足灌溉用水需求的情况下，经常会被动引用污水进行灌溉，这在城市郊区最为突出。我国的污水灌溉始于1957年，大体经历了起步、稳定、快速发展和安全利用4个阶段。

第一阶段：自20世纪50年代末至60年代初，由于国家重视和提倡，该阶段是污灌发展最快的时期，但也是污灌导致环境问题最为突出的时期；据不完全统计，这一时期全国污灌面积由1958年的1.33万hm^2发展到1963年的超过4.2万hm^2，全国利用污水灌溉的城市由1958年的28个增加到43个；为了指导污水灌溉健康发展，1961年我国颁布了《污水灌溉农田卫生管理试行办法》。

第二阶段：自20世纪60年代中后期至70年代中期，随着废污水排放量的增加，污水灌溉面积逐年增加；污水灌溉从"变有害为无害、充分利用"走向"积极慎重"的发展时期，1972年召开的全国污水灌溉会议将"积极慎重"作为发展方针。

第三阶段：自20世纪70年代后期至20世纪末，随着国民经济的快速增长，废污水排放量迅猛增加，污水灌溉面积也快速增长，1991年全国污灌面积由1980年的133.3万hm^2发展到306.7万hm^2，1998年达到361.8万hm^2；为了科学利用污水进行农田灌溉，1978年12月国家正式颁布《农田灌溉水质试行标准》，1985年进行了二次修订，1991年增补了有机污染物控制标准，1992年颁布实施《农田灌溉水质标准》，并于2005年进行了修订。

第四阶段：进入21世纪以来，随着人们对环境的日益重视，推动了污水资源的安全再生利用。全国污水排放量逐年增加，由2004年的693亿m^3（相当于黄河当年年径流量的1.5倍）增加到2016年的765亿m^3（不包括火电冷却水和矿坑排水量），污水处理能力不断提升，达70%以上；利用污水处理厂处理后的再生水灌溉农田在北京、天津等大中城市郊区逐步发展。为了指导城市污水科学利用，2007年颁布了《城市污水再生利用农田灌溉用水水质标准》（GB 20922—2007）。

1.1.1.2 我国污水灌溉区域分布特点

从历史上污水灌溉的区域分布来看，90%以上集中在北方水资源严重短缺的黄、淮、海及辽河流域，且主要集中在北方大、中城市的近郊，形成了北京、天津武宝宁（武清、宝坻、宁河）、辽宁沈抚（沈阳、抚顺）、山西惠明及新疆石河子五大污水灌区。北京市自20世纪50年代初期开始利用污水灌溉农田，21世纪初污灌面积达到8万hm^2，主要分布在通州、大兴和朝阳，约占污水灌溉总面积的87%；年污水灌溉量约2.2亿m^3，占全市污水排放量的27%。大多污水灌区所引用的废污水未经处理直接用于灌溉，不仅造成了部分农田严重污染，而且对农村水环境乃至人体健康造成了威胁。

污水作为水量稳定、供给可靠的一种潜在水资源，在处理达到一定标准后可回用于农田灌溉。开发利用污水进行农田灌溉可有效缓解我国农业水资源短缺现状，促进社会经济环境协调发展。21世纪以来，我国加大了对污水灌溉的管控，2013年国务院《近期土壤环境保护和综合治理工作安排》明令禁止采用污水直接灌溉农田，污水处理及再生利用逐步得到重视。预测2030年我国污水排放量将增加到850亿~1 060亿m³，污水处理率将达到80%，随着污水处理率的不断提高，再生水资源量将逐步增加，再生水灌溉面积将进一步加大。

1.1.2 农田土壤重金属污染现状

根据我国土壤污染状况调查结果，重金属污染是土壤污染的主要方面，我国大多数城市近郊土壤均遭受不同程度的重金属污染。土壤重金属污染物主要有Cd、Hg、Cr、As、Pb、Ni、Cu和Zn等，其中Cd、As为极毒，Hg、Pb、Ni为中等毒性，Cu、Zn的毒性较低，Cr的毒性与其价态有关，六价铬的毒性强于三价铬。由于重金属在土壤中的活性小，移动性较差，易于积累，土壤一旦被污染则极难消除。重金属元素在土壤中可以多种形态存在，其中以水溶态、交换态的活性和毒性最大，残渣态的活性和毒性最小；土壤中离子交换态重金属很容易淋失、被植物吸收或在化学反应的作用下转化为其他形态。

目前，全国受重金属污染土地面积达2 000万hm²，其中严重污染土地超过70万hm²，13万hm²土地因Cd含量超标被迫弃耕。根据2014年《全国土壤污染状况调查公报》，我国土壤中Cd、Hg、As、Cu、Pb、Cr、Zn和Ni 8种重金属点位超标率分别为7.0%、1.6%、2.7%、2.1%、1.5%、1.1%、0.9%和4.8%，其中耕地重金属污染的主要污染物为Cd、Ni、As、Cu、Hg和Pb。

我国农田土壤重金属污染受土壤母质、土地利用类型及气候等的影响呈差异化分布。Liu等（2016）研究表明，我国东北平原、长江流域和东南沿海地区水稻土Cd平均含量分别为0.19mg/kg、0.26mg/kg和0.21mg/kg；全国22个水稻种植省份土壤Cd的平均含量为0.45mg/kg，其中湖南水稻土Cd平均含量最高为1.12mg/kg。邹萌萌等（2018）对我国东部地区的研究表明，我国东部地区土壤Hg污染最为严重，均值为中国土壤Hg元素背景值的2.8倍，近30%东部地区土壤处于Hg中度污染水平；其次为Cd，均值为背景值的2倍，50%以上东部地区土壤处于Cd污染警戒线。葛晓颖等（2019）对环渤海地区土壤重金属富集状况及来源分析表明，环渤海地区土壤Cu、Zn、Pb、Cd、Cr、Hg、As和Ni的含量分别为27.7mg/kg、71.7mg/kg、25.1mg/kg、0.4mg/kg、57.4mg/kg、0.1mg/kg、9.2mg/kg和25.3mg/kg，其中Cu、Pb、Cd、Hg高于土壤元素背景值，且Cd、Hg的累积量较大。骆永明等

（2018）研究表明，我国高背景地区土壤重金属污染突出，西南地区土壤中Cd、Pb、Zn、Cu和As等重金属背景值远高于全国土壤背景值，其中Cd超标面积最大；川西铅锌矿区和钒钛矿区为土壤重金属高背景区，耕地与非耕地土壤中Pb、Zn、Cd、Ti和As等复合污染均相当严重。孟敏等（2018）对我国设施农田土壤重金属污染调查发现，我国设施农田南部地区土壤Cd、Pb和Hg含量最高，北部地区土壤As、Cu、Zn和Cr含量最高，西北部地区土壤Ni含量最高；设施农田土壤Cd含量在南部、北部和西北部地区的超标率分别为41.7%、54.5%和11.1%。索琳娜等（2016）对北京市菜地土壤重金属现状分析表明，与土壤背景值相比，大兴、昌平、密云、延庆、房山、顺义、通州区内Cd、Cr明显富集，顺义区、房山区Cd质量分数平均值接近于《食用农产品产地环境质量评价标准》（HJ/T 332—2006）限量值（0.40mg/kg）；土壤Cd质量分数变异系数极高，40%以上样点存在"轻度"和"中度"污染；设施菜地较裸露菜地相比存在较高Cd污染风险。

污水灌溉是造成农田土壤重金属污染的主要原因。根据2014年《全国土壤污染状况调查公报》，在调查的55个污水灌区中，有39个存在土壤污染；在1 378个土壤点位中，超标点位占26.4%，主要重金属污染物为Cd和As。我国历史上利用污水灌溉农田的现象比较普遍，尤其是北方地区。从地域分布上，污水灌溉的农田主要集中在北方水资源严重短缺的海河、辽河、黄河、淮河四大流域，约占全国污水灌溉面积的85%。污水灌溉将大量污染物带入土壤中积累，如历史上沈阳张士灌区农田受污水灌溉Cd污染，严重污染面积一度达到13%。安婧等（2016）对沈抚灌区自20世纪末停止污水灌溉后土壤重金属变化特征的研究表明，灌区土壤重金属Cd、Pb、Cu、Zn的平均含量分别达0.60mg/kg、38.76mg/kg、22.39mg/kg和57.64mg/kg；与文献报道该灌区近15年来土壤重金属污染情况相比，土壤中Cu、Zn含量明显降低，而Cd、Pb含量并无显著变化。杨硕等（2019）对河北曹妃甸某农场农田土壤重金属空间分布特征及来源分析研究表明，土壤Cd较高区域主要由农业活动采用污水灌溉造成。邓呈逊等（2019）对安徽某硫铁尾矿区农田土壤重金属污染特征研究表明，60%采样点Cu超标，76.67%采样点Cd超标，其主要原因为采用尾矿废水灌溉农田所致。

此外，施用化肥、有机肥对农田土壤重金属污染具有一定的潜在风险。骆永明等（2018）研究表明，农用化学物质的高强度投入是造成耕地土壤大面积污染的重要原因；我国主要磷矿石Cd含量为0.1～571mg/kg，大部分含量为0.2～2.5mg/kg，长期施用高含Cd的磷肥可导致土壤中的Cd升高；近30年来，我国通过磷肥施用带入到耕地土壤中的Cd总量估计为147～600t。武升等（2019）研究表明，规模化养殖场畜禽粪便生产的有机肥因存在重金属残留，施入农田具有一定的土壤重金属污染风险。汤逸帆等（2019）研究表明，沼液施用后土壤Cu和Zn显著富集，沼液施用5年后，小麦季土壤Cu、Zn含量分别达22.59mg/kg、63.08mg/kg，较未施用分别提高了19.52%和28.89%；水稻季土壤Cu、Zn含量分别达26.12mg/kg、78.74mg/kg，较未施用分别提高了27.73%和31.80%。

随着近地表降尘量及其中包含的重金属含量逐年增加，大气沉降已成为区域农田土壤重金属富集的主要来源之一。大气沉降物质包括Hg、Pb、Cd、Zn等重金属，这些物质以降尘和酸雨等形式进入土壤，引起土壤污染。Xia等（2014）对黑龙江松嫩平原土壤重金属来源的研究发现，通过大气沉降输入的Cd、Hg、As、Cu、Pb和Zn量占总输入量的78%~98%，大气沉降已经成为该区域农田土壤重金属的重要来源。Hou等（2015）对长江三角洲地区研究发现，大气沉降对农田土壤Cr、Pb、Zn的贡献率分别达72%、84%和72%。Zhang等（2018）对苏南典型工业区周边土壤Hg污染状况与来源的研究发现，尽管部分Hg污染较重的工业企业已经搬迁，但农田土壤中Hg的污染状况仍不容乐观，土壤Hg污染呈明显的带状分布，大气沉降是该区域农田土壤Hg的重要来源之一。Pan等（2015）对比栾城站大气Cd沉降量和表层土壤富集量发现，该地区几乎所有Cd元素富集均是由大气沉降引起，表明华北地区已成为我国重金属大气沉降通量最高的地区。Liang等（2017）对湖南省涟源市水稻土的研究发现，Pb、Sb、As和Hg大气沉降量占土壤重金属总输入比重的26.05%。刘鹏等（2019）研究表明，大气沉降对土壤重金属的贡献率工业发达地区较高、燃煤为主的城市高于其他城市、城区高于郊区及远郊地区。

1.1.3　农田土壤有机污染现状及研究进展

土壤有机污染物主要包括有机农药、三氯乙醛（酸）、表面活性剂、矿物油类等。目前我国土壤的有机污染十分严重，全国受有机物污染的农田已达3 600万hm²。根据2014年《全国土壤污染状况调查公报》，六六六、滴滴涕、多环芳烃3类有机污染点位超标率分别为0.5%、1.9%和1.4%，其中耕地土壤主要的有机污染物为滴滴涕和多环芳烃；污灌区1 378个土壤点位中，超标点位主要的有机污染物为多环芳烃。

1.1.3.1　土壤滴滴涕污染现状及研究进展

滴滴涕（DDTs）化学名为双对氯苯基三氯乙烷，化学式（ClC$_6$H$_4$）$_2$CH（CCl$_3$），属有机氯类杀虫剂，在20世纪上半叶防治农业病虫害、减轻疟疾伤寒等蚊蝇传播的疾病危害方面发挥了巨大作用。但由于其对环境易造成严重污染，目前大多数国家和地区已经禁止使用。DDTs可致人中毒，轻度中毒可出现头痛、头晕、无力、出汗、失眠、恶心、呕吐，偶有手及手指肌肉抽动、震颤等症状。DDTs重度中毒常伴发高烧、多汗、呕吐、腹泻等；神经系统兴奋及上、下肢和面部肌肉呈强直性抽搐，并有癫痫样抽搐、惊厥发作；出现呼吸困难、紫绀、肺水肿，乃至呼吸衰竭；此外，对肝肾脏器造成损害，使肝肿大，肝功能改变，少尿、无尿、尿中有蛋白、红细胞等；对皮肤刺激可发生红肿、灼烧感、瘙痒，如溅入眼内，可导致眼睛暂时性失明。我国于1983年停止生产DDTs，但由于其较高的稳定性和持久性，在土壤环境中消失缓慢，一般情况下约需10年。

我国不同区域农田土壤中DDTs均有检出。刘晨（2008）调查研究表明，北京郊区典型农田表层土壤DDTs均有不同程度检出；但DDTs及其代谢物的残留量处于较低水平，表层土壤样品中含量为0～292.40μg/kg；垂向剖面土壤样品中DDTs检出率较低，含量随土壤样品深度增加而降低。孟飞等（2009）研究表明，上海地区农田土壤中DDTs检出率达98.2%，残留范围为0.001～3.000mg/kg，表明有机氯农药残留在土壤中普遍存在，但与1981年比较，土壤中DDTs残留量明显下降。潘丽丽等（2016）研究表明，长江三角洲地区农田土壤中DDTs含量范围为0.2～3 520ng/g，平均63.8ng/g，主要残留在土壤耕作层0～30cm；土壤中DDTs及其代谢产物残留量较低，应用美国环保署（USEPA）方法评估土壤中DDTs对人体的致癌风险级别为"非常低"，对儿童和成人具有非致癌风险的样品比例分别为1.1%和0.7%。李盛安等（2017）研究表明，珠江三角洲地区某市典型农田土壤81个样品中DDTs总检出率为7.4%；不同土壤类型DDTs残留量为果园土>菜园土>水稻土。

1.1.3.2 土壤多环芳烃污染现状及研究进展

多环芳烃（PAHs）是指两个以上苯环以稠环形式相连的化合物，为煤、石油、木材、烟草、有机高分子化合物等有机物不完全燃烧时产生的一类具有致癌、致畸、致突变的碳氢化合物，是重要的环境有机污染物之一。PAHs具有半挥发性，以"全球蒸馏"和"蚱蜢跳效应"的模式在全球或区域范围内进行传输，导致全球范围的污染。生活污水和工业废水作为PAHs的主要来源，其灌溉可造成PAHs在土壤中迅速积累并导致土壤毒化和作物品质下降。PAHs最终还可通过食物链在动物和人体中发生生物累积，不仅对土壤环境、生态系统，乃至对人类健康造成潜在威胁。

不同地域的污灌区土壤中PAHs含量存在差异。宋玉芳等（1997）研究表明，沈阳市八一灌区、浑北灌区、浑蒲灌区土壤中PAHs的检出趋势为：渠首（1.6～5.0mg/kg）>渠中（0.5～5.0mg/kg）>渠尾（0.5～5.0mg/kg，与对照相当）；在水稻生长期，大量污水的排入可显著增加水稻土中PAHs的积累，低分子PAHs尽管在土壤中检出浓度最高，但积累量不大，高分子PAHs尽管在水环境中检出浓度最低，但是在土壤中含量较高；PAHs在水—土环境中的行为与污染物的理化性质有关，且土壤微生物和植物的根际效应可促进PAHs的生物降解。崔艳红等（2002）研究表明，天津污灌区代表性水稻土表层0～10cm土壤中16种PAHs含量为0.07～1.27mg/kg，总PAHs含量为3.24mg/kg。高红霞等（2014）研究表明，唐山市唐海县劣V类双龙河水灌溉农田中PAHs检出14种，总量为1.308mg/kg，低环

PAHs与高环PAHs比例为0.87；天津市北辰区劣V类永定河水灌溉农田中PAHs检出15种，总量为1.046 2mg/kg，低环PAHs与高环PAHs比例为0.20。赵颖等（2017）研究表明，太原小店污灌区农田15个表层土壤中16种PAHs的检出率为100%，浓度范围为0.315～0.661μg/g，其中低环和中环PAHs占比较高；土壤中PAHs污染来源一方面通过污水灌溉进入土壤，另一方面通过燃煤或化石燃料在大气干湿沉降的风力输送作用下进入土壤。

污灌区土壤剖面中PAHs的检出已有报道，且不同土层深度低环和高环PAHs分布规律有一定差异。陈静等（2003）研究表明，天津污灌区中PAHs含量为稻田土（181～21 015μg/kg）>菜地土（289～4 391μg/kg）>高粱地土（855～3 311μg/kg）；PAHs检出量在土壤剖面的分布规律为随深度增加而降低，其分布受PAHs物理化学性质、土壤有机碳和黏粒含量的影响。何江涛等（2009）对北京东南郊污灌区16种PAHs在土壤表层至5.5m深垂向剖面分布规律的研究表明，表层土壤中有14种PAHs检出，检出量为4～428μg/kg，表层以下土壤PAHs的检出种类显著减少；表层以下土壤黏粒含量与低环PAHs有较好的一致性，说明长期污灌条件下迁移性较好的低环PAHs可迁移至较深的土层中，从而可能导致对浅层地下水的潜在污染。金爱芳（2010）研究表明，北京东南郊污灌区PAHs属中度污染，清水灌区未受污染；灌区土壤PAHs总量及各组分单量均在垂向分布上呈现随深度增加而递减的趋势；污灌区整个土壤剖面以低环PAHs为主，而清水灌区表土以高环PAHs为主，地表以下以低环PAHs为主。肖汝等（2006）研究表明，有污水灌溉历史的沈抚灌区、浑浦灌区PAHs总含量随土壤深度增加呈下降趋势，且最高值分布在2～5cm和5～10cm土层，而非0～2cm土层；低环PAHs主要集中在0～2cm土层，而高环PAHs主要集中在5～10cm土层。陈素暖等（2010）研究表明，总有机碳（TOC）是PAHs在土壤剖面垂向迁移的主要影响因素。

污灌区不同土地利用类型、不同耕作方式对土壤中PAHs的检出量可造成一定影响。王学军等（2003）研究表明，天津市土地不同利用类型（污灌农田、普通农田、山区、荒地、油田、城市绿地）条件下城市绿地土壤中PAHs检出量最高，其次依次为污灌农田、普通农田、荒地、山区和油田；虽然污灌农田土壤中个别种类PAHs组分含量较高，但大部分种类的含量与普通农田、荒地等其他土地利用类型下含量相近。王洪等（2010）研究表明，沈抚灌区停灌30年后，不同耕作方式农田土壤中PAHs含量仍属于中度以上污染，并主要集中在表层0～20cm土壤中，以高环PAHs为主，而亚表层20～40cm PAHs含量远低于表层土壤，并以低环PAHs为主；与长期旱田耕作模式相比，水田—旱田轮作模式下表层土壤中PAHs检出量增加70%，这主要是因为长期淹水条件下土壤处于厌氧状态，土壤微生物对污染物降解作用不大；水田—旱田轮作模式下亚表层土壤中PAHs检出量也比长期旱田耕作模式高很多，证明在长期淹水条件下，污染物可能在淋溶、渗透等作用下向土层深处迁移。

灌区PAHs污染对土壤微生物、土壤酶活性的影响及对人体的健康风险评价已有报道。张晶等（2007）研究表明，沈抚灌区长期灌溉含PAHs污水，稻田土中PAHs检出量为319.5～6 362.8μg/kg；土壤微生物类群和数量受PAHs影响不明显，而土壤酶活性则受到土壤养分和PAHs的双重影响。曹云者等（2008）研究表明，浑浦灌区表层土壤样品PAHs总量为120～1 066ng/g，PAHs的致癌风险值为$6.5 \times 10^{-8} \sim 9.6 \times 10^{-6}$，均未超出癌症风险水平上限（$10^{-4}$）。

1.1.4　土壤污染的特点

1.1.4.1　土壤污染具有隐蔽性和滞后性

土壤是复杂的三相共存体系，土壤污染不像大气、水体污染容易被发现。有害物质在土壤中与土壤相结合，有的被土壤生物分解或吸收，从而被隐藏在土体里或自土体排出且不被发现。土壤污染往往要通过对土壤样品进行分析化验或作物的残留检测，甚至通过研究对人、畜健康状况的影响才能确定，这也导致土壤污染从产生到出现问题通常会滞后很长时间。如日本的"痛痛病"经过了10～20年后才被人们所认识。土壤污染的隐蔽性和滞后性使认识土壤污染问题的难度增加，以致污染危害持续发展。

1.1.4.2　土壤污染具有累积性和不可逆性

污染物质在土壤中不像在大气和水体中那样容易扩散和稀释，易在土壤中不断积累而超标。如土壤重金属具有生物不可降解性和相对稳定性，使得重金属易在土壤中积累，并可能通过食物链不断在生物体内富集，甚至可转化为毒害性更大的甲基化合物，对食物链中某些生物产生毒害，最终在人体内蓄积而危害人体健康。多数无机污染物，特别是金属和微量元素，都能与土壤有机质或矿质相结合，并长久地存留在土壤中，因此，对土壤的污染基本上不可逆转。

1.1.4.3　污染复杂性与治理艰难性

土壤污染呈现多样性和复杂性特点，表现为污染途径的多样性（大气污染型、水污染型、固体污染型等）和污染来源的复杂性（工业污染源、农业污染源、生活污染源、交通污染源、地质作用等）。我国土壤污染正从常量污染物转向微量持久性毒害污染物，土壤污染从局部蔓延到大区域，从城市郊区延伸到乡村，从单一污染扩展到复合污染，从有毒有害污染发展至有毒有害污染与N、P营养污染的交叉，形成点源与面源污染共存，生活污染、农业污染和工业污染叠加，各种新旧污染与二次污染相互复合或混合的态势。土壤污染伴随着农产品污染、地表水和地下水污染以及对人体的健康风险。土壤一旦被污染，并超过其本身自净能力，积累在污染土壤中的难降解污染物则很难靠稀释作用和自净化作用消除，亦难以恢复和修复，且治理成本高、治理周期长。如被某些重金属污染的土壤需要100～200年才能够恢复；许多土壤有机污染物也需要相当长的时间才能降解。

1.1.5　土壤污染的危害

土壤是植物和一些生物的营养来源，土壤中的污染物不仅可对土壤生物、土壤酶活性等造成危害，而且可通过食物链发生传递和迁移，进而对种植作物及人体健康造成危害。在污染物沿食物链传递和迁移的过程中，含量逐级增加，其富集系数在各营养级中均可达到惊人的程度。此外，有毒有机污染物长期贮存在人体中，并可通过母乳喂养间接转移给新生儿。

1.1.5.1　对作物的危害

土壤是作物生长的基础，土壤中重金属超标，植株吸收重金属后会在其体内产生某种对酶和代谢具有毒害作用的物质，进而引起作物主根长度、叶面积等生理特征发生变化。土壤重金属污染对作物的影响主要是对其生理生态过程、产量和果实品质方面，如果污染过重，会直接导致作物根系坏死，作物得不到应有的土壤营养，作物产量降低，生长寿命将大大缩减，甚至直接死掉。王圣瑞等（2005）研究表明，土壤中的重金属可使植物产生毒害作用，导致植物根系、株高、叶面积等一系列生理特征发生改变。此外，在重金属元素的影响下，还会使作物所需的大量营养物质缺失，降低酶的有效性，浓度较高的重金属还会降低作物对Ca、Mg等矿物元素的吸收转运能力。Cd胁迫对作物的直接伤害包括对根系的生理代谢作用，叶片的光合作用、呼吸作用和蒸腾作用，以及对作物碳/氮/核酸的代谢和作物激素等的影响；间接伤害包括对土壤的养分胁迫和生态系统的影响等。作物受到Cd胁迫表现为根尖变黑、生长受阻、组织失绿、干物质产量降低等，严重时会导致作物死亡。Cr对种子萌发、作物生长可产生毒害作用。Hg可抑制作物光合作用、根系生长、养分吸收、酶活性及根瘤菌的固氮作用等。

原农业部稻米及制品质量监督检验测试中心对我国部分地区稻米质量安全普查结果表明，约有10%的稻米中Cd含量超过《食品安全国家标准 食品中污染物限量》（GB 2762—2017）限定标准值0.2mg/kg。陆美斌等（2015）在中国黄淮海平原和长江中下游平原两大优势产区的8个省（市）采集的393份小麦籽粒中Cd的超标率分别为0.7%和9.0%。陈京都等（2013）发现江苏省某典型区农田小麦籽粒中Pb、Cr、Hg、Ni和As样品超标率分别为100%、58.97%、33.33%、10.26%和2.56%。我国每年因重金属污染而减产粮食1 000多万t，被重金属污染的粮食每年多达1 200万t，合计经济损失至少200亿元。

1.1.5.2 对土壤生物的危害

土壤是各种生物、微生物以及动物的重要生存场所，土壤中的各种生物可对土壤的活性能力、营养物质、土壤密度等起到很好的调节作用，但土壤中毒理性重金属含量严重超标将对生物的生存繁衍造成严重威胁。如土壤重金属含量超标可导致土壤生物群的多样性指数、均匀性指数以及密度类群指数等严重降低；土壤重金属污染对微生物生物量以及微生物多样性造成影响。

Chander等（2002）研究发现，受重金属胁迫的土壤微生物需要消耗更多能量，导致对底物的利用效率降低，进而引起土壤微生物生物量的降低。Gans等（2005）研究发现在原始土壤样品中存在超过100万种不同的细菌基因组，而重金属污染可降低其99.9%的多样性。Singh等（2014）研究表明，在重金属长期胁迫下土壤微生物群落多样性显著降低，并导致一些特定功能，如对污染物的矿化能力丧失。刘沙沙等（2018）研究表明，重金属污染对土壤微生物生态特征的影响结果存在差异，有促进作用、抑制作用或无明显影响，这是由于土壤微生物体系比较复杂，重金属种类和浓度以及土壤理化性质的差异引起的。有机污染物也影响着土壤微生物的生长、丰度及降解能力。周启星等（2006）研究发现，有机污染物能显著抑制微生物的生长和生理活动，如敌草隆的降解产物对亚硝酸细菌和硝酸细菌有抑制作用，苯氧羧酸类除草剂可通过影响寄主植物而抑制共生固氮菌的生长和活动，2，4-D和甲基氯苯氧乙酸对土壤中蓝细菌的光合作用有毒性作用。

1.1.5.3 对土壤酶活性的危害

土壤酶是指土壤中产生专一生物化学反应的生物催化剂。土壤酶一般吸附在土壤胶体表面或呈复合体存在，部分存在于土壤溶液中，是土壤肥力、活性等方面状况的综合反映。由于土壤酶稳定、敏感的特性，其活性大小能较敏感地反映土壤中生化反应的方向和程度，因此通过土壤酶的活性变化可探明土壤重金属污染的程度及其对作物生长的影响。土壤酶的活性受土壤物理性质、化学性质以及生物活性的影响较为明显，外界环境的污染对土壤酶的活性影响较大。

已有研究表明，土壤重金属离子可对土壤酶活性产生抑制或激活作用，重金属对酶活性的影响机制不仅和单一重金属含量相关，更与多种重金属复合污染有关。重金属元素Hg对土壤中脲酶的抑制作用较强，Hg超标时土壤中脲酶将明显减少。王巧红等（2017）研究表明，Cd污染可抑制土壤蔗糖酶活性，且抑制程度随污染程度的增加而增加；酸性磷酸酶活性在Cd污染下表现为"低浓度促进、高浓度抑制"。廖洁等（2017）研究表明，脲酶和酸性磷酸酶活性随Cd污染程度的增加而降低，且脲酶变化较酸性磷酸酶更为灵敏。宋凤敏等（2019）研究表明，重金属Ni污染浓度增加对土壤脲酶活性具有抑制作用；单一Mn污染体系中，Mn^{2+}浓度大于120mg/kg时对脲酶活性具有抑制作用。孟庆峰等（2012）研究表明，重金属Cd、Pb复合污染对滩涂盐渍土壤酶活性的影响存在交互作用，Cd是影响土壤脲酶活性的主导因素，Pb是影响土壤过氧化氢酶活性的主导因素。冯丹等（2015）针对Cu、Zn、Pb重金属复合污染对土壤脲酶、转化酶和碱性磷酸酶活性酶活性的影响研究表明，Cu对土壤酶活性的抑制最明显，其中对碱性磷酸酶的抑制排序为Cu>Zn>Pb；3种水解酶在重金属复合污染下表现为碱性磷酸酶最敏感，尤其是Cu、Pb复合污染。罗虹等（2006）研究表明，重金属Cd、Cu、Ni复合污染对土壤酶活性的抑制表现为Cd>Cu>Ni，且复合污染对脲酶和脱氢酶的抑制效果最强。

有机污染对土壤酶活性也可产生抑制或激活效应。王志刚等（2015）研究表明，邻苯二甲酸二丁酯（DBP）对黑土多酚氧化酶表现为先促进后抑制，对转化酶和蛋白酶活性表现为低浓度促进而高浓度抑制，脲酶呈现被激活状态，过氧化氢酶和酸性磷酸酶均受到DBP污染的显著抑制。崔小维（2017）研究表明，溴氰菊酯对土壤脲酶活性的影响表现为低浓度抑制高浓度激活，以抑制作用为主，对土壤磷酸酶活性的影响表现为低浓度抑制高浓度激活，但抑制与激活效应不显著，对土壤脱氢酶活性以激活为主；邻苯二甲酸二（2-乙基）己酯（DEHP）显著抑制土壤脲酶的活性，抑制率随时间的延长先上升后有所下降，其浓度与脲酶活性之间显示出明显的剂量效应关系；DEHP对磷酸酶活性的影响呈波动状态，表现为激活—抑制—激活；DEHP对土壤脱氢酶活性主要是激活，且激活较显著。万盼等（2018）试验研究表明，高浓度百草枯和氰戊·乐果显著降低了土壤脲酶、蛋白酶、过氧化氢酶和碱性磷酸酶活性。苗静等（2009）对邻苯二甲酸二辛酯（DOP）与Pb单一及复合污染对土壤酶活性的影响研究表明，DOP与Pb复合污染对过氧化氢酶活性具有协同作用；对转化酶活性以拮抗作用为主；对脲酶则在低含量（10mg/kg）水平时表现为协同作用，中含量（50mg/kg）、高含量（500mg/kg）水平时表现为拮抗作用。

1.1.5.4 对人体健康的危害

大多数污染物质（如重金属）在土壤表层累积，土壤污染会使污染物在植物体中积累，并通过食物链富集到人体和动物体中，危害人、畜健康。如果长时间接触被污染的土壤或食用被污染土壤种植的作物，可造成人体功能异常、肿瘤和癌症、免疫系统障碍等症状和疾病等，对人体健康造成严重伤害。如果人体吸入过量的Cd，将对人体器官造成直接伤害，引起一系列病变，如较为常见的以骨矿密度降低和骨折发生机率增大为特征的骨效应等；Pb对人体神经系统、血液和血管有毒害作用，可对卟啉转变、血红素合成的酶促过程产生抑制，还可能导致人类生殖功能下降，免疫力低下等；人体长期暴露在As污染的环境中，会导皮肤癌、肺癌、膀胱癌和肾癌的高发；Hg则容易积累在脂肪组织中，过量的Hg摄入会导致神经、心血管、免疫系统、肾和肝的损伤；尽管Cu、Ni等元素毒性相对较低，但当人体受到暴露的剂量超过其耐受水平时，也会对人体健康产生不利影响，长期吸入Ni可以引发鼻癌、肺癌等疾病。

此外，土壤污染极易导致其他环境问题。土壤受到污染后，污染表土容易在风力和水力作用下分别进入到大气和水体中，导致大气污染、地表水污染、地下水污染和生态系统退化等其他次生生态环境问题。

1.2 污灌区污染土壤修复技术研究进展

土壤修复即采用物理、化学或生物的方法转移、吸附、降解或转化土壤中的污染物，使其含量或浓度降低到可接受水平，满足相应土地利用类型的要求。污染土壤修复的目的是通过一定的技术措施或组合，阻断污染物对受体的暴露途径，使土壤污染物对暴露人群的健康风险控制在可接受水平，从而恢复污染土壤使用功能，保证土壤开发利用的安全性。

污染土壤修复的研究起步于20世纪70年代后期，其间欧美、日本、澳大利亚等国实施了大量的土壤修复计划，并投资研发了大量土壤修复技术与设备，积累了丰富的现场修复技术与工程应用经验，土壤修复技术得到了迅猛发展。我国污染土壤修复研究起步较晚，"十五"期间才逐步得以重视，随后列入国家研究计划，但研发水平和应用经验与发达国家尚存在较大差距。近年来，随着对环境的日益重视，我国加大了对土壤环境污染的研发资助力度，有力地促进和带动了土壤污染控制与土壤修复理论与技术的研究与发展。

目前污染土壤修复的常用技术主要有物理技术、化学技术和生物技术等，主要通过改变污染物的结构，或降低污染物的毒性、迁移性或体积，进行污染土壤的修复治理。污染土壤修复应在污染调查、评价的基础上，针对污染物类型、污染程度、修复治理目标及所在区域经济社会发展水平等，选择适宜的技术或技术组合。

1.2.1 物理修复技术

物理修复技术是指通过物理过程将污染物从污染土壤中分离或去除的技术。物理修复均存在处理成本高，处理工程偏大的缺点。目前，比较成熟的土壤污染物理修复技术有土壤蒸气浸提技术、热脱附技术、电动力学技术等。

1.2.1.1 土壤蒸气浸提技术

土壤蒸气浸提技术最早于1984年由美国Terravac公司研究成功，是利用土壤固相、液相和气相之间的浓度梯度，通过降低土壤孔隙的蒸气压，将土壤中的污染物转化为蒸气而加以去除的方法，可分为原位土壤气提技术、异位土壤气提技术和多相浸提技术。原位土壤气提技术适用于处理亨利系数大于0.01或者蒸气压大于

66.66Pa的挥发性有机化合物，如挥发性有机卤代物或非卤代物，也可用于去除土壤中的油类、重金属、多环芳烃及二噁英等污染物；异位土壤气提技术适用于修复含有挥发性有机卤代物和非卤代物的污染土壤；多相浸提技术适用于处理中、低渗透性地层中的挥发性有机物。Khan等（2004）研究表明，土壤蒸气浸提可使苯系物等轻组分石油烃类污染物的去除率达90%。

土壤蒸气浸提技术具体操作一般为，利用真空泵产生负压驱使空气流过污染的土壤空隙，解吸并夹带有机污染组分流向抽取井，并最终于地上进行处理。为增加压力梯度和空气流速，很多情况下在污染土壤中需要安装若干空气注射井。

土壤蒸气浸提技术的显著特点为可操作性强、处理污染物的范围广、不破坏土壤结构以及可回收利用有潜在价值的废弃物，且不产生二次污染等；缺点为成本较高，且很难达到90%以上的去除率。此外，在原位土壤蒸气浸提技术的应用中，上下层土壤的异质性，特别是低渗透性和高地下水位的土壤等都成为其应用的限制因素。

1.2.1.2 热脱附修复技术

热脱附修复技术是通过直接或间接热交换，将土壤及其所含的有机污染物加热到足够的温度，促使有机污染物与土壤介质挥发或分离的过程。按温度高低可分为低温热处理技术（加热土壤温度为150～315℃）和高温热处理技术（加热土壤温度为315～540℃）；根据是否需要开挖土方分为异位修复和原位修复两类。热脱附技术具有污染物处理范围宽、设备可移动、修复后土壤可快速再利用等优点，特别适于对含多氯联苯（PCBs）等含氯有机污染物、挥发性有机物、半挥发性有机物及农药等污染物土壤的修复；不适用于处理含有重金属、腐蚀性有机物、活性氧化剂和还原剂等的土壤。热脱附技术的缺点为因应用的设备价格昂贵、脱附时间过长等，导致污染土壤处理成本过高，也因此一定程度上限制了该技术在污染土壤修复中的应用。

影响热脱附技术修复效果的主要因素包括热脱附温度、热脱附处理时间、土壤质地、热导率及热扩散率、土壤含水率等。Gaddipati等（2008）研究表明，在惰性介质下以不同的温度（150～800℃）热处理十六烷污染土壤30min后，土壤中十六烷去除率为80%～88%；在约300℃下去除效率超过99.9%。Heron等（1998）研究发现，采用热脱附修复污染土壤时600℃热处理1h后PCBs的去除效率可达98.0%；土壤中PCBs的残留量随热处理温度的升高而降低；一般情况下，小粒径土壤比大粒径土壤具有更高的污染物热解效率。蒋村等（2019）针对低温原位热脱附技术修复氯苯污染土壤的研究表明，原位热脱附设定温度越高，土壤修复效果越好，当土壤设定温度为100℃时，90%土壤样品氯苯去除率达99%以上，与设定温度130℃修复效果相当；土壤粒径越小，其比表面积越大，对污染物吸附效率越高，所需热脱附时间越长；含水率影响氯苯在土壤中的挥发速率、有效孔隙率和透气率，含水率过高或过低都不利于氯苯污染土壤原位热脱附修复。孔祥言等（2005）研究表明，在大多数情况下，随着土壤含水量的增加，原位热脱附所需热能增加；污染土壤热脱附技术效果最佳的土壤含水率为8%～12%。

1.2.1.3 电动力学修复技术

电动力学修复技术是指利用电化学和电动力学的复合作用驱使污染物富集到电极区，而后再进行集中处理或分离的技术。其基本原理是在污染土壤修复区域两侧施加直流电压形成电场梯度，使土壤中污染物质在电场作用下通过电迁移、电渗析或电泳等电动力学过程，富集至电极两端从而实现土壤修复。电迁移指带电离子在土壤溶液中朝向携带相反电荷电极方向的运动；电渗析指土壤微孔中的液体在电场作用下，由于其带电双电层与电场的作用而向相对于带电土壤表层的移动；电泳指带电粒子相对于稳定液体的运动。

电动力学修复通常分为原位修复、序批式修复和电动栅修复等方法。原位修复指直接将电极插入污染土壤，修复过程对现场的影响最小；序批式修复指将污染土壤输送至修复设备进行分批处理；电动栅修复指在污染土壤中依次排列一系列电极，主要用于去除土壤中的离子态污染物。

电动力学修复的优点为速率较快、成本低，适宜于小范围被可溶性有机物污染的黏质土壤的修复，修复过程中不需要化学药剂的投入，且对土壤结构本身及周边环境几乎无负面影响，相比而言也易于被大众接受。电动修复过程中，影响电动力学修复效率和修复成本的主要因素有土壤性质、电极材料、电极设置方式、辅助试剂及供电方式等。

Hamed等（1991）研究表明，电动修复技术对水力传导系数小、比表面积大的污染土壤具有较好的去除效果。Lageman（1993）研究表明，土壤中污染物浓度对电动修复没有显著影响，相反，污染物浓度越高则越有利于电动修复技术的应用；在处理重金属质量浓度高达5 000mg/kg的土壤时，电动修复的去除效率并未受影响。在电动修复过程中电极反应对电动修复效率有重要影响，而电极材料的导电性以及电极材料的比表面积对电极反应有重要影响。Cameselle（2015）研究表明，土壤pH值的改变，对土壤电动修复效果会产生很大的影响；对于大多数重金属污染土壤，靠近阴极土壤pH值的升高，会使重金属离子与OH^-形成沉淀，从而抑制电动修复效果；而靠近阳极的土壤pH值降低，可能影响电渗流的速率和方向，从而影响电动修复效果。Kim等（2011）研究表明，采用盐酸作为电解液对重金属复合污染土壤具有较好的去除效果，使用盐酸不仅可以使土壤处于较低的pH值环境，而且Cl^-与重金属络合成重金属-Cl^-络合物，可以加速重金属的去除。Puppala等（1997）研究表明，小分子有机酸具有较强的缓冲能力，有利于调节土壤pH值，且可生物降解，对环境造成的影响小。Cameselle（2015）研究表明，电压梯度对电渗流有重要影响，然而不同电压梯度引起的地球化学性质的变化对电渗流也有显著影响；电渗流随着电流密度的增加而增加。袁立竹（2017）将碳纳米管电极材料（PET-CNT）作为阴极材料用于电动修复重金属复合污染土壤，结果表明采用PET-CNT阴极显著提高了电动修复过程中的电流和电渗流，降低了土壤pH值，从而提高了重金属的去除效率，其对Cd、Cu、Ni、Pb和Zn的去除效率分别为89.7%、63.6%、90.7%、19.2%和88.7%。

1.2.2 化学修复技术

污染土壤的化学修复是指利用化学分解或固定反应改变污染物的结构或降低污染物的迁移性和毒性的过程。化学修复技术是基于污染物化学行为改变的改良措施，如添加改良剂、抑制剂等化学物质降低土壤中污染物的水溶性、扩散性和生物有效性，从而使污染物得以降解或转化为低毒性、低移动性的形态；通过沉淀、吸附、氧化还原、催化氧化、质子传递、脱氯、聚合、水解等方法将土壤中污染物迁移性、有效性及毒性降低。化学修复技术相对而言是发展最早的技术，其特点是修复周期短。目前比较成熟的化学修复技术有化学淋洗技术、氧化还原技术、溶剂浸提技术、稳定/固化技术等。

1.2.2.1 化学淋洗技术

化学淋洗技术是借助能促进土壤环境中污染物溶解或迁移作用的化学/生物化学溶剂，在重力作用下或通过水力压头推动清洗液，将其注入被污染土层中，然后再将包含污染物的液体从土层中抽提出来进行分离的技术。清洗液为包含化学冲洗助剂的溶液，具有增溶、乳化效果，或改变污染物的化学性质等功能。常用的清洗液有柠檬酸、硫酸、硝酸等有机无机酸，氯化钙、氯化钠等盐，EDTA、EDDS等螯合剂，DDT、鼠李糖脂等表面活性剂，次氯酸钠等氧化还原剂。提高污染土壤中污染物的溶解性及其在液相中的可迁移性，是实施该技术的关键。

化学淋洗技术可分为原位化学淋洗和异位化学淋洗。原位化学淋洗适用于水力传导系数大于$10^3 cm/s$的多孔隙、易渗透的土壤，如沙土、沙砾土壤、冲积土和滨海土，不适用于红壤、黄壤等质地较细的土壤；异位化学淋洗适用于土壤黏粒含量低于25%，被重金属、挥发性有机物、石油烃类、多环芳烃等污染的土壤。

胡园等（2018）研究了4种淋洗剂（乙酸、柠檬酸、$CaCl_2$、$FeCl_3$）对Cd轻度污染土壤的淋洗效果，结果表明$FeCl_3$的淋洗效果明显优于其他3种淋洗剂；淋洗效果依次是$FeCl_3$>柠檬酸>乙酸>$CaCl_2$；pH值对淋洗效果的影响较大，除$CaCl_2$外，3种淋洗剂的淋洗效果都随pH值的升高而降低（pH值在2.5～5范围内时），$FeCl_3$的淋洗效果降低最为显著。关峰（2018）分别采用振荡淋洗法和土柱淋洗法研究了柠檬酸、草酸和盐酸单一淋洗以及复合淋洗对土壤中Cr去除动态和修复效果，结果表明复合淋洗较单一淋洗能显著提高Cr污染土壤中总Cr的去除率，并筛选出淋洗效果较好的3种方案；不同淋洗剂（盐酸、柠檬酸和草酸）的淋洗体积对Cr污染土壤中Cr的淋出效果，以15个土壤孔隙体积的0.5mol/L草酸溶液为淋洗剂时的修复效果最佳，其对土壤中的总Cr累计淋出量为3 985mg/kg；对土壤深度为10cm、20cm和30cm处的总Cr去除率分别为93%、90%和87%，Cr（Ⅵ）去除率为96%、92%和86%。李明月等（2019）以提取金针菇菌渣、茶树菇菌渣、花生壳和甘蔗皮等农业废弃生物质材料所得浸提液作为淋洗剂，研究了其对Cd和Zn污染土壤的淋洗效果，结果表明，4种生物质材料盐浸提液对Cd的淋洗率依次为金针菇菌渣>甘蔗皮>花生壳>茶树菇菌渣；对Zn的淋洗率则依次为甘蔗皮>金针菇菌渣>花生壳>茶树菇菌渣；金针菇菌渣、甘蔗皮是具有一定潜力的重金属污染土壤修复生物质材料。

1.2.2.2 氧化还原技术

氧化还原技术主要是通过在土壤中添加化学氧化剂或还原剂，使其与污染物产生氧化或还原反应，将污染物降解或转化为毒性更低或更容易降解的小分子物质，实现土壤净化的修复技术。原位化学氧化技术不需要将污染土壤全部挖掘出来，而只是在污染土壤的不同深度钻孔，将氧化剂注入土壤中并通过氧化剂与污染物的混合、反应使污染物降解或导致形态的变化。

常用的氧化剂包括$KMnO_4$、H_2O_2和O_3等。$KMnO_4$与有机物反应可产生MnO_2、CO_2和无环境风险的中间有机产物，MnO_2较稳定且容易控制；不利因素在于对土壤渗透性有负面影响。H_2O_2可以利用Fenton反应产生氢氧自由基，可无选择性地攻击有机物分子中的C-H键，对有机溶剂如酯、芳香烃以及农药等有机物的破坏能力可高于H_2O_2本身；但由于H_2O_2进入土壤后立即分解成氧气和水蒸气，所以要采取特别的分散技术避免氧化剂失效。

常用的还原剂有SO_2、FeO、气态H_2S等。运用化学还原法修复对还原作用敏感的有机污染物是当前研究的热点。例如，纳米零价铁的强脱氯作用已被用于土壤与地下水的修复。但目前零价铁还原脱氯降解含氯有机化合物技术的应用，还存在诸如铁表面活性的钝化、被土壤吸附产生聚合失效等问题，因此，需要开发新的催化剂和表面激活技术。

郭丽莉等（2014）研究表明，含有Fe、缓释碳源、营养物质及少量硫酸根的药剂对六价Cr污染土壤具有较好的还原稳定化效果；当药剂投加比从2%增加到10%时，六价Cr还原率从90.2%升高至97.4%。Banks（2006）研究表明，土壤有机碳含量与六价Cr的还原率呈显著正相关，有机质含量越高，还原速率越快。朱月珍（1982）研究表明，当土壤有机碳质量分数达1.68%、土壤中初始六价Cr含量为

100μg/g时，30℃下处理14d，六价Cr可被全部氧化。James（1979）研究表明，还原反映速率随pH值的增加而有所降低，如在酸性条件下半胱氨酸对六价Cr的还原速率比中性条件下快很多。郝强（2015）研究了纳米零价铁对土壤中六价Cr的还原去除效果及机理。

1.2.2.3 溶剂浸提技术

溶剂浸提技术是利用溶剂将化学物质从污染土壤中提取出来或去除的技术。溶剂浸提能够克服诸如PCBs等油脂类物质不溶于水，易吸附或黏附在土壤上难以去除的困难。溶剂的类型依赖于污染物的化学结构和土壤特性。当土壤中的污染物基本溶解于浸提剂时，再借助泵的力量将其中的浸出液排出提取箱并引导到溶剂恢复系统中。按照这种方式重复上述提取过程，直到目标土壤中污染物水平达到预期标准。同时，可对处理后的土壤引入活性微生物群落和富营养介质，快速降解残留的浸提液。

平安等（2011）研究了有机酸与表面活性剂联合作用对土壤重金属的浸提效果，表明虽然有机酸与表面活性剂联合浸提效果略低于酒石酸浸提，但其弱酸性对土壤影响较小，在原位淋洗修复中有较好的应用前景。李玉姣等（2014）开展了有机酸和$FeCl_3$复合浸提修复Cd、Pb污染农田土壤的研究，结果表明柠檬酸（100mmol/L）和$FeCl_3$（20mmol/L）复合浸提，对土壤中Cd、Pb的去除效率分别达到了40.7%和20.9%，酒石酸（100mmol/L）和$FeCl_3$（20mmol/L）复合浸提，对Cd、Pb的去除效率分别达到了42.6%和16.5%，均高于相同浓度有机酸、$FeCl_3$单独浸提的去除效率；有机酸、$FeCl_3$对重金属的去除率随pH值升高而减少。余春瑰等（2015）采用八角金盘、枳椇子、空心莲子草和赤胫散4种生物质材料的水浸提液进行Cd污染土壤的批量淋洗试验，结果表明4种生物质材料浸提液对污染土壤中的Cd均有一定去除作用，且差异显著。孙涛等（2015）开展了柠檬酸对重金属Cd、Cu、Pb和Zn复合污染土壤的浸提效果研究，结果表明柠檬酸对4种重金属均具有较好的去除效果，其中对Zn的去除效果最好。梁振飞等（2015）以3种外源添加Cd的低污染土壤（酸性、石灰性和高有机质土壤）为研究对象，对比了2种螯合剂、2种酸性溶液对Cd的浸提效果，结果表明螯合剂的浸提效率高于酸性溶液，并呈现出EDTA>EDDS>柠檬酸和HCl的顺序。曾嘉强等（2015）研究表明，有机酸对土壤中Cd、Pb的去除效率大小顺序为柠檬酸>苹果酸（酒石酸）>草酸>乙酸；氯化物大小顺序为$FeCl_3$>$CaCl_2$>$MgCl_2$>KCl>NaCl。房彬等（2018）研究结果表明，柠檬酸、复合聚天冬氨酸、十二烷基苯磺酸钠单独使用时对Pb和Cd的浸提率均随淋洗剂浓度提高而增大。向玥皎等（2015）开展了柠檬酸、草酸对污染土壤中Pb、Zn的静态浸提试验研究，结果表明柠檬酸、草酸的最佳酸土比分别为10%和5%，对Pb和Zn的静态浸取时间分别为10d和5d。

1.2.2.4 稳定/固化技术

稳定/固化技术是利用某些具有聚结作用的黏结剂与污染土壤混合，隔离污染物或者将污染物转化成化学性质不活泼的形态，使其长期处于稳定状态的修复方法。其中，固化技术是指利用物理化学、热力学原理将土壤中的污染物固定起来，或者通过将污染物质转化成化学性质较为稳定的形态阻止其在土壤环境中迁移、释放和扩散；稳定技术是将污染物转化为不易溶解、迁移能力更弱或毒性更小的化学形态，降低土壤环境的危害。该技术修复费用相对低廉，对一些非敏感区的污染土壤可大大降低污染治理成本；但污染物埋藏深度、土壤pH值和有机质含量等一定程度上影响该技术的应用及有效性的发挥。常用的稳定/固化剂有飞灰、石灰等。

稳定/固化修复技术可分为原位和异位修复，原位稳定/固化适用于重金属污染土壤的修复，一般不适用于有机污染物土壤的修复；异位稳定/固化通常适用于处理无机污染物质，不适用于半挥发性有机物和农药杀虫剂污染土壤的修复。由于该技术只是暂时地降低了污染物在土壤中的毒性，并没有从根本上去除污染物，当外界条件发生改变时，这些污染物质还可能会释放出来污染环境。

汤家喜等（2011）采用人工模拟的As和Cd复合污染土壤研究了不同修复剂对As和Cd固定能力的差异，结果表明经MgO、CaO处理后4种不同污染浓度的土样中As和Cd的浸出浓度均有所降低，但土壤pH值随着两者加入量的增加而升高；Al_2O_3对土样中的As和Cd也有一定的固定效果，但在酸性条件下对Cd的固定起负作用；$FeSO_4 \cdot TH_2O$+CaO处理对土样中As的固定能力最好。曾卉等（2012）选取沸石、硅藻土、海泡石、膨润土和石灰石5种矿物材料，研究了各固化剂对土壤重金属的固化效果，表明石灰石对土壤重金属均有较好的固化作用。韩君等（2014）研究表明，黏土矿物坡缕石和海泡石均提高了土壤pH值，降低了土壤中Cd的生物有效性，明显降低了糙米中Cd含量。梁学峰等（2015）以天然黏土海泡石作为钝化材料，并分别与磷肥、生物炭和硅肥复配，进行了酸性水稻田原位修复试验，结果表明田间示范条件下海泡石及其复配均降低了土壤中Cd的生物有效性，明显降低了糙米中Cd含量。此外，郝汉舟等（2016）采用USEPA的毒性浸出试验对由硫化钙、过磷酸钙、氢氧化钙组成的复合修复剂进行了试验研究。徐奕等（2017）开展了膨润土钝化与灌溉水分调控联合处理对酸性稻田土Cd污染修复效应及土壤特性的影响研究。Altaf（2018）开展了石灰、钙基膨润土、烟草生物炭和天然沸石单独施用对土壤Pb、Cd、Cu和Zn的稳定化研究。马博（2018）开展了凹凸棒石对重金属的钝化及在尾矿和农田中的应用研究，结果表明凹凸棒石对尾矿及农田中重金属钝化效果显著。黄荣等（2018）开展了不同水分管理下施用尿素对土壤Cd污染钝化修复效应及微生物结构与分布影响研究。王逸轩等（2018）

研究了赤泥对污染土壤Pb形态转化的影响，表明施用赤泥后，污染土壤中可交换态和生物有效态Pb含量有明显下降趋势，而残渣态Pb含量则显著增加。

1.2.3 生物修复技术

生物修复技术是利用微生物、植物或动物将土壤中的污染物降解、吸收或富集，使污染物的浓度降低到可接受的水平，或将有毒有害的污染物转化为无害的物质。按处置地点分为原位生物修复和异位生物修复。生物修复技术一般分为微生物修复、植物修复和动物修复。

1.2.3.1 植物修复技术

植物修复是利用自然生长植物或遗传工程培育植物修复重金属污染土壤，主要通过植物系统及其根际微生物群落移除、挥发或稳定土壤污染物。植物修复技术主要用于重金属污染土壤的修复。常用的方法包括植物提取法、植物挥发法、植物固化法。植物挥发法是利用植物根系分泌的一些特殊物质，使土壤中的诸如Hg、Se等转化为挥发形态加以去除的方法；植物挥发是将污染物从土壤中经植物转移到大气中进行稀释，只适用于挥发性污染物，因此应用范围小，且将污染物转移到大气中对人类和生物有一定的风险；植物固化法是利用植物根际的一些特殊物质使土壤中污染物暂时固定，以降低其移动性，但土壤重金属的含量并不减少且之后可能发生分解、螯合、氧化还原等多种过程。植物修复工艺简单，最适合浅层且污染程度较低的土壤修复；但缺点是修复周期长，修复效果较差，且由于植物的特性，受气候和地理因素限制。

植物提取法对重金属污染土壤的修复原理，是通过种植对重金属富集、超富集的植物，利用植物吸收土壤中的重金属离子，并将其转移至植物的地上部分，最后通过回收地上部分物质的方式带走土壤中的污染物，减小受污染土壤毒性。修复重金属污染的植物应同时满足富集系数（植物地上部分重金属含量与土壤中重金属含量的比值）、转运系数（植物地上部分元素含量与地下部分同种元素含量的比值）均大于1，且生长快、地上部分生物量大、对重金属有较强的耐性等。Baker（1983）提出的针对特定重金属的超富集植物参考指标为，植物叶片或地上部分中含Cd达到100μg/g，含Co、Cu、Ni、Pb达到1 000μg/g，含Mn、Zn达到10 000μg/g以上的植物称为超富集植物。

国内关于植物修复的研究起步较晚，但也取得了一系列的成果。截至目前已被发现的超积累植物约有450种，广泛分布于植物界的45个科，大多数属于十字花科植物。陈同斌等（2002）首次发现了超富集As的植物蜈蚣草。韦朝阳等（2002）报道了大叶井口边草对As也有很好的富集作用，其地上部分含砷量可达694mg/kg。苏德纯等（2002）、卢晓明等（2005）分别报道了对Pb富集效果较好的植物印度芥菜、鲁白15，不仅生长快，且地上部分铅含量可超过1 000mg/kg。廖斌等（2003）报道鸭跖草对Cu具有超富集特性。杨肖娥等（2002）报道了东南景天是超富集Zn的植物，在天然条件下其地上部分Zn平均含量可达4 515mg/kg。蔬菜也对土壤中的重金属有一定的富集作用，如辣椒、四季豆、莴苣、萝卜等均对Hg有一定的富集作用；不同类蔬菜及不同品种的同类蔬菜之间，吸收和累积重金属的能力存在显著差异。魏树和等（2002）报道了在杂草中筛选出的龙葵，茎和叶中Cd富集系数均大于1，属于超积累Cd植物。

谢探春等（2019）开展了柳树对镉—芘复合污染土壤的修复潜力与耐受性研究，结果表明复合污染情况下金丝垂柳对Cd的吸收不受影响，但对芘的去除具有更好的效果。马婵华（2019）研究了黑麦草植物对农田重金属Cd污染土壤的修复效果，表明合理的种植模式可有效地提高富集植物对重金属的吸收。陈焱山等（2018）对蜈蚣草As富集的分子机制研究进展进行了分析整理。胡炎（2019）研究了东南景天对Cd胁迫的响应和再转运的生理与分子机制。朱凰榕等（2019）对比分析研究了东南景天与伴矿景天对酸性Cd/Zn污染土壤的提取修复效果，表明两种景天对酸性Cd/Zn复合污染土壤均具有很好的修复效果。

可采用施加外源物质强化植物修复，增强修复效果，比如施加乙烯等植物催熟素等可缩短植物生长周期；施加螯合剂可增加土壤液体中重金属浓度，从而进一步增大植物吸收重金属的量，亦可达到降低土壤重金属浓度的目的等。针对植物修复强化技术国内外也开展了较多的研究。Shahid等（2012）研究表明，螯合物辅助植物修复污染土壤重金属具有较好的效果；研究表明土壤修复的螯合剂效果跟植物的种类有很大关系。Evangelou等（2007）研究表明，有机酸、乙二胺四乙酸、次氨基三乙酸、羟基乙二胺三乙酸和氨三乙酸等螯合剂的添加能够增强植物对土壤中Cd、Pb、Ni、Zn等的提取效果。刘仕翔等（2017）研究表明，柠檬酸和EDTA复配作为淋洗剂对Zn、Cu、Pb、Cr、Ni复合污染土壤的去除效果明显提升。植物激素可通过促进植物生长、调节植物生理代谢或与重金属螯合，从而提高植物的修复效果。Ji等（2015）研究表明，赤霉素在1 000mg/L时可使龙葵生物量增加56%，龙葵茎中Cd含量增加16%。生物辅助强化植物修复是通过菌根或接种植物内生菌的方式与植物根部联合，增强植物对重金属的耐受性，促进植物根部吸收，从而加强植物根部向其茎、叶输送重金属的能力等。Shi等（2017）研究表明，来自植物根部的具有金属抗性的内生真菌可以提高宿主植物的植物修复功效。农艺措施作为植物修复强化技术可有效提高植物对重金属污染土壤的修复效率，具体措施包括施肥、水分调控和改良耕作技术等；施肥可改良或改变土壤的营养环境、pH值和氧化还原电位，促进植物生长，提高植物生物量，从而增加对重金属的吸收；水分调控对植物特定时期吸收重金属具有较好的调控效果；改良耕种技术，如中耕松土、增加种植密度等，也可起到强化植物修复效果的作用。

相比传统育种方法而言，通过基因工程强化植物修复技术可获得生长速度更快和生物量更大的目标植物，同时能够从其他物种引入新基因，使得不需要通过传统的育种方法就可以获得转基因植物新特征成为可能。Meagher（2005）通过基因工程强化植物修复技术，将汞还原酶（merA）和汞裂解酶（merB）转入拟南芥 *Arabidopsis thaliana* 中表达，比非转基因的植株对Hg的耐受性提高了50倍。

1.2.3.2 微生物修复技术

微生物修复技术是指利用土著菌、外来菌、基因工程菌等功能微生物群，通过微生物的作用降低有毒污染物的活性或者降解成无毒物质，使污染物无害化。微生物对有机污染土壤的修复以其对污染物的降解和转化为基础，主要包括好氧和厌氧两个过程。完全的好氧过程可使土壤有机污染物通过微生物的降解转化成为CO_2和H_2O；厌氧过程的主要产物为有机酸与其他产物。通过改变诸如营养、氧化还原电位、共代谢基质等环境条件，可强化微生物的降解作用。有机污染物的降解涉及许多酶和微生物种类，一些污染物不可能被彻底降解，只是转化为毒性或移动性较弱的中间产物。另外，微生物也可通过改变土壤环境的理化特征降低有机污染物的有效性，从而间接起到修复污染土壤的作用。通常一种微生物能降解多种有机污染物，如假单胞杆菌可降解DDT、艾氏剂、毒杀芬和敌敌畏等。因此，微生物已成为污染土壤生物修复技术的重要组成部分和生力军，但由于微生物修复手段修复能力有限，只能修复小范围的土壤。

我国已构建了有机污染物高效降解菌筛选技术、微生物修复制剂制备技术和有机污染物残留微生物降解田间应用技术。葛高飞等（2012）在系统了解微生物土壤修复研究现状基础上，认为微生物修复研究工作主要体现在筛选和驯化特异性高效降解微生物菌株，提高功能微生物在土壤中的活性、寿命和安全性，以及修复过程参数的优化和养分、温度、湿度等关键因子的调控等方面。刘宪华等（2003）用分离筛选出的假单胞菌AEBL3降解呋喃丹，结果发现未加菌土壤呋喃丹在0～7cm土层中含量达90mg/kg，加菌土壤呋喃丹含量为48mg/kg，降解率达96.4%。蒋建东等（2005）通过同源重组法构建多功能农药降解基因工程菌CD-mps和CDS-2mpd，在1～24h内便可迅速降解甲基对硫磷（MP），呋喃丹也可在30h内被完全降解。当前，微生物修复有机污染物的研究已进入基因水平，通过基因重组、构建基因工程菌来提高微生物降解有机污染物的能力。

1.2.3.3 动物修复技术

动物修复是指通过土壤动物群的直接（吸收、转化和分解）或间接作用（改善土壤理化性质、提高土壤肥力、促进植物和微生物的生长）而修复土壤污染的过程。土壤中的一些大型土生动物，如蚯蚓和某些鼠类，能吸收或富集土壤中的污染物，并通过自身的代谢作用，把部分污染物分解为低毒或无毒产物。此外，土壤中丰富的小型动物种群，如线虫纲、弹尾类、稗螨属、蜈蚣目、蜘蛛目、土蜂科等，均对土壤中的污染物有一定的吸收和富集作用，可以从土壤中带走部分污染物。

近几十年来，微生物修复和植物修复污染土壤已经有了长足的发展，但动物修复污染土壤的研究相对很少，特别是土壤微型动物在污染土壤修复方面少有研究。寇永纲等（2008）通过研究污染土壤不同Pb浓度梯度下，蚯蚓在培养期内对Pb的富集量，结果表明蚯蚓对Pb有较强的富集作用，且随Pb浓度的增加蚯蚓体内的Pb含量也增加；蚯蚓培养期内吸收Pb量与Pb浓度梯度表现出极显著相关性。易鹏等（2015）研究表明，在既施N、P、K肥又接种蚯蚓处理中，土壤10～20cm土层Cu元素从处理前的46.61mg/kg显著降低为43.49mg/kg；0～10cm土层中Cd在施肥和接种蚯蚓两个处理之间存在显著的交互作用，没有接种蚯蚓的条件下Cd在施肥土壤中的含量高于不施肥处理，在接种蚯蚓的条件下Cd在施肥土壤中的含量低于不施肥处理。徐坤等（2019）研究了蚯蚓对印度芥菜修复Zn、Pb污染土壤的影响，结果表明蚯蚓活动可以降低土壤的pH值，显著增加土壤中Zn有效态含量。李彤等（2019）研究了蚯蚓对植物修复石油烃污染土壤的影响，结果表明添加蚯蚓能够促进植物对土壤中石油烃的修复效果。Zhou等（2011）研究发现食细菌线虫与土壤微生物相互作用可以促进污染土壤中除草剂扑草净的降解。

1.2.4　联合修复技术

联合修复技术是指采用两种或两种以上修复方法协同修复污染土壤。联合修复不仅可以提高单一修复的修复速率与修复效率，而且可以克服单项修复技术的局限，实现对多种污染物复合污染土壤的修复。目前，比较成熟的联合修复技术有物理—化学联合修复、植物—微生物/动物联合修复等。

1.2.4.1　物理—化学联合修复技术

土壤物理—化学联合修复技术适用于污染土壤离位处理。Aresta等（2008）、Liu等（2006）研究表明，利用环己烷和乙醇可将污染土壤中的多环芳烃提取出来后进行光催化降解，利用Pd/Rh支持的催化—热脱附联合技术或微波热解—活性炭吸附技术修复可多氯联苯污染土壤。Alcantara（2008）研究表明，采取电动力学—芬顿联合修复技术可去除污染黏土矿物中的菲。Higarashi等（2002）研究表明，利用光调节的TiO_2催化可修复农药污染土壤等。

电动修复重金属污染土壤过程中，电场阴极区可产生OH^-使重金属离子形成沉淀物，阻碍阴极区重金属污染的修复。刘国等（2014）研究了柠檬酸、乙酸、螯合剂作为增强剂对电动修复重金属污染土壤修复效率的影响，结果表明柠檬酸和乙酸均有效抑制了阴极区域的碱化，使得修复区域内土壤均维持在酸性条件下，提高了电动修复的效率；螯合剂和重金属反应形成带负电的螯合物，加强了重金属的移动性。薛浩等（2015）提出了酸化—电动强化修复技术，同时研究表明土壤酸化将部分Cr由碳酸盐结合态转化成水溶态，避免了阴极区域的碱化，可显著提高土壤中Cr的去除率。高鹏（2014）研究表明，电动—渗透反应墙联合修复可结合两者的优点，在电场力的作用下，使金属离子在向阴极迁移的过程中，与渗透反应墙内的填充物质发生反应，使重金属离子稳定化，最终集中处理。Chen等（2006）针对电动—离子交换膜联合修复技术开展了研究，阴阳两极分别用选择性半透膜将电极和土壤隔开，阻止OH^-和H^+进入土壤，从而避免了阴极区域碱性化，提高了修复效率。郑雪玲等（2010）对电动—超声波联合修复技术研究表明，超声波可改善重金属的溶解性和迁移能力，提高电动修复效果。

针对超声波—化学联合修复，Zheng等（2013）研究表明，在草酸浓度为0.1mol/L、固液比1∶20，超声时间30min的条件下，Cu的去除率提高了7.2%，并达到最佳。Wei等（2013）采用超声波强化柠檬酸对污染土壤中Zn的去除，研究表明Zn的去除率可达68%，随着超声时间的延长去除率显著提高。邱琼瑶等（2014）以EDTA为淋洗剂，采用超声波强化对Cd、Cu、Pb、Zn的淋洗效果，洗脱率分别为83.6%、58.8%、98%和43%；超声强化不仅能够洗脱交换态、碳酸盐结合态、氧化物结合态重金属，而且能够有效去除残渣态和有机物结合态重金属。而孙涛等（2015）研究表明，超声对Cd、Pb、Cu污染土壤的淋洗效果影响不大，但Zn的淋洗效果明显增加，这与Wei的研究结果完全相符，但和邱琼瑶等的研究结果存在一定差异，可能是由于土壤性质和淋洗剂的不同造成的。

1.2.4.2 植物—微生物/动物联合修复技术

植物—微生物（细菌、真菌）、植物—动物（如蚯蚓、线虫）联合修复是利用土壤—植物—微生物/动物组成的复合体系共同降解污染物，实现污染土壤的修复。研究表明，紫花苜蓿和土壤微生物互作可大幅度降低土壤中多氯联苯浓度；根瘤菌和菌根真菌双接种可强化紫花苜蓿对多氯联苯的修复作用；接种食细菌线虫可以促进污染土壤扑草净的去除。

植物—微生物/动物联合修复过程中，植物与微生物/动物存在多种协同机制：第一，植物可以直接吸收污染物并在其组织器官中累积或代谢；第二，植物释放的分泌物或酶可促进污染物的生物降解，还可增强根际微生物的矿化作用；第三，根际或内生微生物可通过自身的吸收富集降低土壤中污染物的毒性，促进植物生长，增加植物的生物量；第四，微生物代谢产生的有机酸、表面活性剂、铁载体、螯合剂及其氧化还原作用等可改变重金属等污染物的赋存形态，活化重金属，促进污染物在植物体内的运输，优化植物对污染物的提取效果。

我国在植物—微生物联合修复重金属污染土壤方面开展了一定的研究。李韵诗（2014）分析表明，根际微生物可以菌根、内生菌等方式与根系形成联合体，通过增强植物抗性和优化根际环境促进根系发展，增强植物吸收和向地上部分转运重金属的能力。邓闻杨等（2018）研究了3种微生物对铀（U）胁迫下凤眼莲荧光生理及U累积特性的影响。丁旭彤（2018）研究了微生物与植物联合修复钒矿污染土壤，初步筛选出22种长势较好、种群数量较多和分布范围较广的植物，并研究了植物与微生物协同修复的机理。

此外，姚伦芳等（2014）采用温室盆栽试验，探究了微生物—植物联合修复对PAHs污染土壤的生物修复效果及其微生态效应；刘鑫等（2017）研究了高浓度PAHs污染土壤的微生物—植物联合修复效果；郑学昊等（2017）进行了植物—微生物联合修复PAHs污染土壤的调控措施对比研究，提出了试验土壤修复的最优方法；和晶亮（2018）对植物—微生物联合修复含油污泥污染土壤中PAHs进行了分析；姚梦琴（2017）、魏睿（2018）对克百威及毒死蜱等农药污染土壤植物—微生物联合修复效果进行了研究；吕良禾（2017）研究了DDT污染土壤表面活性剂强化植物—微生物联合修复技术；王京秀等（2016）开展了植物—固体菌剂联合修复石油污染土壤的研究；陈丽华等（2015）进行了微生物菌剂与冰草联合修复含油污染土壤研究，结果表明植物与微生物菌剂联合作用修复能力大于单一植物修复能力；马文翠（2016）建立了修复体系下污染物迁移转化的理论模型，进行了植物—微生物联合修复效果的安全性与技术经济性综合评价。

1.2.5 污染土壤修复技术发展趋势

针对受重金属、农药、石油、POPs等中轻度污染的农业土壤，选择可大面积应用，且廉价、环境友好的生物修复技术和物化稳定技术，实现"边修复、边生产"的目标，以保障农村生态环境、农业生产环境和农民居住环境安全，将是未来的主要发展趋势。未来土壤污染修复技术将向多元化、技术方案的精细化发展，应重点研发抽提脱附、生物修复、植物降解、电动力修复、稳定化、化学清洗、植物萃取、植物阻隔等污染土壤修复技术，分别满足推广、示范和储备等层面的需求。

1.2.5.1 向绿色的生物修复技术发展

生物修复技术是当前研究人员关注的一个前沿领域。农田污染土壤的修复要求既能原位有效消除土壤中的有毒有害污染物，同时不破坏土壤肥力和生态环境功能以及导致二次污染的发生。生物修复技术作为绿色、安全、环境友好的土壤修复技术可满足这些需求，并可适用于大面积污染农地土壤的治理，具有技术和经济上的双重优势。

植物修复技术方面，从常规作物中筛选适宜的作物品种（品系），发展适用于不同土壤类型和条件的根际生态修复技术已成为一种趋势。植物修复技术的未来发展方向包括：从植物生理、栽培、遗传的角度进行研究，筛选能超量积累污染物的植物；改善植物吸收性能，发掘高效污染修复植物；开展植物修复的机理研究，探索有效修复污染环境的植物修复技术；应用分子生物学和基因工程技术，鉴定和克隆抵抗重金属或降解有机污染物的植物基因，通过转基因技术创造一批新的植物品种，培育转基因植物，从而构建出高效去除污染物的植物。此外，如污染物在植物体系中的迁移转化规律、植物—微生物体系的作用规律、植物物种的搭配、工程设计规范及工程治理标准等，也是植物修复技术的重要研究内容。针对修复植物的后处理逐步从收获后焚烧向收集后提炼金属发展。

微生物修复技术方面，运用分子生物学、遗传学和基因工程等新理论、新技术分离和选育高效降解菌，培育基因工程菌，增强其对污染物的降解能力，将是提高土壤微生物修复效果的研究热点；通过工程化措施，利用土著、外源微生物或基因工程菌进行污染土壤的生物修复将是主要的发展方向。此外，基于微生物的联合修复技术，如微生物—土壤物理改良、微生物—化学活化、微生物—动物、微生物—植物、微生物—植物—动物等多生命体的系统组合修复理论与技术研究，也是未来的研究热点。应用生物工程技术如基因工程、酶工程、细胞工程等发展土壤生物修复技术，有利于提高治理速率与效率。

1.2.5.2 从单一污染修复向联合修复复合污染技术发展

土壤普遍受多种污染物复合污染，污染物种类及污染组合类型复杂，同时，污染程度差异较大。单项修复技术往往具有局限性，修复效果不明显，难以达到修复目标，因此，发展协同联合的土壤综合修复模式成为场地和农田土壤污染修复的研究方向。如利用能促进植物生长的根际细菌或真菌，发展植物—降解菌群协同修复、动物—微生物协同修复及其根际强化技术，促进有机污染物的吸收、代谢和降解已成为生物联合修复技术新的研究方向。此外，由于不同钝化剂对不同类型重金属的钝化效果存在一定的差异，且土壤重金属污染多为复合污染，因此复合钝化剂的研发和应用是农田污染土壤修复和安全利用的重要发展方向。

1.2.5.3 从异位向原位修复技术发展

将污染土壤挖掘、转运、堆放、净化、再利用是一种经常采用的离场异位修复过程。这种异位修复不仅处理成本高，而且很难治理深层土壤及地下水均受污染的场地。因此，发展多种原位修复技术以满足不同污染场地修复的需求将成为未来的发展趋势，如发展原位蒸气浸提技术、原位固定—稳定化技术、原位生物修复技术、原位纳米零价铁还原技术等，以及发展基于监测且发挥土壤综合生态功能的原位自然修复技术。

1.2.5.4　向基于环境功能修复材料的修复技术发展

黏土矿物改性技术、催化剂催化技术、纳米材料与技术已经渗透到土壤环境和农业生产领域，并应用于污染土壤环境修复，如利用纳米铁粉、氧化钛等去除污染土壤和地下水中的有机氯污染物。目前，土壤修复的环境功能材料的研制及其应用技术还刚刚起步，对这些物质在土壤中的分配、反应、行为、归趋及生态毒理等尚缺乏了解，对其环境安全性和生态健康风险还难以进行科学评估；基于环境功能修复材料的土壤修复技术的应用条件、长期效果、生态影响和环境风险等同样需要加强研究。

1.2.5.5　向基于设备化的快速修复技术发展

土壤修复技术的应用在很大程度上依赖于修复设备和监测设备的支撑，基于设备化的修复技术是土壤修复走向市场化和产业化的基础，开发与应用基于设备化的场地污染土壤的快速修复技术是一种发展趋势。植物修复后的植物资源化利用、微生物修复的菌剂制备、有机污染土壤的热脱附或蒸气浸提、重金属污染土壤的淋洗或固化稳定化、修复过程及修复后环境监测等都需要设备。一些新的物理和化学方法与技术在土壤环境修复领域的渗透与应用将会加快修复设备化的发展，将带动新的修复设备研制。

1.2.5.6　向土壤修复决策支持系统发展

污染土壤修复决策支持系统是实施污染场地风险管理和修复技术快速筛选的工具。污染土壤修复技术筛选是一种多目标决策过程，需要综合考虑风险削减、环境效益与修复成本等要素。欧美许多土壤修复研究组织针对污染场地管理和决策支持进行了系统研究和总结。一些辅助决策工具如文件导则、决策流程图、智能化软件系统等已陆续出台和开发，并在具体的场地修复过程中被采纳。基于风险的污染土壤修复后评估也是污染场地风险管理的重要环节，包括修复后污染物风险评估、修复基准及土壤环境质量评价等内容。土壤污染类型多种多样，污染场地错综复杂，需要发展场地针对性的污染土壤修复决策支持系统及后评估方法与技术。

1.2.6　影响修复技术选择的因素

污染土壤修复技术的选择应综合考虑土壤污染类型、污染程度以及资源需求、环境影响、经济因素等。美国超级基金场地修复技术选择的9个基本原则是：短期效果；长期效果；对污染物毒性、迁移性和数量减少的程度；可操作性；成本；符合应用与其他相关要求；全面保护人体健康与环境；政府接受程度；公众接受程度。

我国农田污染土壤修复技术的选择应坚持以下原则。

1.2.6.1 可行性原则

一是技术上可行，选用的修复技术对污染农田土壤的治理效果比较好，能达到预期目标，能大面积实施和推广；二是经济上可行，治理成本不能太高，让农村、农户能够承受，便于推广，应尽量采用成熟度高和可操作性强的技术。

1.2.6.2 安全性原则

尽可能选择对土壤肥力、生产力负面影响小的技术，如植物修复技术、微生物修复技术等。农田土壤修复技术在实施过程中，不应带入新的污染物，且不应产生二次污染，不对农田土壤环境、作物和周边环境以及人群健康产生不利影响，风险可接受。

1.2.6.3 因地制宜原则

不能简单照搬已有农田污染土壤治理技术，应根据土壤的污染面积、污染种类、污染程度、修复时间、修复成本和未来土地用途等因素综合考虑，在科学论证基础上选择适宜的修复技术。

污染土壤的修复应在充分了解土壤污染来源及污染程度的基础上，依据当地概况与污染成因，确定修复技术措施及主要治理目标。根据污染土壤的复杂程度，可分区（地理位置和空间单元）、分类（主要污染物类型）、分级（污染程度）、分段（修复难易程度），选择单一或联合修复技术措施。

1.3 主要研究内容与技术路线

1.3.1 主要研究内容

针对我国污灌农田中度、轻度土壤污染特征，以实现丰富污染农田土壤修复理论和构建"边生产、边修复"的技术模式为目标，重点开展典型重金属、典型有机物单一污染土壤及重金属—有机物复合污染土壤的修复机理与修复技术模式试验研究，主要研究内容如下。

1.3.1.1 污灌区典型污染物溯源分析

重点在典型污灌区土壤污染现状普查的基础上，针对典型污染物的污染来源开展源解析方法研究，通过定性污染源识别和定量污染源解析，提出不同污染来源对土壤污染的贡献率。

1.3.1.2 含Cd微污染水深度处理技术与工艺

通过不同Cd吸附材料吸附机理及影响因素试验研究，筛选适宜微污染水深度处理的吸附材料，并提出其制备适宜参数，在此基础上研发含Cd微污染水深度吸附处理的组合工艺。

1.3.1.3　中轻度Cd污染农田节水减污灌水技术模式

重点针对中轻度Cd污染土壤不同灌水模式下重金属在土壤—作物系统的迁移转化规律开展研究，探明Cd在土壤系统的累积效应及作物响应特征，提出典型污灌区中轻度Cd污染农田基于源头污染减量化的微污染水安全灌溉技术模式及操作规程。

1.3.1.4　低吸收作物与钝化剂集成修复Cd污染土壤技术模式

重点筛选低吸收Cd的大田主要作物品种/品系及Cd钝化材料，在此基础上通过低吸收Cd作物种植条件下钝化材料不同施加量及施加方式的对比试验研究，提出轻度Cd污染土壤"边生产、边修复"的集成修复技术模式。

1.3.1.5　富集作物与有机酸诱导集成修复Cd污染土壤技术模式

重点筛选富集Cd的作物品种，在此技术上通过富集Cd作物种植条件下不同有机酸及其施加量对Cd富集转运特征和土壤修复效果的研究，提出基于作物籽粒重金属含量符合标准的中轻度Cd污染土壤"边生产、边修复"的集成修复技术模式。

1.3.1.6　典型中轻度有机物污染土壤植物修复效果

重点开展多菌灵降解菌筛选试验及多环芳烃、邻苯二甲酸酯等典型有机物检测方法研究，在此基础上通过典型植物对其吸收累积规律及土壤有机污染物去除效果分析，为提出适宜的中轻度有机污染土壤植物修复方法提供理论依据。

1.3.1.7　典型重金属—有机物复合污染农田土壤植物修复效果

针对典型重金属—有机物复合污染农田土壤，研究筛选植物对复合污染物的生理生长响应特征及吸收累积规律、对土壤污染物的去除效果及对土壤酶活性和土壤微生物的影响，为提出适宜的中轻度复合污染土壤植物修复方法提供理论依据。

1.3.2　研究技术路线

在对国内外污灌农田污染土壤修复理论与技术广泛调研的基础上，根据我国污灌农田污染类型及特点，选取典型试验区，采取试验研究与理论分析相结合、田间试验与室内试验相结合、试验研究与模拟研究相结合、微观研究与宏观分析相结合的研究思路，重点开展污灌农田污染物溯源分析、微污染水典型污染物消减与深度处理技术、污灌区中轻度重金属污染农田节水减污灌水技术模式、低吸收重金属作物与钝化剂集成修复技术模式、富集重金属作物与有机酸诱导集成修复技术模式、典型中轻度有机污染农田土壤修复及重金属—有机物复合污染土壤修复技术研究，通过试验研究，预期为最终形成污灌农田污染土壤"边生产、边修复"的综合修复防治系列技术与产品提供理论与技术支撑。

2 农田污染土壤污染物溯源分析

2.1 农田土壤污染调查分析方法

2.1.1 农田土壤污染状况调查分析

农田土壤指用于种植粮食、蔬菜、水果、纤维、糖料、油料、花卉、药材、草料等作物的农业用地土壤。农田土壤污染状况调查即通过系统的调查方法，识别土壤污染物，确定土壤污染的程度及范围。土壤污染状况调查可分步分阶段实施，第一阶段为土壤污染初步调查，以资料收集、现场踏勘和人员访谈为主，主要目的为通过了解调查地块周边现状及历史污染源状况，判断土壤污染的可能性及主要的污染物类型；第二阶段主要以土壤采样和分析为主，主要目的为通过在可能污染土壤进行布点及取样分析，确定土壤污染类型、污染程度及其空间分布特征。

2.1.1.1 土壤污染初步调查方法

（1）调查资料收集。土壤污染调查资料收集阶段应重点收集以下资料：农田所在区域地形、地貌、土壤、水文、地质和气象资料等，作物种植情况及变迁，历史灌水情况（包括灌水水源、水质、灌水量等）与施肥、施药情况，周边区域可能对土壤造成污染的污染源（如化工厂、农药厂、冶炼厂、固体废物处理场等）等。

（2）现场踏勘。现场踏勘的主要目的是对调查资料阶段收集得到的信息进行整理，对包括农田现状和历史情况、周边区域现状和历史情况，农田灌水、施肥、施药情况及农田周边可能造成大气沉降的污染源情况等资料进行整理。灌水情况包括灌溉水源、灌水量及灌溉历史等，施肥、施药情况应包括现状及历史施肥、施药种类及施加量等。重点踏勘农田灌溉水源、灌水渠或灌水管等，以及可能造成粉尘污染的污染源等。现场踏勘可通过对灌溉水质及土壤的观察及对异常气味的辨识等方式初步判断农田污染状况。踏勘期间，可以使用现场快速测定仪器辅助获取土壤污染状况的准确信息。

（3）人员访谈。人员访谈主要针对农田现状和历史种植农户或知情人，了解资料收集和现场踏勘过程中的疑问，并进行信息补充和已有资料的考证等。访谈可采取当面交流、电话交流、电子和书面调查表等方式进行。

2.1.1.2 土壤污染采样方法

土壤污染采样目的是根据农田具体情况、污染源分布、土壤条件以及污染物的迁移和转化等因素，判断污染物在土壤中的含量及分布规律。采样应制定采样方案。采样方案一般包括采样点的布设、样品采集数量、样品采集方法、现场快速检测方法以及样品的收集、保存、运输和储存等要求。

可根据土壤污染前期调查结果，参考土壤类型、作物种类、耕作制度、保护区类型、行政区划等的差异，以及土壤污染可能类型（大气污染型、灌溉水污染型、固体废物堆污染型、农用固体废物污染型、农用化学物质污染型、综合污染型）确定土壤采样点的布设。

大气污染型土壤采样点和固体废物堆污染型土壤采样点应考虑农田地块与污染源的位置关系，在主导风向和地表水的径流方向适当增加采样点。灌溉水污染型土壤采样点、农用固体废物污染型土壤采样点和农用化学物质污染型土壤采样点应考虑污染物质的空间分布，灌溉水污染型采样点应考虑水流方向，采样点自引水口起由密渐疏。综合污染型土壤采样点布点根据污染类型综合考虑。

（1）水平方向采样点的布设。土壤污染采样点水平方向的布设也可参照表2-1和图2-1。

表2-1 农田土壤采样点布点方法和适用条件

布点方法	适用条件
系统随机布点法	适用于污染分布均匀的农田
专业判断布点法	适用于潜在污染明确的农田
分区布点法	适用于污染分布不均匀，并获得污染分布情况的农田
系统布点法	适用于污染分布不明确或污染分布范围大的农田

①系统随机布点法。对于农田土壤特征相近、种植结构相同且灌水一致的区域，可采用系统随机布点法进行取样点布设。系统随机布点法是将农田区域分成面积相等的若干地块，从中随机（随机数的获得可用掷骰子、抽签、查随机数表的方法）抽取一定数量的地块，在每个地块内布设一个取样点进行取样。取样的样本数根据农田面积、农田种植结构情况等确定。

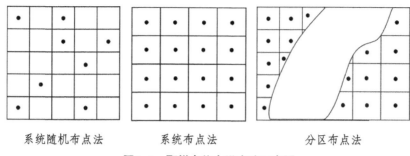

系统随机布点法　　　　系统布点法　　　　分区布点法

图2-1　取样点位布设方法示意图

②系统布点法。土壤污染特征不明确的地块，可采用系统布点法进行取样点位布设。系统布点法是将农田区域分成面积相等的若干地块，每个地块内布设一个取样点。

③分区布点法。对于灌水、施肥、施药不同及污染特征明显差异的农田，可采取分区布点法进行取样点位的布设。分区布点法是将农田划分成不同的小区，再根据小区的面积或污染特征随机布设采样点的方法。

④专业判断布点法。对于潜在污染明确的农田，可采用专业判断布点法。专业判断布点法即根据农田污染状况布设取样点，取样点位和样本数根据污染状况等确定。

（2）垂直方向土壤采样点的布设。土壤采样点垂直方向的采样深度可根据污染源的位置、污染物迁移性、所在区域地层结构及水文地质条件等进行判断设置。一般可按表层30cm采样间隔为10cm，30cm～1m土层采样间隔为20cm，1～2m土层采样间隔为50cm，2m至地下水位采样间隔为2m进行采样，具体间隔可根据实际情况适当调整。水稻土按照耕作层、犁底层、母质层（或潜育层、潴育层）分层采样，对犁底层太薄的剖面，只采耕作层、母质层两层（或耕作层、潜育层或耕作层、潴育层）。

（3）污染物识别与土壤背景值采样点布置。应根据农田灌水、施肥、施药等调查结果及降尘潜在污染特征，选择可能污染较重的若干地块，作为农田土壤污染物识别的监测地块。需了解污染物在土壤中垂直分布时应采集土壤的剖面样。测量重金属的样品尽量用竹片或竹刀去除与金属采样器接触部分的土壤，再用其取样。

一般情况下，应在农田区域外未采用污水灌溉、未施或少施肥及施药区域，或未受降尘污染的地块设置土壤对照取样点，取样测定土壤背景值。对照取样点位应尽量选择在一定时间内未经外界扰动的裸露土壤，土壤采样深度应与农田土壤采样深度和层次相同。

（4）混合样的采样方法。为了保证土壤样品的代表性，在考虑降低监测费用时，可采取采集混合样的方法，即在每个采样区域布设多个采样分点，采集同一土层不同采样分点样品后混合作为一个混合样。采样区范围以200m×200m左右为宜。混合样的采集可采取对角线法、梅花点法、棋盘式法、蛇形法。对角线法即沿地块对角线分5等份，以等分点为采样分点；梅花点法适用于面积较小、地势平坦，土壤组成和受污染程度相对比较均匀的地块，一般设分点5个左右；棋盘式法适用于中等面积、地势平坦、土壤不够均匀的地块，一般设分点10个左右；蛇形法适于面积较大、土壤不够均匀且地势不平坦的地块，一般设分点15个左右。

（5）污染事故土壤采样方法。土壤遭到污染事故影响后，应根据污染物的颜色、印渍、气味，并综合考虑地势、风向等因素初步界定污染事故对土壤的污染范围。固体污染物抛洒污染型污染土壤，应在抛洒物清扫后采集表层5cm土样，采样点数应不少于3个；液体倾翻污染型污染土壤，污染物向低洼处流动的同时向深度方向渗透并向两侧横向方向扩散，每个点应分层采样，事故发生点样品点加密布设，采样深度应加深，离事故发生点相对远处样品点可较疏，采样深度可较浅，但采样点不应少于5个；爆炸污染型污染土壤应以放射性同心圆方式布点，采样点不少于5个，爆炸中心应分层采样，周围可采表层土（如0~20cm）；事故土壤监测要设定2~3个背景对照点，有腐蚀性或需测定挥发性化合物时，应改用广口瓶装样。

2.1.1.3 样品制备与保存

采集的土壤样品应根据分析测试指标及指标分析测试方法的要求进行样品前处理。

（1）土壤干样的制备与保存。土壤干样应按照风干、样品粗磨、细磨等程序进行制备。①风干。在风干室将土样放置于风干盘中，摊成厚度2~3cm的薄层，适时压碎、翻动，拣出碎石、沙砾、植物残体等。②样品粗磨。将风干的样品倒在有机玻璃板上，用木锤敲打到一定粉碎程度后，采用木滚、木棒或有机玻璃棒再次压碎，并拣出杂质，混匀，采用四分法取压碎样，过孔径20目筛；过筛后的样品全部置无色聚乙烯薄膜上，并再次充分搅拌混匀后，采用四分法取其中两份，一份交样品库存放或用于土壤pH值、阳离子交换量、元素有效态含量等项目的分析；另一份作样品的细磨用。③样品细磨。用于细磨的样品再用四分法分成两份，一份研磨到全部过孔径60目筛，可用于农药或土壤有机质、土壤全氮量等项目分析；另一份研磨到全部过孔径100目筛，可用于土壤元素全量分析。制样工具每处理一份样品后应擦抹（洗）干净，严防交叉污染。

（2）土壤鲜样的制备与保存。分析挥发性、半挥发性有机物或可萃取有机物等需要采用新鲜样分析的项目，按特定的方法进行样品前处理。对于易分解或易挥发等不稳定组分的样品应采取低温保存的运输方法，并尽快送到实验室进行分析测试。土壤鲜样采集后应采用可密封的聚乙烯或玻璃容器在4℃以下避光保存，样品应充满容器。避免用含有待测组分或对测试有干扰的材料制成的容器盛装保存样品，测定有机污染物用的土壤样品应选用玻璃容器保存。具体保存条件见表2-2。

表2-2 新鲜样品的保存条件和保存时间

测试项目	容器材质	温度（℃）	可保存时间（d）	备注
金属（汞和六价铬除外）	聚乙烯、玻璃	<4	180	
汞	玻璃	<4	28	
砷	聚乙烯、玻璃	<4	180	
六价铬	聚乙烯、玻璃	<4	1	
氰化物	聚乙烯、玻璃	<4	2	
挥发性有机物	玻璃（棕色）	<4	7	采样瓶装满装实并密封
半挥发性有机物	玻璃（棕色）	<4	10	采样瓶装满装实并密封
难挥发性有机物	玻璃（棕色）	<4	14	

2.1.1.4 样品分析测定

农田污染土壤样品分析测定指标必测项目应包括pH值，氧化还原电位（Eh），阳离子交换量，有机质及镉、汞、砷、铅、铬、铜、镍、锌等重金属或类金属的全量和有效态含量，六六六、滴滴涕含量，其他测定指标可根据土壤污染调查结果，并依据《土壤环境质量 农用地土壤污染风险管控标准（试行）》（GB 15618—2018）选测。

分析方法应优先采用标准中指定的分析方法，标准中未涉及项目的分析，应选用由权威部门规定或推荐的方法。常规检测项目的分析方法可参考表2-3。

表2-3 土壤污染物分析方法

序号	污染物项目	分析方法	标准编号
1	镉	土壤质量 铅、镉的测定 石墨炉原子吸收分光光度法	GB/T 17141
2	汞	土壤和沉积物 汞、砷、硒、铋、锑的测定 微波消解/原子荧光法	HJ 680
		土壤质量 总汞、总砷、总铅的测定 原子荧光法第1部分：土壤中总汞的测定	GB/T 22105.1
		土壤质量 总汞的测定 冷原子吸收分光光度法	GB/T 17136
		土壤和沉积物 总汞的测定 催化热解—冷原子吸收分光光度法	HJ 923

（续表）

序号	污染物项目	分析方法	标准编号
		土壤和沉积物 12种金属元素的测定 王水提取—电感耦合等离子体质谱法	HJ 803
3	砷	土壤和沉积物 汞、砷、硒、铋、锑的测定 微波消解/原子荧光法	HJ 680
		土壤质量 总汞、总砷、总铅的测定 原子荧光法第2部分：土壤中总砷的测定	GB/T 22105.2
4	铅	土壤质量 铅、镉的测定 石墨炉原子吸收分光光度法	GB/T 17141
		土壤和沉积物 无机元素的测定 波长色散X射线荧光光谱法	HJ 780
5	铬	土壤 总铬的测定 火焰原子吸收分光光度法	HJ 491
		土壤和沉积物 无机元素的测定 波长色散X射线荧光光谱法	HJ 780
6	铜	土壤质量 铜、锌的测定 火焰原子吸收分光光度法	GB/T 17138
		土壤和沉积物 无机元素的测定 波长色散X射线荧光光谱法	HJ 780
7	镍	土壤质量 镍的测定 火焰原子吸收分光光度法	GB/T 17139
		土壤和沉积物 无机元素的测定 波长色散X射线荧光光谱法	HJ 780
8	锌	土壤质量 铜、锌的测定 火焰原子吸收分光光度法	GB/T 17138
		土壤和沉积物 无机元素的测定 波长色散X射线荧光光谱法	HJ 780
		土壤和沉积物 有机氯农药的测定 气相色谱—质谱法	HJ 835
9	六六六总量	土壤和沉积物 有机氯农药的测定 气相色谱法	HJ 921
		土壤质量 六六六和滴滴涕的测定 气相色谱法	GB/T 14550
		土壤和沉积物 有机氯农药的测定 气相色谱—质谱法	HJ 835
10	滴滴涕总量	土壤和沉积物 有机氯农药的测定 气相色谱法	HJ 921
		土壤质量 六六六和滴滴涕的测定 气相色谱法	GB/T 14550
		土壤和沉积物 多环芳烃的测定 气相色谱—质谱法	HJ 805
11	苯并［α］芘	土壤和沉积物 多环芳烃的测定 高效液相色谱法	HJ 784
		土壤和沉积物 半挥发性有机物的测定 气相色谱—质谱法	HJ 834
12	pH值	土壤pH值的测定 电位法	HJ 962

不同土壤分析指标及其不同分析方法，土壤样品处理方法不同，应根据选定分析方法的规定进行土壤样品处理。

（1）全分解方法。

普通酸分解法：准确称取0.5g（准确到0.1mg，下同）风干土样置于聚四氟乙烯坩埚中，加少许水润湿后，加入10mL HCl（$\rho 1.19g/mL$），于电热板上低温加热；蒸发至约剩5mL时加入15mL HNO$_3$（$\rho 1.42g/mL$），继续加热至近黏稠状；加入10mL HF（$\rho 1.15g/mL$）并继续加热，为了达到良好的除硅效果应经常摇动坩埚；加入5mL HClO$_4$（$\rho 1.67g/mL$），并加热至白烟冒尽。对于含有机质较多的土样应在加入HClO$_4$之后加盖消解，土壤分解物应呈白色或淡黄色（含铁较高的土壤）、倾斜坩埚时呈不流动的黏稠状。用稀酸溶液冲洗内壁及坩埚盖，温热溶解残渣，冷却后，定容至100mL或50mL，最终体积根据待测成分的含量而定。

高压密闭分解法：称取0.5g风干土样于内套聚四氟乙烯坩埚中，加入少许水润湿土样，再加入HNO$_3$（$\rho 1.42g/mL$）、HClO$_4$（$\rho 1.67g/mL$）各5mL，摇匀后将坩埚放入不锈钢套筒中并拧紧；放在烘箱中保持180℃分解2h；取出冷却至室温后，用水冲洗坩埚盖内壁，加入3mL HF（$\rho 1.15g/mL$），置于电热板上，在100～120℃加热除硅，待坩埚内剩下2～3mL溶液时，调高温度至150℃，蒸至冒浓白烟后再缓缓蒸至近干，按普通酸分解法，定容后进行测定。

微波炉加热分解法：微波炉加热分解法是以被分解的土样及酸的混合液作为发热体，从内部进行加热使试样受到分解的方法。以聚四氟乙烯密闭容器作内筒，以能透过微波的材料如高强度聚合物树脂或聚丙烯树脂作外筒，可保证达到良好的分解效果。微波加热分解可分为开放系统和密闭系统。开放系统可分解多量试样，且可直接和流动系统组合实现自动化，但由于要排出酸蒸气，所以分解时使用酸量较大；开放系统易受外部环境污染，且挥发性元素易造成损失，费时且难以分解多数试样。密闭系统的优点较多，如酸蒸气不会逸出，仅用少量酸即可，不受外部环境污染，分解试样时不用观察及特殊操作，分解试样快，可同时分解大批量试样；缺点是需要专门的分解器具，不能分解量大的试样，如果疏忽会有发生爆炸的危险等。在进行土样的微波分解时，无论使用开放系统或密闭系统，一般使用HNO$_3$-HCl-HF-HClO$_4$、HNO$_3$-HF-HClO$_4$、HNO$_3$-HCl-HF-H$_2$O$_2$、HNO$_3$-HF-H$_2$O$_2$等体系。当不使用HF时（限于测定常量元素且称样量小于0.1g），可将分解试样的溶液适当稀释后直接测定。若使用HF或HClO$_4$对待测微量元素有干扰时，可将试样分解液蒸至近干，酸化后稀释定容。

碳酸钠熔融法：称取0.500 0～1.000 0g风干土样放入预先用少量碳酸钠或氢氧化钠垫底的高铝坩埚中（以充满坩埚底部为宜，以防止熔融物粘底），分次加入1.5～3.0g碳酸钠，并用圆头玻璃棒小心搅拌，使其与土样充分混匀；放入0.5～1g碳酸钠，使其平铺在混合物表面，盖好坩埚盖；放入马弗炉中，于900～920℃熔融0.5h；自然冷却至500℃左右时，可稍打开炉门（不可开缝过大，否则高铝坩埚骤然冷却会开裂）以加速冷却；冷却至60～80℃用水冲洗坩埚底部，然后放入

250mL烧杯中，加入100mL水，在电热板上加热浸提熔融物；用水及HCl（1+1）将坩埚及坩埚盖洗净取出，并用HCl（1+1）中和、酸化（盖好表面皿，以免大量CO_2冒泡引起试样溅失）；待大量盐类溶解后，用中速滤纸过滤，用水及5%HCl洗净滤纸及其中的不溶物，定容待测。该法适合测定氟、钼、钨。

碳酸锂—硼酸、石墨粉坩埚熔样法：土壤矿质全量分析中土壤样品分解常用酸溶剂，酸溶剂一般用氢氟酸加氧化性酸分解样品，其优点是酸度小，适用于仪器分析测定，但对某些难熔矿物分解不完全，特别对铝、钛的测定结果会偏低，且不能测定硅。准确称取经105℃烘干的土样0.200 0g于定量滤纸上，与1.5g Li_2CO_3-H_3BO_3（Li_2CO_3：H_3BO_3=1：2）混合试剂均匀搅拌，捏成小团，放入瓷坩埚内石墨粉洞穴中，然后将坩埚放入已升温到950℃的马弗炉中，20min后取出，趁热将熔块投入盛有100mL 4%硝酸溶液的250mL烧杯中，立即于250W清洗槽内超声（或用磁力搅拌），直到熔块完全溶解；将溶液转移到200mL容量瓶中，并用4%硝酸定容。吸取20mL上述样品液移入25mL容量瓶中，并根据仪器的测量要求决定是否需要添加基体元素及添加浓度，最后用4%硝酸定容，用光谱仪进行多元素同时测定。该方法适合铝、硅、钛、钙、镁、钾、钠等元素分析。

（2）酸溶浸法。

HCl-HNO_3溶浸法：可采用以下两种溶浸方法，①准确称取2.000g风干土样，加入15mL的HCl（1+1）和5mL HNO_3（ρ1.42g/mL），振荡30min，过滤定容至100mL，用ICP法测定P、Ca、Mg、K、Na、Fe、Al、Ti、Cu、Zn、Cd、Ni、Cr、Pb、Co、Mn、Mo、Ba、Sr等。②准确称取2.000g风干土样于干烧杯中，加少量水润湿，加入15mL HCl（1+1）和5mL HNO_3（ρ1.42g/mL）；盖上表面皿于电热板上加热，待蒸发至约剩5mL，冷却，用水冲洗烧杯和表面皿，用中速滤纸过滤并定容至100mL，用原子吸收法或ICP法测定。

HNO_3-H_2SO_4-$HClO_4$溶浸法：此方法特点是H_2SO_4、$HClO_4$沸点较高，能使大部分元素溶出，且加热过程中液面比较平静，没有进溅的危险；但Pb等易与SO_4^{2-}形成难溶性盐类的元素，测定结果偏低。操作步骤为首先准确称取2.500 0g风干土样于烧杯中，用少许水润湿，加入HNO_3-H_2SO_4-$HClO_4$混合酸（5+1+20）12.5mL，置于电热板上加热，当开始冒白烟后缓缓加热，并经常摇动烧杯，蒸发至近干；冷却，加入5mL HNO_3（ρ1.42g/mL）和10mL水，加热溶解可溶性盐类，用中速滤纸过滤，定容至100mL，待测。

HNO_3溶浸法：准确称取2.000 0g风干土样于烧杯中，加少量水润湿，加入20mL HNO_3（ρ1.42g/mL）；盖上表面皿，置于电热板或沙浴上加热，若发生进溅，可采用每加热20min关闭电源20min的间歇加热法；待蒸发至约剩5mL，冷却，用水冲洗烧杯壁和表面皿，经中速滤纸过滤，将滤液定容至100mL，待测。

0.1mol/L HCl溶浸法：土壤中Cd、Cu的提取方法操作条件是，准确称取

10.000 0g风干土样于100mL广口瓶中，加入0.1mol/L HCl 50.0mL，在水平振荡器上振荡。振荡条件是温度30℃、振幅5～10cm、振荡频次100～200次/min，振荡1h；静置后，用倾斜法分离出上层清液，用干滤纸过滤，滤液经过适当稀释后用原子吸收法测定。As的操作条件是，准确称取10.000 0g风干土样于100mL广口瓶中，加入0.1mol/L HCl 50.0mL，在水平振荡器上振荡；振荡条件是温度30℃、振幅10cm、振荡频次100次/min，振荡30min；用干滤纸过滤，取滤液进行测定。除用0.1mol/L HCl溶浸Cd、Cu、As以外，还可溶浸Ni、Zn、Fe、Mn、Co等重金属元素。

（3）形态分析样品的处理方法。

有效态的DTPA溶浸法：DTPA（二乙三胺五乙酸）浸提液可测定有效态Cu、Zn、Fe等。浸提液的配制：其成分为0.005mol/L DTPA-0.01mol/L $CaCl_2$-0.1mol/L TEA（三乙醇胺）。称取1.967g DTPA溶于14.92g TEA和少量水中；再将1.47g $CaCl_2 \cdot 2H_2O$溶于水，一并转入1 000mL容量瓶中，加水至约950mL，用6mol/L HCl调节pH值至7.30（每升浸提液约需加6mol/L HCl 8.5mL），最后用水定容。称取25.00g风干过20目筛的土样放入150mL硬质玻璃三角瓶中，加入50.0mL DTPA浸提剂，在25℃用水平振荡机振荡提取2h，干滤纸过滤，滤液用于分析。DTPA浸提剂适用于石灰性土壤和中性土壤。

有效态的0.1mol/L HCl浸提法：称取10.00g风干且过20目筛的土样放入150mL硬质玻璃三角瓶中，加入50.0mL 1mol/L HCl浸提液，用水平振荡器振荡1.5h，干滤纸过滤，滤液用于分析。酸性土壤适合用0.1mol/L HCl浸提。

有效态的水浸提法：土壤中有效硼常用沸水浸提，准确称取10.00g风干过20目筛的土样于250mL或300mL石英锥形瓶中，加入20.0mL无硼水；连接回流冷却器后煮沸5min，立即停止加热并用冷却水冷却；冷却后加4滴0.5mol/L $CaCl_2$溶液，移入离心管中，离心分离出清液备测。

关于有效态金属元素的浸提方法较多，如有效态Mn可用1mol/L乙酸铵—对苯二酚溶液浸提。有效态Mo可用草酸—草酸铵（24.9g草酸铵与12.6g草酸溶解于1 000mL水中）溶液浸提，固液比为1∶10。有效钙、镁、钾、钠可用1mol/L NH_4Ac浸提等。

可交换态浸提方法：在1g试样中加入8mL $MgCl_2$溶液（1mol/L $MgCl_2$，pH值7.0）或者乙酸钠溶液（1mol/L NaAc，pH值8.2），室温下振荡1h。

碳酸盐结合态浸提方法：经上述可交换态浸提方法处理后的残余物在室温下用8mL 1mol/L NaAc浸提，在浸提前用乙酸把pH值调至5.0，连续振荡，直到估计所有提取的物质全部被浸出为止（一般8h左右）。

铁锰氧化物结合态浸提方法：在经碳酸盐结合态浸提方法处理后的残余物中，加入20mL 0.3mol/L $Na_2S_2O_3$—0.175mol/L柠檬酸钠—0.025mol/L柠檬酸混合液，或者用0.04mol/L $NH_2OH \cdot HCl$在20%（V/V）乙酸中浸提。浸提温度为

96℃±6℃，时间可自行估计，到完全浸提为止，一般在4h以内。

有机结合态浸提方法：在经铁锰氧化物结合态浸提方法处理后的残余物中，加入3mL 0.02mol/L HNO₃、5mL30%H₂O₂，然后用HNO₃调节pH值至2，将混合物加热至85℃±5℃，保温2h，并在加热中间振荡几次。再加入3mL 30%H₂O₂，用HNO₃调至pH值为2，再将混合物在85℃±5℃加热3h，并间断地振荡。冷却后，加入5mL 3.2mol/L乙酸铵20%（V/V）HNO₃溶液，稀释至20mL，振荡30min。

残余态浸提方法：经上述可交换态、碳酸盐结合态、铁锰氧化物结合态、有机结合态4部分提取之后，残余物中将包括原生及次生的矿物，它们除了主要组成元素之外，也会在其晶格内夹杂、包藏一些痕量元素，在天然条件下，这些元素不会在短期内溶出。残余态主要用HF-HClO₄分解，主要处理过程参考上述土壤全分解方法之普通酸分解法。

上述各形态的浸提都在50L聚乙烯离心试管中进行，以减少固态物质的损失。在互相衔接的操作之间，用10 000转/min（12 000g重力加速度）离心处理30min，用注射器吸出清液，分析痕量元素。残留物用8mL去离子水洗涤，再离心30min，弃去洗涤液，洗涤水要尽量少用，以防止损失可溶性物质，特别是有机物的损失。

（4）有机污染物的提取方法。

常用的有机溶剂：有机溶剂的选择应根据相似相溶的原理，尽量选择与待测物极性相近的有机溶剂作为提取剂；提取剂必须与样品能很好地分离，且不影响待测物的纯化与测定；提取剂不能与样品发生作用，且应毒性低、价格便宜；此外提取剂沸点范围宜45～80℃为好；提取剂的选择应考虑溶剂对样品的渗透力，以便将土样中待测物充分提取出来；当单一溶剂不能成为理想的提取剂时，应采用两种或两种以上不同极性的溶剂并以不同的比例配成混合提取剂。常用有机溶剂的极性由强到弱的顺序为：水、乙腈、甲醇、乙酸、乙醇、异丙醇、丙酮、二氧六环、正丁醇、正戊醇、乙酸乙酯、乙醚、硝基甲烷、二氯甲烷、苯、甲苯、二甲苯、四氯化碳、二硫化碳、环己烷、正己烷（石油醚）和正庚烷。纯化溶剂多用重蒸馏法，纯化后的溶剂是否符合要求，最常用的检查方法是将纯化后的溶剂浓缩100倍，再用与待测物检测相同的方法进行检测，无干扰即可。

有机污染物的提取方法：①振荡提取。准确称取一定量的土样（新鲜土样加1～2倍量的无水Na₂SO₄或MgSO₄·H₂O搅匀，放置15～30min，固化后研成细末），转入标准口三角瓶中加入约2倍体积的提取剂振荡30min，静置分层或抽滤、离心分出提取液，样品再分别用1倍体积提取液提取2次，分出提取液合并，待净化。②超声波提取。准确称取一定量的土样（或取30.0g新鲜土样加30～60g无水Na₂SO₄混匀）置于400mL烧杯中，加入60～100mL提取剂，超声振荡3～5min，真空过滤或离心分出提取液，固体物再用提取剂提取2次，分出提取液合并，待净化。③索氏提取。适用于从土壤中提取非挥发及半挥发有机污染物。准确称取一定量土样或取新鲜土样20.0g加入等量无水Na₂SO₄研磨均匀，转入滤纸筒中，再将滤纸筒置于索氏提取器中。在有1～2粒干净沸石的150mL圆底烧瓶中加100mL提取剂，连接索氏提取器，加热回流16～24h即可。④浸泡回流法。用于一些与土壤作用不大且不易挥发的有机物的提取。⑤其他方法。吹扫蒸馏法（用于提取易挥发性有机物）、超临界提取法（SFE）等。

提取液的净化：当用有机溶剂提取样品时，一些干扰杂质可能与待测物一起被提取出，这些杂质若不除掉将会影响检测结果，甚至使定性定量无法进行，严重时还可使气相色谱的柱效减低、检测器沾污，因而提取液必须经过净化处理。使待测组分与干扰物分离的过程为净化。净化的原则是尽量完全除去干扰物，而使待测物尽量少损失。常用的净化方法有：①液—液分配法。液—液分配的基本原理是在一组互不相溶的溶剂中对溶解某一溶质成分，该溶质以一定的比例分配（溶解）在溶剂的两相中。通常把溶质在两相溶剂中的分配比称为分配系数。在同一组溶剂对中，不同的物质有不同的分配系数；在不同的溶剂对中，同一物质也有着不同的分配系数。液—液分配净化法即利用物质和溶剂对之间存在的分配关系，选用适当的溶剂通过反复多次分配，便可使不同的物质分离，从而达到净化的目的。采用该法进行净化时一般可得较好的回收率，不过需多次分配方可完成。液—液分配过程中若出现乳化现象，可采用如下方法进行破乳：加入饱和硫酸钠水溶液，以其盐析作用而破乳；加入硫酸（1+1），加入量从10mL逐步增加，直到消除乳化层，此法只适于对酸稳定的化合物；离心机离心分离。液—液分配中常用的溶剂对有：乙腈—正己烷；N，N-二甲基甲酰胺（DMF）—正己烷；二甲亚砜—正己烷等。通常情况下正己烷可用廉价的石油醚（60～90℃）代替。②酸处理法。采用浓硫酸或硫酸（1+1）溶液，发烟硫酸直接与提取液（酸与提取液体积比1：10）在分液漏斗中振荡进行磺化，以除掉脂肪、色素等杂质。该方法常用于强酸条件下稳定的有机物，如有机氯农药的净化，而对于易分解的有机磷、氨基甲酸酯农药则不适用。③碱处理法。一些耐碱的有机物如农药艾氏剂、狄氏剂、异狄氏剂可采用氢氧化钾—助滤剂柱代替皂化法。提取液经浓缩后通过柱净化，采用石油醚洗脱，有很好的回收率。

2.1.2 土壤污染评价

土壤污染评价，传统上多采用基于样点的单因子污染指数法、内梅罗综合指数法、土壤污染负荷指数法和潜在生态风险指数法等方法进行评价。随着技术的发展，土壤污染物评价方法出现了结合模糊数学理论发展的模糊综合评价法、人体健康风险评价法、基于空间分析技术的评价方法等。对土壤污染物进行评价时，应根据评价目的和所在区域背景选择合适的评价方法。

2.1.2.1　单因子污染指数法

单因子污染指数法，为通过实际含量和评价标准的比值，表现污染物的污染级别及危害程度。该方法仅考虑最突出的因子，即污染状况最严重的评价因子对整个评价结果的决定性作用，而弱化了其他因子的作用。

单因子污染指数计算公式为：

$$P_i = C_i/S_i$$

式中：P_i为第i种污染物的单因子污染指数；C_i为第i种污染物的实测含量，mg/kg；S_i为第i种污染物的评价标准，可参考《土壤环境质量　农用地土壤污染风险筛选值（试行）》（GB 15618—2018），mg/kg。当$P_i<1$时，污染物含量低于筛选值，表明样点基本未受到污染；当$P_i \geq 1$时，表明土壤样点受到污染；指数值越高，污染的程度越高。

土壤污染单因子污染指数法评价分级标准见表2-4。

表2-4　土壤污染评价指标值及污染程度对应分级标准

P_i		P_N		I_{PL}		E_i		I_R	
范围值	分级	范围值	分级	范围值	分级	范围值	分级	范围值	分级
$P_i<1$	无污染	$P_N<0.7$	无污染	$I_{PL}<1$	无污染	$E_i<40$	轻微	$I_R<150$	轻微
$1 \leq P_i<2$	轻微	$0.7 \leq P_N<1.0$	警戒线	$1 \leq I_{PL}<2$	中度	$40 \leq E_i<80$	中度	$150 \leq I_R<300$	中度
$2 \leq P_i<4$	中度	$1.0 \leq P_N<2.0$	轻度	$2 \leq I_{PL}<3$	重度	$80 \leq E_i<160$	强度	$300 \leq I_R<600$	强度
$4 \leq P_i<6$	重度	$2.0 \leq P_N<3.0$	中度	$I_{PL} \geq 3$	很重	$160 \leq E_i<320$	很强	$600 \leq I_R<1\ 200$	很强
$P_i \geq 6$	很重	$P_N \geq 3.0$	重度			$E_i \geq 320$	极强	$I_R \geq 1\ 200$	极强

注：P_i为第i种污染物的单因子污染指数；P_N为内梅罗污染指数；I_{PL}为土壤污染负荷指数；E_i为第i种污染物的潜在生态风险系数；I_R为综合潜在生态风险指数

2.1.2.2　内梅罗综合污染指数法

内梅罗综合指数法从综合角度考虑土壤污染状况，并突出高浓度污染物对环境的影响。

内梅罗综合污染指数法计算公式为：

$$P_N = \sqrt{\frac{P_{\max}^2 + \overline{P_i}^2}{2}}$$

式中：P_N为各污染物内梅罗污染指数；$P_{\max}$为各污染物中最大的单因子污染指数；$\overline{P_i}$为各污染物单因子污染指数算术平均值。

内梅罗综合污染指数法污染评价分级标准见表2-4。

2.1.2.3 土壤污染负荷指数法

土壤污染负荷指数计算公式为：

$$I_{PL} = \sqrt[n]{P_1 \times P_2 \times \cdots \times P_n}$$

式中：I_{PL}为土壤污染负荷指数；P_1、P_2、P_n分别代表第1、第2、第n种污染物的单因子污染指数。

土壤污染负荷指数法污染评价分级标准见表2-4。

2.1.2.4 污染物潜在生态风险指数法

潜在生态风险指数法可结合环境化学、生态学、生物毒理学等内容，直接以定量的方式对污染物潜在生态毒害进行评价，可反映某一特定污染物对环境的影响。

污染物潜在生态风险指数计算公式为：

$$E_i = T_i P_i$$

式中：E_i为第i种污染物潜在生态风险指数；T_i为第i种污染物毒性系数，反映污染物的毒性强度及生态对污染物的敏感程度；P_i同上。

污染物潜在生态风险指数法污染评价分级标准见表2-4。典型重金属的毒性系数如表2-5所示。

表2-5　典型重金属毒性系数

重金属	Pb	Cr	Ni	Cu	Cd	Zn	As	Hg
毒性系数	5	2	5	5	30	1	10	40

2.1.2.5 综合潜在生态风险指数法

综合潜在生态风险指数法能很好反映多种污染物对环境的综合影响。

综合潜在生态风险指数的计算公式为：

$$I_R = \sum E_i$$

式中：I_R为综合潜在生态风险指数；E_i同上。

2.1.3 土壤污染物的主要来源

土壤中污染物的来源具有多源性，主要的污染来源有污水灌溉、化肥、农药、废气、废渣、工业污泥及放射性微粒等。

2.1.3.1 污水灌溉

污水灌溉即采用工业废水和生活污水等进行农业灌溉的行为，污水灌溉曾在我国北方地区比较常见。污水中含有作物生长必需的营养元素，能够为作物提供养分，采用污水灌溉农田，在一定程度上缓解了农业用水短缺的问题。但因污水中可能含有重金属、多环芳烃、多氯联苯、病菌微生物等有毒有害物质，如果灌溉方式不当，或长期使用有毒有害污水进行灌溉造成大面积耕地土壤的污染。如利用未经过处理或者未达到排放标准的工业废水灌溉农田，未经处理的工业废水中含有大量的重金属物质如镉、砷、铅等，会随着污水被土壤吸收，就会导致作物减产、土壤结构恶化、传染疾病，对生态环境平衡造成严重影响。

2.1.3.2 酸雨和降尘

工业排放的二氧化硫、氟化物、臭氧、氮氧化物、碳氢化合物等有害气体在大气中发生反应后形成酸雨，并以自然降水形式进入土壤，可引起土壤酸化。酸雨对土壤的危害包括加剧土壤酸化过程，促进土壤重金属的释放、增加土壤重金属污染的风险，加快土壤养分流失，降低土壤的缓冲性能等。

工业排放的粉尘、烟尘等固体粒子及烟雾、雾气等液体粒子，在重力作用下以降尘形式进入土壤可造成土壤污染，污染物的大气沉降是耕地污染的重要途径。大气中的污染物主要来自石化工业、燃煤燃烧、重金属冶炼、机动车尾气排放和机动车磨损等产生的有害物质，包括汞、铅、镉、锌、镍等重金属，以及二氧化硫、氟化物、氮氧化物、多环芳烃和杂环化合物等。例如，有色金属冶炼厂排出的废气中含有铬、铅、铜、镉等重金属，可对附近土壤造成污染。生产磷肥、氟化物的工厂的大气排放物可对附近土壤造成粉尘污染和氟污染。

2.1.3.3 化肥和农药

施用化肥是农业增产的重要措施之一。我国农田施用的化肥以氮肥、磷肥为主。磷肥生产的原材料为磷矿石，磷矿石除了主要含有磷元素之外，还含有很多其他有害元素，如砷、氟、镉等。在化肥制造过程中难免残留一些诸如重金属等污染物质，这些污染物质不可避免随着施肥进入土壤，导致土壤污染。农业生产中过量施用化肥，可造成土壤污染加剧。不合理施肥还可能引起土壤中营养元素的不平衡。例如，长期大量使用氮肥会破坏土壤结构，造成土壤板结，影响作物的产量和农产品品质；过量施用硝态氮肥不仅可导致土壤硝酸盐含量升高，而且会使饲料作物硝酸盐含量增加，妨碍牲畜体内氧的输送，使其患病，严重的可导致牲畜死亡。畜禽粪污中含有大量的氮、磷，其进入土壤后，在土壤理化性质和微生物的作用下转化为硝酸盐和磷酸盐，过高的硝酸盐和磷酸盐同样会降低土壤的生产力，对作物产生毒害作用。此外，饲料添加剂中含有的重金属和抗生素等，通过畜禽粪便的形式施入土壤也会对土壤造成污染；治疗动物疾病所用的兽药以及畜舍垫床料亦会对土壤造成污染。

农药可防治病、虫、草害，如果使用得当，可保证作物增产，但施用不当，可引起土壤污染。作物从土壤中吸收农药，可在根、茎、叶、果实和种子中积累，并通过食物饲料危害人体和牲畜的健康。此外，农药在杀虫、防病的同时，也使有益于农业的微生物、昆虫、鸟类等受到伤害，可破坏生态系统，使作物遭受间接损失。

2.1.3.4 固体废物

工矿业固体废物的特点是数量巨大、品种繁多、利用困难。采矿、冶金、电力、化工、建材等工业部门是产生固体废物的大户，其他如轻工、食品、机电等工业也均有废物产生。随着工农业生产的发展和城市规模不断扩大及城镇化的推进，固体废弃物的种类和数量、成分等日益增多和复杂化，如工矿业的固体废弃物包括金属矿渣、煤矸石、粉煤灰、城市垃圾、污泥等。大量的采矿废石不仅会侵占耕地，而且尾矿中含有的各种金属成分，经过风吹雨淋，也会直接或间接对土壤造成污染。各种农用塑料薄膜作为大棚、地膜覆盖物被广泛使用，因管理、回收不善，大量残膜碎片散落田间可造成农田"白色污染"，既不易蒸发、挥发，也不易被土壤微生物分解，长此以往可导致土壤板结、通透性变差等，影响作物根系发育和水分、养分的吸收。此外，随着城市化进程的加快，建筑垃圾、工程建设废土废渣等也成为土壤污染的来源之一。

2.1.3.5 汽车尾气

汽车使用含铅汽油，其排放的废气中含有铅化合物，经雨水冲刷沉积于土壤中，可造成土壤铅污染。汽车尾气对土壤的污染随着我国汽车拥有量的增加而日益显现，在道路两侧尤为严重。可铅污染主要集中在表层30cm的土壤，而这一深度往往正是作物根系分布的重点区域。

2.1.3.6 土壤的放射性污染

随着核技术在工农业、医疗、地质、科研等各领域的广泛应用，越来越多的放射性污染物进入土壤中，这些放射性污染物除可直接危害人体外，还可通过生物链和食物链进入人体，在人体内产生内照射，损伤人体组织细胞，引起肿瘤、白血病和遗传障碍等疾病。

2.2 典型灌区主要污染物溯源分析

以豫北某典型灌溉区为例，开展污染现状及主要污染物溯源分析。该灌溉区历史上为渠灌区，长期引用附近河水进行灌溉。河水一方面来自上游引黄河水，另一方面为上游镍铬电池厂等企业排放的生产废水。该区域由于长期采用污水灌溉，导致土壤污染日趋严重，土壤及作物含量已不同程度超标。近年来，该区域大力发展井灌，已形成井灌为主、渠灌为辅的井渠结合灌溉方式。

2.2.1 典型污灌区污染现状

根据走访调查，该灌溉区域曾长期采用附近河水灌溉，河水受镍镉电池生产废水污染严重，农田土壤存在镍、镉等重金属污染风险。

根据土壤污染调查初步结果，采取分区布点采样方式，分别在垂直河道0.5km、1km、2km和5km处设置采样区，采取对角线法采集农田土壤样品；采样深度分别为0~10cm、10~20cm、20~40cm、40~60cm和60~80cm。设置大气干湿沉降监测点，并对农田施用农药、化肥等进行采样分析，为查明土壤污染物及污染程度，开展污染农田修复提供依据。

土壤样品典型重金属及pH值分析结果如表2-6所示。典型区农田土壤全量镉含量0.070~6.2mg/kg，随着土层深度增加含量逐渐降低；表层0~10cm土层土壤镉含量均超过《土壤环境质量 农用地土壤污染风险管控标准（试行）》（GB 15618—2018）中风险筛选值标准0.6mg/kg；10~20cm土层土壤超标样本达到总样本数的1/3；20~80cm土层全量镉含量低于风险筛选值。土壤中有效镉含量最高达3.1mg/kg，随着土层深度增加有效镉含量与全量镉表现出相同的递减趋势。0~80cm土层铅、铬、铜全量均低于风险筛选值标准。土壤pH值7.79~8.82，土壤处于偏碱性状态。综合分析结果表明，镉为表层土壤污染主要因子。

表2-6 典型区土壤样品分析测定结果

土层（cm）	全量镉（mg/kg）	有效镉（mg/kg）	全量铜（mg/kg）	全量铬（mg/kg）	全量铅（mg/kg）	pH值
0~10	1.0~6.2	0.51~3.1	15.1~34.2	41.2~56.8	19.8~25.4	7.81~8.82
10~20	0.38~2.4	0.20~1.6	19.4~32.5	36.4~45.7	10.9~24.1	7.85~8.15
20~40	0.12~0.27	0.018~0.082	18.6~25.8	24.6~51.2	12.8~20.3	7.90~8.24
40~60	0.070~0.18	0.015~0.042	19.4~23.4	38.3~48.1	9.6~19.5	7.86~8.24
60~80	0.11~0.23	未检出	20.4~25.1	30.1~45.2	12.0~21.7	7.79~8.26

2.2.2 典型污染物来源分析

2.2.2.1 污染物肥料来源分析

典型区采用冬小麦和夏玉米轮作模式，冬小麦、夏玉米常规施肥量为每季作物施底肥复合肥50kg/亩*、尿素15kg/亩左右，冬小麦返青拔节期追施尿素20kg/亩。施用肥料的重金属含量分析结果如表2-7所示。

---

* 1亩≈667m^2，全书同

表2-7 肥料中重金属及其化合物含量

肥料种类	Cu及其化合物含量（以Cu计，mg/kg）	Cr及其化合物含量（以Cr计，mg/kg）	Pb及其化合物含量（以Pb计，mg/kg）	Cd及其化合物含量（以Cd计，mg/kg）
尿素	—	—	—	0.058
复合肥	3.7	22.3	10.3	1.1

根据周年施肥量、肥料中重金属含量及土壤表层容重，计算土壤中肥料源重金属年输入量如表2-8所示。

表2-8 表层土壤肥料源重金属输入量

Cu（mg/kg）	Cr（mg/kg）	Pb（mg/kg）	Cd（mg/kg）
0.003 4	0.002 0	0.000 95	0.000 10

2.2.2.2 污染物大气沉降来源分析

采样点位于典型地块中央，无高大遮挡物，远离公路、工业及商业区。大气沉降中典型重金属含量如表2-9所示。

表2-9 大气沉降中典型重金属及其化合物含量

Cu及其化合物含量（以Cu计，μg/g）	Cr及其化合物含量（以Cr计，μg/g）	Pb及其化合物含量（以Pb计，μg/g）	Cd及其化合物含量（以Cd计，μg/g）
67.2	48.2	89.2	5.2

根据大气沉降中重金属元素含量，由下式计算各重金属元素的年均沉降量。

$$T_i = C_i \times W/S$$

式中：T_i为年大气沉降量，$\mu g/m^2$；C_i为重金属元素i的质量分数，$\mu g/g$；W为年均大气沉降总量，g；S为采样器接受口面积，m^2。

该典型区表层土壤大气沉降源重金属年输入量如表2-10所示。

表2-10 表层土壤大气沉降源重金属输入量

Cu（mg/kg）	Cr（mg/kg）	Pb（mg/kg）	Cd（mg/kg）
0.000 029	0.000 022	0.000 039	0.000 002 2

2.2.2.3 污染物灌水来源分析

该典型区平水年冬小麦生育期越冬水、返青水、拔节水、孕穗灌浆水灌水量分别为约1 050m³/hm²、900m³/hm²、900m³/hm²、750m³/hm²；夏玉米由于雨热同季，一般不进行灌溉。典型区主要采用附近河水进行灌溉，灌溉季节河水典型重金属平均含量如表2-11所示。

表2-11 典型区灌溉河水水质分析结果

指标	EC（μS/cm）	Cu（mg/L）	Cr（mg/L）	Pb（mg/L）	Cd（mg/L）
越冬水	2 653.33	0.011	0.003 4	0.006 8	0.000 74
返青水	1 923.00	0.001 0	0.002 0	0.004 5	0.000 51
拔节水	2 076.84	0.008 2	0.005 6	0.002 8	0.000 83
孕穗灌浆水	1 705.56	0.004 9	0.003 1	0.003 8	0.000 97

根据灌溉水质指标及灌水量，计算灌水对土壤典型重金属的年输入量，如表2-12所示。

表2-12 灌溉水对典型区土壤重金属输入量

Cu含量（mg/kg）	Cr含量（mg/kg）	Pb含量（mg/kg）	Cd含量（mg/kg）
0.008 7	0.004 7	0.006 2	0.001 0

2.2.2.4 典型区土壤重金属来源综合分析

综合调查分析结果表明，重金属镉为该典型区土壤重金属主要污染物，土壤镉的年输入总量约为0.001 1mg/kg土，其中肥料源、大气沉降源、灌水源输入土壤的重金属镉含量范围为$2.2 \times 10^{-6} \sim 0.001$ 0mg/kg，贡献率分别为9.07%、0.20%和90.73%，灌水为土壤重金属镉污染主要来源。因此，应针对灌溉水质提升及科学合理灌溉技术与方法开展研究，减少污染物对土壤的输入及危害。

3 含Cd微污染水深度处理试验研究

3.1 吸附Cd材料筛选试验

根据农业灌溉用水量大、用水集中特点和力求降低微污染水处理费用的要求，本研究选用原料来源相对丰富且成本低廉的沸石、生物质炭、活性炭、粉煤灰、麦秆、玉米秸秆、腐殖酸、壳聚糖作为吸附材料等，采用等温吸附试验、影响因素试验和模型拟合方法，开展不同材料对Cd的吸附效果试验研究，进而筛选适宜于处理含Cd微污染水的经济高效吸附材料。

3.1.1 试验设计

采用$CdCl_2$配置不同浓度水平的水溶液，模拟Cd微污染水，进行单一吸附材料对微污染水Cd的吸附试验。试验设计7个Cd^{2+}浓度水平，分别为0.1mg/L、0.2mg/L、0.5mg/L、1.0mg/L、2.0mg/L、5.0mg/L和10.0mg/L，采用Cd储备液加纯水稀释的方法配置所需浓度水平的微污染水，依据试验设计配置的Cd微污染水对应设计浓度水平的实测值分别为0.09mg/L、0.18mg/L、0.46mg/L、0.89mg/L、1.75mg/L、4.44mg/L和8.57mg/L；以不施加Cd的纯水为对照。供试吸附材料为A沸石、B生物质炭、C活性炭、D粉煤灰、E麦秆、F玉米秸秆、G腐殖酸和H壳聚糖。分别取供试吸附材料0.05g，投加于100mL的Cd^{2+}溶液中，待一定时间吸附平衡后测定供试溶液Cd^{2+}浓度，计算吸附材料对Cd^{2+}的平衡吸附量。

吸附材料对Cd^{2+}平衡吸附量采用以下公式计算：

$$q=0.1（C_0-C_1）/m \qquad （3-1）$$

式中：C_0为起始浓度，mg/L；C_1为吸附后浓度，mg/L；m为吸附材料投加量，g；q为单位吸附材料的平衡吸附量，mg/g。

3.1.2 不同吸附材料对Cd的吸附特征

3.1.2.1 沸石、活性炭、粉煤灰对Cd的吸附特征

由图3-1中3种吸附材料对Cd^{2+}的吸附等温曲线可知，沸石、活性炭、粉煤灰

对Cd²⁺吸附量与平衡溶液浓度密切相关，不同吸附材料对Cd²⁺吸附量均随平衡溶液浓度升高而增加；平衡溶液浓度较低（<0.5mg/L）时，沸石、活性炭、粉煤灰对Cd²⁺吸附量随溶液Cd²⁺浓度的升高增加较快，但当Cd²⁺浓度>1mg/L后，沸石对Cd²⁺吸附量随Cd²⁺浓度升高依然为增加趋势，而活性炭、粉煤灰对Cd²⁺吸附量则随Cd²⁺浓度升高呈现降低趋势；相同溶液Cd²⁺浓度水平下沸石对Cd²⁺吸附量最大，吸附能力最强，活性炭、粉煤灰吸附量差异不大，平衡溶液Cd²⁺浓度>2.0mg/L时吸附量约为0.5mg/g。

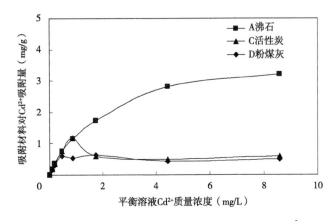

图3-1　沸石、活性炭、粉煤灰对不同污染水平溶液的Cd²⁺吸附量

3.1.2.2　生物质秸秆、生物质炭对Cd的吸附特征

由图3-2可知，平衡溶液浓度较低（<0.5mg/L）时，生物质炭、麦秆、玉米秸秆对Cd²⁺吸附量随平衡溶液Cd²⁺浓度升高增加较快；当Cd²⁺浓度为0.5～2mg/L时，不同吸附材料的Cd²⁺吸附量表现差异，生物质炭、玉米秆对Cd²⁺吸附量随平衡溶液Cd²⁺浓度升高则呈先减小后增大趋势；平衡溶液Cd²⁺浓度大于2mg/L后，3种吸附材料对Cd²⁺吸附量随平衡溶液Cd²⁺浓度升高增减幅度不大，对Cd²⁺吸附能力和吸附量差异不大。

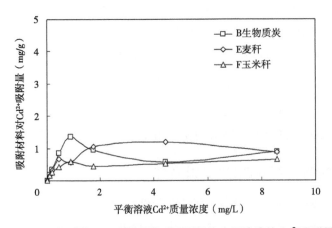

图3-2　生物质秸秆、生物质炭对不同污染水平溶液的Cd²⁺吸附量

3.1.2.3 腐殖酸、壳聚糖对Cd的吸附特征

由图3-3可知，腐殖酸、壳聚糖对Cd²⁺吸附量总体上随平衡溶液Cd²⁺浓度的升高而增大；腐殖酸、壳聚糖对Cd²⁺吸附量均为平衡溶液Cd²⁺浓度为8.57mg/L时最大，Cd²⁺吸附量1mg/g左右；2种吸附材料的Cd²⁺吸附曲线特征相似。

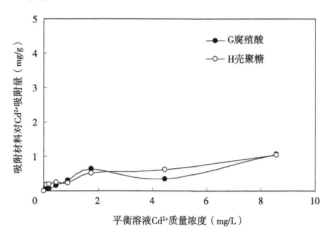

图3-3 腐殖酸、壳聚糖对不同污染水平溶液的Cd²⁺吸附量

3.1.3 不同吸附材料的Cd吸附等温线拟合

采用常用的Langmuir和Freundlich吸附等温线方程分析研究不同吸附材料对Cd²⁺的吸附特征。

3.1.3.1 Langmuir吸附等温式

对于理想的单分子层吸附，Langmuir吸附等温方程可表示为：

$$q_e = \frac{q_c K_L C_e}{1 + K_L C_e} \qquad (3-2)$$

式中：q_e为平衡吸附量，mg/g；C_e为溶液平衡浓度，mg/L；q_c为最大吸附饱和量，mg/g；K_L为Langmuir吸附常数，与温度及吸附热有关。

将上式变形可得：

$$\frac{C_e}{q_e} = \frac{1}{K_L q_c} + \frac{1}{q_c} C_e \qquad (3-3)$$

若吸附过程符合Langmuir吸附等温线，说明此吸附反应的吸附材料表面属于单分子层，并且各点位吸附力一样，当吸附量达到最大值时说明吸附达到饱和。

若以C_e/q_e对C_e作图得到一条直线，则此吸附符合Langmuir方程，并且直线斜率为q_c，截距为$1/(K_L q_c)$，在不同吸附质浓度下对C_e/q_e和C_e作线性回归，可求得待测离子最大吸附量和吸附平衡常数。图3-4、图3-5、图3-6为不同Cd²⁺吸附材料的Langmuir等温吸附曲线。

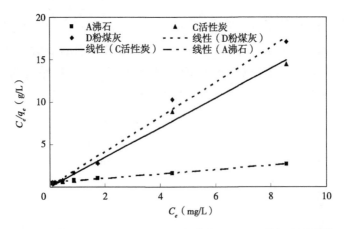

图3-4　沸石、活性炭、粉煤灰对Cd^{2+}的Langmuir等温吸附曲线

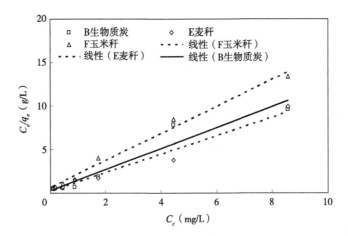

图3-5　生物质炭、麦秆、玉米秸秆对Cd^{2+}的Langmuir等温吸附曲线

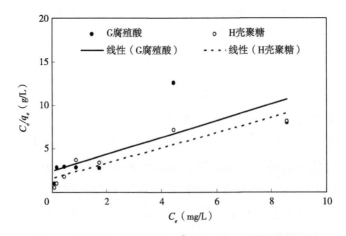

图3-6　腐殖酸、壳聚糖对Cd^{2+}的Langmuir等温吸附曲线

Langmuir方程拟合结果见表3-1。

表3-1 不同Cd^{2+}吸附材料Langmuir等温吸附线方程拟合参数

| 吸附材料 | Langmuir | | |
| | $C/X=1/（K×X_m）+C/X_m$ | | |
	K	X_m	R^2
A沸石	0.506	3.954	0.997
B生物质炭	4.706	0.827	0.927
C活性炭	68.354	0.576	0.987
D粉煤灰	54.344	0.491	0.989
E麦秆	5.837	0.941	0.969
F玉米秸秆	2.592	0.643	0.985
G腐殖酸	0.392	1.039	0.545
H壳聚糖	0.541	1.144	0.859

3.1.3.2 Freundlich吸附等温式

吸附等温方程可表示为：

$$Q_e = K_F C_e^{\frac{1}{n}} \qquad （3-4）$$

式中：Q_e为平衡吸附容量，mg/g；C_e为溶液平衡浓度，mg/L；K_F为Freundlich吸附常数，与吸附材料和吸附质的性质和用量以及温度等因素有关；n为Freundlich常数，与吸附体系的性质有关，一般认为n值在2～10时，则此吸附反应易于发生，$n<2$时难于吸附。K_F和n两个常数，可反映出不同吸附材料之间的特征。

线性表达式为：

$$\lg Q_e = \lg K_F + \frac{1}{n} \lg C_e \qquad （3-5）$$

由上式可看出，如果以C_e与其对应点的Q_e点的双对数作图得到一条近似的直线，其截距为$\lg K_F$，斜率为n，则该吸附符合Freundlich吸附等温模型。图3-7、图3-8、图3-9为不同Cd^{2+}吸附材料的Freundlich等温吸附曲线。

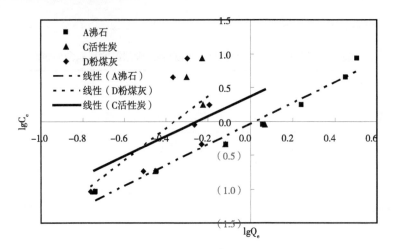

图3-7　沸石、活性炭、粉煤灰对Cd^{2+}的Freundlich等温吸附曲线

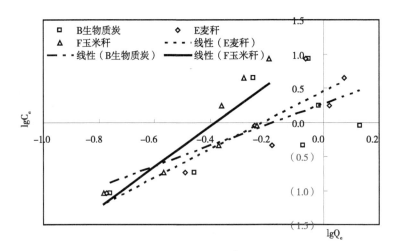

图3-8　生物质炭、麦秆、玉米秸秆对Cd^{2+}的Freundlich等温吸附曲线

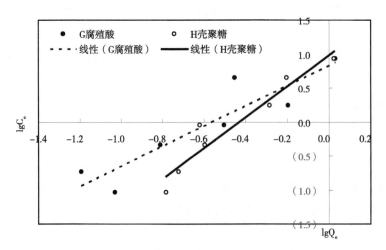

图3-9　腐殖酸、壳聚糖对Cd^{2+}的Freundlich等温吸附曲线

Freundlich方程拟合结果见表3-2。

表3-2　不同Cd^{2+}吸附材料Freundlich吸附等温线方程拟合参数

吸附材料	Freundlich		
	$\lg Q_e = \lg K_F + \frac{1}{n} \lg C_e$		
	K_F	n	R^2
A沸石	0.913	0.654	0.971
B生物质炭	1.871	0.655	0.423
C活性炭	2.328	0.684	0.277
D粉煤灰	6.879	0.423	0.436
E麦秆	2.800	0.477	0.787
F玉米秸秆	14.015	0.333	0.764
G腐殖酸	6.783	0.674	0.837
H壳聚糖	9.739	0.438	0.922

3.1.3.3　不同吸附材料的Cd等温吸附特征

由图3-4至图3-9、表3-1至表3-2可知，Langmuir方程能很好地表征除腐殖酸和壳聚糖以外的其他吸附材料对Cd^{2+}的吸附特点，说明该6种吸附材料表面属于单分子层，对Cd^{2+}的吸附主要为单层吸附；Freundlich方程对沸石、腐殖酸和壳聚糖吸附数据拟合较好，能很好地表征相应吸附材料对Cd^{2+}的吸附特点。试验的8种吸附材料对Cd^{2+}的饱和吸附量为沸石>壳聚糖>腐殖酸>麦秆>生物质炭>玉米秸秆>活性炭>粉煤灰，其中沸石对Cd^{2+}的饱和吸附量显著高于其他吸附材料。

3.1.4　影响Cd吸附去除效率的主要因素

3.1.4.1　吸附时间对不同吸附材料Cd吸附去除效率的影响

试验条件为：Cd^{2+}初始浓度0.818 9mg/L；pH值6.59；温度23.1℃；供试吸附材料为A沸石、B生物质炭、C活性炭、D粉煤灰、E麦秆、F玉米秸秆、G腐殖酸和H壳聚糖；吸附材料投加固液比6.11g/mg（即含Cd^{2+} 1mg平衡溶液中投加6.11g吸附材料，下同）；吸附时间分别为10min、20min、40min、60min、5h、10h、24h和48h。

由图3-10可知，沸石、活性炭对Cd^{2+}去除率略高于粉煤灰，但差别较小，且仅在吸附开始后5h内略有差别，5h后去除率基本无差别；沸石对Cd^{2+}去除率随吸附时间呈先增大后减小而后增大并基本稳定的趋势，在吸附开始后40min时达到稳定，说明沸石对Cd^{2+}的吸附40min即可基本达到饱和状态；活性炭对Cd^{2+}去除率随吸附时间未发生明显变化，说明活性炭对Cd^{2+}的吸附在短时间内（10min）即基本完成并趋于稳定；粉煤灰对Cd^{2+}去除率随吸附时间呈先无明显变化后增加的趋势，在吸附开始后5h时基本达到饱和状态，Cd^{2+}去除率为97.38%，比吸附开始后1h时增大6.6%。

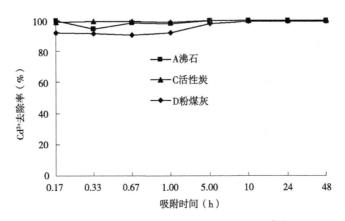

图3-10 吸附时间对沸石、活性炭、粉煤灰去除Cd^{2+}效率的影响

由图3-11可知，对Cd^{2+}去除率总体上表现为生物质炭>玉米秸秆>麦秆，3种吸附材料对Cd^{2+}去除率随吸附时间呈缓慢增大而后稳定的趋势，吸附饱和时间略有差异；生物质炭在吸附开始后5h对Cd^{2+}去除率达到稳定，去除率达95.25%，比吸附开始后1h时增大4.32%；玉米秸秆、麦秆对Cd^{2+}吸附情况随时间变化趋势基本一致，表现为1h内Cd^{2+}去除率随吸附时间变化不大，随后Cd^{2+}去除率缓慢增大；玉米秸秆、麦秆对Cd^{2+}去除率在吸附开始后24h时分别为95.00%和77.88%，比吸附开始后5h时分别增大6.07%和8.18%，比吸附开始后1h时分别增大11.67%和5.50%。

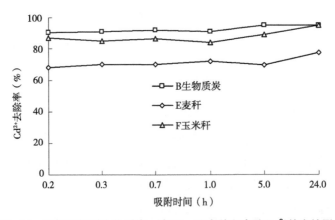

图3-11 吸附时间对生物质炭、麦秆、玉米秸秆去除Cd^{2+}效率的影响

由图3-12可知，壳聚糖对Cd^{2+}去除率显著大于腐殖酸；壳聚糖对Cd^{2+}去除率随吸附时间变化不大，在吸附开始后24h时对Cd^{2+}去除率比吸附开始后10min时仅增大1.50%，说明壳聚糖对Cd^{2+}的吸附在短时间内（10min）即基本达到饱和；腐殖酸对Cd^{2+}去除率随吸附时间呈先减小后增大而后再减小的趋势，吸附时间10min

时对Cd^{2+}去除率最大，为27.24%，吸附开始后20min时对Cd^{2+}去除率最小，仅为6.01%，说明腐殖酸对Cd^{2+}吸附去除效果较差。

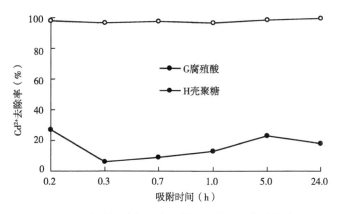

图3-12　吸附时间对腐殖酸、壳聚糖去除Cd^{2+}效率的影响

综合分析表明，麦秆在本试验条件下试验结束时（吸附时间48h）对Cd^{2+}去除率可达70%左右，玉米秸秆对Cd^{2+}去除率达到85%以上，沸石、生物质炭、粉煤灰对Cd^{2+}去除率均达到90%以上，活性炭、壳聚糖对Cd^{2+}去除率达95%以上，而腐殖酸对Cd^{2+}去除小于30%。活性炭和壳聚糖对Cd^{2+}的吸附在吸附开始后10min即基本达到饱和，沸石、生物质炭、粉煤灰、玉米秸秆、麦秆对Cd^{2+}的吸附规律基本一致，沸石在吸附开始后40min基本达到饱和，生物质炭、粉煤灰在吸附开始后5h基本达到饱和，玉米秸秆、麦秆在吸附开始后24h尚未达到饱和，腐殖酸对Cd^{2+}吸附去除效果最差且不稳定。

3.1.4.2　pH值对不同吸附材料Cd吸附去除效率的影响

试验条件为：Cd^{2+}初始浓度0.818 9mg/L；温度23.1℃；吸附材料投加固液比6.11g/mg；供试吸附材料为A沸石、B生物质炭、C活性炭、D粉煤灰、E麦秆、F玉米秸秆、G腐殖酸和H壳聚糖；吸附时间24h；设计pH值分别为3、5、6、7、8和10，实测相应pH值为3、4.95、5.98、6.98、7.98和9.96。

由图3-13可知，沸石、活性炭、粉煤灰对Cd^{2+}去除率差别较小且变化规律基本一致，3种吸附材料对Cd^{2+}去除率均随pH值增大呈先增大后稳定的趋势，说明pH值的变化对沸石、活性炭、粉煤灰吸附Cd^{2+}没有显著影响；除pH值为3时3种吸附材料对Cd^{2+}去除率有一定差异外，pH值>5时对Cd^{2+}去除率均达95%以上。

由图3-14可知，对Cd^{2+}去除率总体上表现为生物质炭>麦秆>玉米秸秆；生物质炭对Cd^{2+}去除率随pH值变化增减不明显，说明pH值的变化对生物质炭吸附去除Cd^{2+}没有显著影响；麦秆、玉米秸秆在pH值<5时对Cd^{2+}去除率呈缓慢增大的趋势，其中麦秆较玉米秸秆对Cd^{2+}去除率增幅略小，麦秆、玉米秸秆在pH值为10时对Cd^{2+}去除率较pH值为3时分别增大5.88%和26.89%。

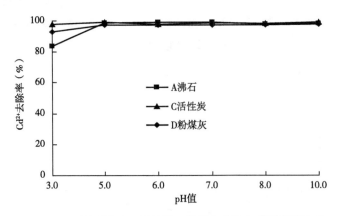

图3-13 pH值对沸石、活性炭、粉煤灰去除Cd²⁺效率的影响

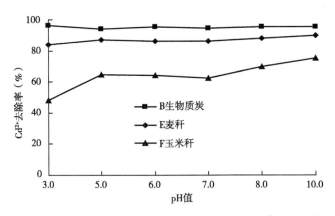

图3-14 pH值对生物质炭、麦秆、玉米秸秆去除Cd²⁺效率的影响

由图3-15可知，壳聚糖对Cd²⁺去除率显著大于腐殖酸；壳聚糖对Cd²⁺去除率随pH值变化呈基本稳定的趋势，在pH值为10时对Cd²⁺去除率较pH值为3时增大仅2.63%，说明pH值的变化对壳聚糖吸附去除Cd²⁺没有显著影响；腐殖酸对Cd²⁺去除率随pH值增大呈先减小后增大的趋势，在pH值为10时对Cd²⁺去除率较pH值为3时增大仅5.09%，说明腐殖酸对Cd²⁺吸附效果较差。

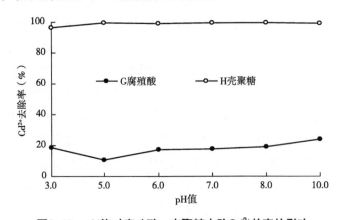

图3-15 pH值对腐殖酸、壳聚糖去除Cd²⁺效率的影响

综合分析表明，玉米秆在本试验pH值条件下对Cd^{2+}去除率在60%左右，麦秆对Cd^{2+}去除率在85%左右，沸石、生物质炭、粉煤灰对Cd^{2+}去除率可达到90%以上，活性炭、壳聚糖对Cd^{2+}去除率均达95%以上，而腐殖酸在试验pH值条件下对Cd^{2+}去除率均小于30%。pH值的变化对沸石、活性炭、粉煤灰、生物质炭和壳聚糖吸附去除Cd^{2+}均无显著影响；腐殖酸对Cd^{2+}吸附效果最差，不宜作为Cd微污染水的吸附净化材料。

3.1.4.3 固液比对不同吸附材料Cd吸附去除效率的影响

试验条件为：Cd^{2+}初始浓度1.105 4mg/L；温度23.1℃；pH值6.59；吸附时间24h；供试吸附材料为A沸石、B生物质炭、C活性炭、D粉煤灰、E麦秆、F玉米秸秆、G腐殖酸和H壳聚糖；设计吸附材料投加量分别为0.05g、0.1g、0.3g、0.5g、0.7g和0.9g，对应固液比分别为0.5g/mg、1g/mg、3g/mg、5g/mg、7g/mg和9g/mg，实测相应固液比为0.5g/mg、0.9g/mg、2.7g/mg、4.5g/mg、6.3g/mg和8.1g/mg。

由图3-16可知，沸石、活性炭对Cd^{2+}去除率明显高于粉煤灰；沸石对Cd^{2+}去除率随固液比增加呈先增大后稳定趋势，固液比为2.7g/mg时基本达到稳定，说明试验条件下沸石投加量为0.3g时对Cd^{2+}的吸附已达到饱和；固液比为8.1g/mg时活性炭对Cd^{2+}去除率较固液比为0.5g/mg时增大仅3.99%；粉煤灰在固液比小于2.7g/mg时对Cd^{2+}去除率对固液比增加增幅较大，固液比为8.1g/mg时对Cd^{2+}去除率比固液比为0.5g/mg时增大11.59%。

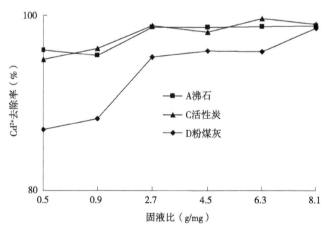

图3-16 固液比对沸石、活性炭、粉煤灰去除Cd^{2+}效率的影响

由图3-17可知，固液比<2.7g/mg时，不同吸附材料对Cd^{2+}去除率表现为生物质炭>麦秆>壳聚糖>玉米秸秆；固液比>2.7g/mg时，不同吸附材料对Cd^{2+}去除率为壳聚糖>生物质炭>麦秆>玉米秸秆。生物质炭、麦秆对Cd^{2+}去除率随固液比增加基本处于稳定的趋势，说明试验条件下投加量为0.05g时生物质炭、麦秆对Cd^{2+}已达到吸附饱和；壳聚糖对Cd^{2+}去除率随固液比增加基本呈缓慢增加后稳定，固液比为4.5g/mg时壳聚糖对Cd^{2+}吸附基本达到饱和状态，去除率达98.56%，较固液比为0.5g/mg时对Cd^{2+}的去除率增大13.12%；玉米秸秆对Cd^{2+}去除率随固液比增加基本呈缓慢降低后稳定的趋势，固液比为2.7g/mg时玉米秸秆对Cd^{2+}吸附基本达到稳定状态，去除率为63.89%，比固液比为0.5g/mg时对Cd^{2+}的去除率减小15.89%。

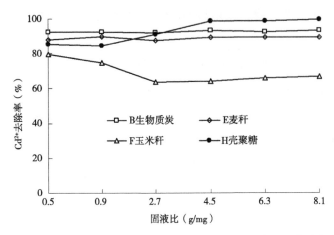

图3-17 固液比对生物质炭、麦秆、玉米秸秆、壳聚糖去除Cd^{2+}效率的影响

综合分析表明，麦秆、粉煤灰在本试验设定的固液比条件下对Cd^{2+}去除率达85%以上，壳聚糖、生物质炭对Cd^{2+}去除率均达90%以上，活性炭、沸石对Cd^{2+}去除率均达到95%以上，而玉米秸秆在本试验设计的固液比条件下对Cd^{2+}去除率均小于70%。生物质炭和麦秆对Cd^{2+}的吸附在固液比为0.5g/mg时已基本达到饱和，活性炭和粉煤灰对Cd^{2+}的吸附规律基本一致，试验固液比条件下未达到饱和状态，说明投加量可继续增大；沸石和壳聚糖对Cd^{2+}的吸附规律基本一致，沸石在固液比2.7g/mg时基本达到饱和，壳聚糖在固液比4.7g/mg时基本达到饱和；玉米秸秆对Cd^{2+}的吸附在固液比为2.7g/mg时基本达到饱和，但吸附效果最差。

3.1.4.4 温度对不同吸附材料Cd吸附去除效率的影响

试验条件为：Cd^{2+}初始浓度0.974 7mg/L；pH值6.59；吸附时间1h；固液比2g/mg；供试吸附材料为A沸石、B生物质炭、C活性炭、D粉煤灰、E麦秆、F玉米秸秆、G腐殖酸和H壳聚糖；设计温度分别为5℃、10℃、15℃、20℃、25℃和30℃。

由图3-18可知，沸石、活性炭对Cd^{2+}去除率高于粉煤灰；沸石、活性炭对Cd^{2+}去除率随温度升高基本变化不大，说明温度对活性炭和沸石吸附Cd^{2+}无显著影响；粉煤灰对Cd^{2+}去除率随温度升高缓慢增大，但增大幅度不大，温度30℃时粉煤灰对Cd^{2+}的吸附去除率较温度为5℃时增大4.8%。

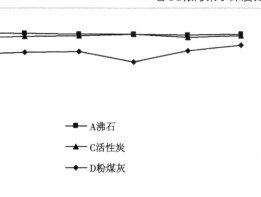

图3-18 温度对沸石、活性炭、粉煤灰去除Cd²⁺效率的影响

由图3-19可知，生物质炭、麦秆、壳聚糖对Cd²⁺去除率显著高于玉米秸秆；生物质炭、麦秆、壳聚糖对Cd²⁺去除率随温度升高基本变化不大，说明温度对生物质炭、麦秆、壳聚糖吸附去除Cd²⁺无显著影响；玉米秸秆对Cd²⁺去除率随温度升高基本呈缓慢增大的趋势，但增幅较小，温度30℃时玉米秸秆对Cd²⁺去除率较温度5℃时增大4.08%。

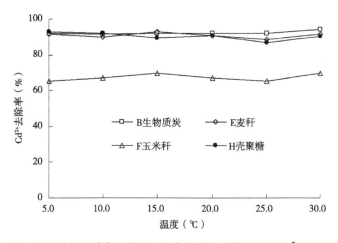

图3-19 温度对生物质炭、麦秆、玉米秸秆、壳聚糖去除Cd²⁺效率的影响

综合分析表明，麦秆、粉煤灰在本试验设计不同温度下对Cd²⁺去除率均在85%以上，壳聚糖、生物质炭对Cd²⁺去除率均达90%以上，活性炭、沸石对Cd²⁺去除率均达到95%以上，而玉米秸秆在本试验温度条件下对Cd²⁺去除率均小于70%。

不同因素对吸附材料吸附去除Cd²⁺的研究结果表明，活性炭、壳聚糖、沸石在本试验条件下对Cd²⁺去除率基本都在95%以上，生物质炭、粉煤灰对Cd²⁺去除率均达到90%以上，麦秆对Cd²⁺去除率均达到85%以上，而玉米秸秆和腐殖酸对Cd²⁺去除率较低；pH值和温度对不同吸附材料吸附去除Cd²⁺均无显著影响，而吸附时间和投加量对各吸附材料对Cd^{2+}的吸附作用影响有差异。综合考虑温度、pH值、投加量等因素，生物质炭、活性炭、沸石、粉煤灰和麦秆可作为含Cd微污染水深度处理净化的吸附材料。

3.1.5　改性沸石对Cd的吸附效果

已有研究表明，改性沸石作为一种新的吸附剂，对重金属的吸附效果显著好于天然沸石。沸石改性方法主要有高温加热改性和壳聚糖负载改性。高温加热改性沸石也称活化沸石，是采用高品质的沸石矿、粉碎造粒后经5%的稀盐酸浸泡2h以上，然后在高温炉中控制温度350℃左右，焙烧1h左右加工而成。活化沸石具有特殊的孔隙结构和较大的比表面积，以及机械强度高、吸附能力好、离子交换性强、催化速度快等特点。壳聚糖负载改性沸石是取一定浓度的壳聚糖溶液，缓缓加入一定量的沸石，室温下持续磁力搅拌约5h，充分浸润后静置24h，并用去离子水洗涤至中性，然后放置于电热恒温干燥箱保持55℃真空干燥至恒重制得。

3.1.5.1　壳聚糖溶液浓度对负载天然沸石Cd去除效果的影响

分别采用0.5%、1%、2%浓度的壳聚糖负载天然沸石的改性方式，制得壳聚糖负载天然沸石。取由此制得的改性沸石0.1g，投加于100mL Cd^{2+}浓度为100μg/L的含Cd模拟微污染水中，测定其对Cd^{2+}的去除效果。

从表3-3中可以看出，壳聚糖浓度为1%时制得的壳聚糖负载天然沸石对Cd^{2+}的吸附去除效果最佳，去除率达39.40%；壳聚糖浓度为0.50%时制得的壳聚糖负载天然沸石对Cd^{2+}的去除率为22.94%，较壳聚糖浓度1%制得的壳聚糖负载天然沸石对Cd^{2+}的去除率低约16%，可能是由于壳聚糖浓度过低，负载到沸石上的壳聚糖剂量少，不能有效提高沸石的吸附性能所致；壳聚糖浓度为2.00%时制得的壳聚糖负载天然沸石对Cd^{2+}的去除率仅为5.68%，远低于壳聚糖浓度1%制得的壳聚糖负载天然沸石对Cd^{2+}的去除率，可能是由于壳聚糖溶液的黏稠度增加，壳聚糖分子不能和沸石充分接触，不利于壳聚糖有效负载在沸石里，进而不能提高沸石的吸附性能所致。

表3-3　不同浓度壳聚糖负载天然沸石对Cd^{2+}的去除效果

壳聚糖浓度 （%）	Cd^{2+}初始浓度 （μg/L）	Cd^{2+}剩余浓度 （μg/L）	吸附容量 （μg/g）	去除率 （%）
0.50	100	77.06	22.94	22.94
1.00	100	60.60	39.40	39.40
2.00	100	94.32	5.68	5.68

3.1.5.2 壳聚糖溶液浓度对负载活化沸石Cd去除效果的影响

分别采用0.25%、0.5%、1%、2%浓度的壳聚糖负载活化沸石的改性方式,制得壳聚糖负载活化沸石。取由此制得的改性后沸石0.1g,投加于100mL Cd^{2+}浓度为100μg/L的模拟微污染水中,测定其对Cd^{2+}的去除效果。

从表3-4中可以看出,壳聚糖浓度为0.25%时得到壳聚糖负载活化沸石对Cd^{2+}的吸附效果最佳,去除率达52.13%;壳聚糖浓度为0.50%时制得的壳聚糖负载天然沸石对Cd^{2+}的去除率为30.65%,较壳聚糖浓度0.25%制得的壳聚糖负载天然沸石对Cd^{2+}的去除率低21.48%。在相同的吸附条件下,负载壳聚糖的活化沸石对Cd^{2+}的吸附效果比单一活化沸石吸附效果差,因此,采用浓度为0.25%的壳聚糖溶液负载天然沸石进行沸石改性比较适宜。

表3-4　不同浓度壳聚糖负载活化沸石对Cd^{2+}的去除效果

壳聚糖浓度 (%)	Cd^{2+}初始浓度 (μg/L)	Cd^{2+}剩余浓度 (μg/L)	吸附容量 (μg/g)	去除率 (%)
0.25	100	47.87	52.13	52.13
0.50	100	69.35	30.65	30.65
1.00	100	89.15	10.85	10.85
2.00	100	90.08	9.92	9.92

3.1.5.3 壳聚糖与沸石质量比对Cd去除效果的影响

在壳聚糖溶液浓度为1%条件下,采用壳聚糖与天然沸石质量比分别为0.03、0.04、0.05、0.06、0.07、0.08、0.09和1.00进行沸石改性。分别取由此制得的改性后沸石0.1g,投加于100mL Cd^{2+}浓度为100μg/L的模拟微污染水中,测定其对Cd^{2+}的去除效果。

从图3-20可以看出,当壳聚糖与天然沸石的质量比从0.03增加到0.05时,壳聚糖沸石复合吸附材料对Cd^{2+}的去除率逐渐提高;壳聚糖与天然沸石的质量比为0.05时,改性后沸石对Cd^{2+}的去除率达到最高,可能是由于壳聚糖和沸石的协同吸附作用,提高了复合吸附材料对Cd^{2+}的吸附效果;壳聚糖与天然沸石的质量比大于0.05,其对Cd^{2+}的去除率逐渐降低,说明质量比过高,不利于提高复合吸附材料的吸附性能。因此,采用壳聚糖溶液浓度为1%,壳聚糖与天然沸石的质量比0.05,作为壳聚糖负载天然沸石的制备条件较为适宜。

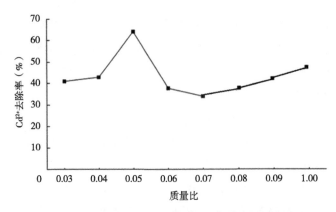

图3-20 壳聚糖与沸石质量比对Cd^{2+}去除效果的影响

3.1.5.4 不同改性沸石对Cd去除效果对比

分别取天然沸石、活化沸石、壳聚糖负载天然沸石0.1g，投加于100mL Cd^{2+}浓度为100μg/L的模拟微污染水中，测定不同吸附材料对Cd^{2+}的去除效果。

由表3-5可知，活化沸石和壳聚糖负载天然沸石改性后沸石较天然沸石对Cd^{2+}的吸附去除效果均大幅度提高；试验条件下不同吸附材料对Cd^{2+}的吸附去除效果表现为壳聚糖负载天然沸石>活化沸石>天然沸石，对Cd^{2+}平均去除率依次为63.94%、55.94%和17.93%，平均吸附容量分别为63.94μg/g、55.94μg/g和17.93μg/g。

表3-5 不同沸石对Cd^{2+}的去除效果对比

吸附材料	Cd^{2+}初始浓度（μg/L）	Cd^{2+}剩余浓度（μg/L）	去除率（%）	平均去除率（%）	吸附容量（μg/g）	平均吸附容量（μg/g）
天然沸石	100	80.811 7	19.19	17.93	19.188 3	17.93
	100	83.336 1	16.66		16.663 9	
活化沸石	100	43.204 3	56.80	55.94	56.795 7	55.94
	100	44.924 0	55.08		55.076 0	
壳聚糖负载天然沸石	100	36.650 0	63.35	63.94	63.350 0	63.94
	100	35.466 3	64.53		64.530 0	

3.2 生物质炭吸附颗粒制备及其对Cd的去除效果

3.2.1 试验设计

将不同复合黏合材料（A：20%预糊化淀粉+50%纤维素+30%膨润土；B：20%预糊化淀粉+30%纤维素+50%膨润土；C：36.6%预糊化淀粉+63.4%纤维素）

加入粉状吸附材料中混合均匀，生物质炭与复合黏合材料质量比分别设9：1、7：1、5：1、4：1、3：1和2：1，淋洒20%质量水，采用SZLH250型颗粒机压制颗粒，环模压缩比分别为9：1、8：1和7：1，制备颗粒直径分别为4mm、5mm和6mm。制备好的颗粒在105℃烘干24h。

供试含Cd微污染水采用$CdCl_2$配置，设计Cd^{2+}浓度为10mg/L。供试Cd水溶液配置方法为：常温条件下，称取0.31g的$CdCl_2$，溶于烧杯中，并定容到1 000mL，配置Cd浓度为150mg/L的原液；取原液1 000mL，稀释至15L，即为Cd^{2+}浓度10mg/L供试水溶液。

取Cd^{2+}浓度为10mg/L的供试Cd水溶液100mL，加入1.0g生物质炭颗粒，恒温振荡（28℃，150r/min水平振荡），分别于30min、1h、2h、5h、10h、24h和48h取样，6 000r/min离心3min，消解后采用原子吸收分光光度法测定Cd^{2+}浓度。试验设3次重复。

3.2.2 生物质炭吸附颗粒Cd去除效果的影响因素

3.2.2.1 不同复合黏合材料对生物质炭吸附颗粒Cd^{2+}吸附去除效果的影响

供试复合黏合材料组成分别为A：20%预糊化淀粉+50%纤维素+30%膨润土，B：20%预糊化淀粉+30%纤维素+50%膨润土，C：36.6%预糊化淀粉+63.4%纤维素；生物质炭与复合黏合材料质量比5：1；颗粒压制环模压缩比为7：1；制备生物质炭颗粒直径为6mm。供试Cd水溶液实测Cd^{2+}浓度为12.12mg/L。

由图3-21可知，3种复合黏合材料与生物质炭制成的颗粒对Cd^{2+}去除率随时间变化规律基本一致，Cd^{2+}吸附去除主要发生在颗粒投加后的5h内，之后各生物质炭颗粒Cd^{2+}去除率变化不大；复合黏合材料A与生物质炭制成的颗粒对Cd^{2+}去除率显著高于B和C，对Cd^{2+}去除率最高达89.47%。因此，采用20%预糊化淀粉+50%纤维素+30%膨润土混合作为生物质炭吸附颗粒的黏合材料配方较为适宜。

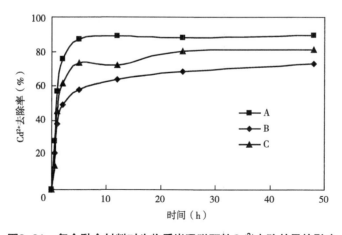

图3-21 复合黏合材料对生物质炭吸附颗粒Cd^{2+}去除效果的影响

3.2.2.2 质量比对生物质炭吸附颗粒Cd²⁺吸附去除效果的影响

试验条件：生物质炭与复合黏合材料质量比分别设9∶1、7∶1、5∶1、4∶1、3∶1和2∶1；颗粒压制环模压缩比为7∶1；制备生物质炭颗粒直径6mm。供试Cd水溶液实测Cd^{2+}浓度为12.12mg/L。

生物质炭与复合黏合材料质量比9∶1制备的生物质炭颗粒在试验2h+15min时松散破裂，质量比7∶1制备颗粒在试验75h+24min时松散破裂，质量比5∶1、4∶1、3∶1、2∶1制备颗粒试验过程中有一定膨胀，但未出现松散破裂现象，硬度良好。由此可见，生物质炭与复合黏合材料质量比9∶1和7∶1不宜作为生物质炭颗粒制备的适宜质量比。

由图3-22可知，生物质炭与复合黏合材料质量比5∶1、4∶1、3∶1和2∶1制备的生物质炭颗粒对Cd^{2+}去除率随时间变化规律基本一致，Cd^{2+}去除主要发生在生物质炭吸附颗粒投加后的12h内，之后变化不大；质量比5∶1和4∶1制备颗粒对Cd^{2+}去除率高于其他处理15.70%~53.25%；质量比5∶1制备颗粒对Cd^{2+}去除率略高于质量比4∶1颗粒1.11%~11.20%；质量比2∶1制备颗粒对Cd^{2+}去除率最低，仅为11.16%~29.40%，可能是因为随着黏合材料的增加，颗粒孔隙度逐渐降低，导致对Cd^{2+}的吸附性变小。由此可见，试验条件下生物质炭与复合黏合材料质量比5∶1和4∶1在制备生物质炭颗粒时较为适宜。

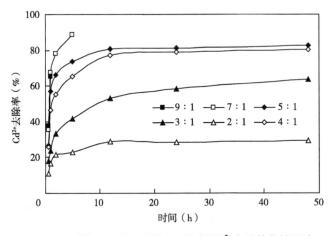

图3-22 质量比对生物质炭吸附颗粒Cd²⁺去除效果的影响

3.2.2.3 环模压缩比对生物质炭吸附颗粒Cd²⁺吸附去除效果的影响

试验条件：生物质炭与复合黏合材料质量比为5∶1；颗粒压制环模压缩比分别设7∶1、8∶1和9∶1；制备生物质炭颗粒直径为6mm；供试Cd水溶液实测Cd^{2+}浓度为12.12mg/L。

由图3-23可知，不同环模压缩比制备的生物质炭颗粒对Cd^{2+}去除率随时间变化规律一致，表现为生物质炭颗粒投加10h去除率即达到稳定，10h后去除率变化不大；压缩比7∶1和8∶1制备颗粒对Cd²⁺去除率略高于压缩比9∶1，但差异不大。由此可见，试验条件下，设定的不同环模压缩比对制备出的生物质炭颗粒吸附去除Cd²⁺无显著影响。

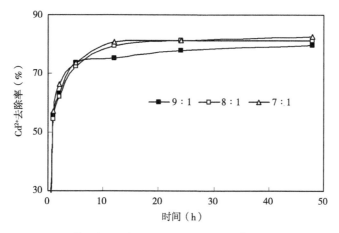

图3-23　环模压缩比对生物质炭吸附颗粒Cd²⁺去除效果的影响

3.2.2.4　不同粒径对生物质炭吸附颗粒Cd²⁺吸附去除效果的影响

试验条件：生物质炭与复合黏合材料质量比为5∶1；颗粒压制环模压缩比为7∶1；制备生物质炭颗粒直径为4mm、5mm和6mm；供试Cd水溶液实测Cd²⁺浓度为12.12mg/L。

由图3-24可知，不同直径生物质炭颗粒对Cd²⁺去除率随时间变化规律基本一致，均表现为短时间内快速增大，到达一定时间后即保持稳定不变，相互间去除率差异不大。由此可见，试验条件下，不同颗粒直径对生物质炭吸附去除Cd²⁺的影响不大。

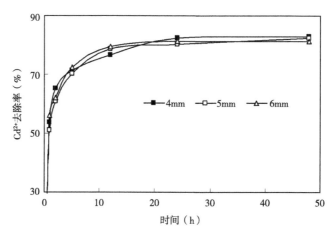

图3-24　颗粒直径对生物质炭吸附颗粒Cd²⁺去除效果的影响

3.2.3　生物质炭去除微污染水Cd的适宜制备参数

根据本试验研究结果,针对含Cd^{2+}约12mg/L的微污染水深度净化的生物质炭吸附颗粒制备参数为:优选由20%预糊化淀粉+50%纤维素+30%膨润土配制而成的复合黏合材料作为黏合剂;生物质炭与黏合材料最佳质量配比可为5:1或4:1;生物质炭颗粒成型环模压缩比可为7:1、8:1或9:1;制备的生物质炭颗粒直径可为4mm、5mm或6mm。

3.3　微污染水Cd吸附处理组合工艺试验研究

3.3.1　试验设计

采用直径30cm,高度160cm的有机玻璃柱作为单元实验柱,实验柱分别填充筛选的Cd吸附效果较好的材料或材料颗粒,并加注纯水稳定7d后进行Cd吸附去除效果试验。通过不同吸附材料实验柱的组合,研究设定进水流量和不同运行时间下实验柱组合对Cd的去除率,进而提出适宜的组合工艺参数。设定不同运行时间10min、20min、40min、1h、2h和4h后在装置出水口取水样分析出水Cd^{2+}浓度。

供试含Cd微污染水采用人工模拟配水,Cd^{2+}浓度设定为0.1mg/L。Cd^{2+}水溶液配置方法为:称取40.6g $CdCl_2$,溶于1 000mL纯水中,加2mL硝酸固定,制备Cd^{2+}浓度为20 000mg/L的原液;取原液250mL,加水稀释至100L,即制备成Cd^{2+}浓度为50mg/L的一次稀释溶液;将稀释溶液通过转子流量计加入装置系统,转子流量计加药流量调整为0.02m³/h,设计进水流量为10m³/h,即可保证装置系统水溶液Cd^{2+}达设计浓度0.1mg/L。

图3-25为实验装置示意图,实验柱组合运行时通过调整实验装置上不同位置的控制阀门实现。

单一实验柱运行时,开启A0,运行实验柱1阀门开启顺序为:A1-B1-C5/C1C6/C1C2C3C7/C1C2C3C4C8;运行实验柱2阀门开启顺序为:A3-B3-C2C1C5/C2C6/C3C7/C3C4C8/C3C4C8;运行实验柱3阀门开启顺序为:A5-B5-C8/C4C7/C4C3C2C6/C4C3C2C1C5。

多个实验柱组合正向运行,开启A0,运行实验柱1+实验柱2阀门开启顺序为:A1-B1-C1-A2-B3-C3C7/C3C4C8;运行实验柱1+实验柱2+实验柱3阀门开启顺序为:A1-B1-C1-A2-B3-C3-A4-B5-C8;其他同理,运行实验柱顺序最前者下端对应二级反冲洗阀门左侧阀门及下端排水阀均关闭,右侧阀门根据下一实验柱上水需求和排水需求开启,不一一列举。

多个实验柱组合逆向运行,开启A0,运行实验柱3+实验柱2阀门开启顺序为:A5-B5-C4-B4-B3-C2C6/C2C1C5;运行实验柱3实验柱2+实验柱1阀门开启顺序为:A5-B5-C4-B4-B3-C2-B2-B1-C5;其他同理,运行实验柱顺序最前者下端对应二级反冲洗阀门右侧阀门及下端排水阀均关闭，左侧阀门根据下一实验柱上水需求和排水需求开启，不一一赘述。

常规条件下，反冲洗均采取单一实验柱反冲洗，开启B0，反冲实验柱1，阀门开启顺序为：B1-B2-C6/C2C3C7/C2C3C4C8；反冲洗实验柱2，阀门开启顺序为：C1-C2-B3-B4-C7/C4C8；反冲洗实验柱3，阀门开启顺序为：C1-C2-C3-C4-B5-B6。

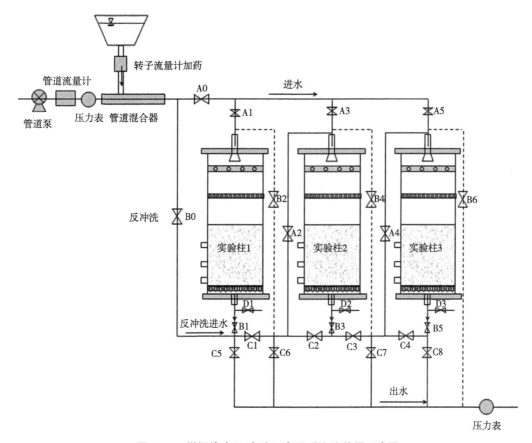

图3-25 微污染水Cd去除组合吸附实验装置示意图

3.3.2 单一实验柱对Cd的去除效果

试验条件：分别在吸附实验柱填充吸附材料沸石、煤质活性炭、生物质炭颗粒；设计进水流量10m³/h，压力0.1MPa；实测进水Cd^{2+}浓度为0.12mg/L；分别在装置运行10min、20min、30min、1h、2h和4h时在装置出水口取样，分析测定出水Cd^{2+}浓度。单一吸附试验装置示意如图3-26。

由图3-27可知，实验柱单一运行时，沸石柱和煤质活性炭实验柱对Cd^{2+}去除率随时间变化规律一致，呈先快速增大后缓慢增加的趋势；各实验柱吸附材料对Cd^{2+}的吸附主要发生在系统运行后的最初20min，之后实验柱对Cd^{2+}吸附缓慢增加，但增加幅度较小。试验条件下，煤质活性炭实验柱对Cd^{2+}去除率略高于沸石实验柱，系统运行4h时，煤质活性炭实验柱和沸石实验柱对Cd^{2+}去除率分别为86.4%和80.1%；生物质炭颗粒实验柱对Cd^{2+}去除率随时间呈逐渐增大趋势，在实验柱运行后的前20min增幅相对较大，运行后4h生物质炭颗粒实验柱对Cd^{2+}去除率达到86.9%。实验柱运行的前30min，各实验柱对Cd^{2+}去除率表现为煤质活性炭>沸石>生物质炭颗粒；运行30min后，各实验柱对Cd^{2+}去除率为生物质炭颗粒>煤质活性炭>沸石。

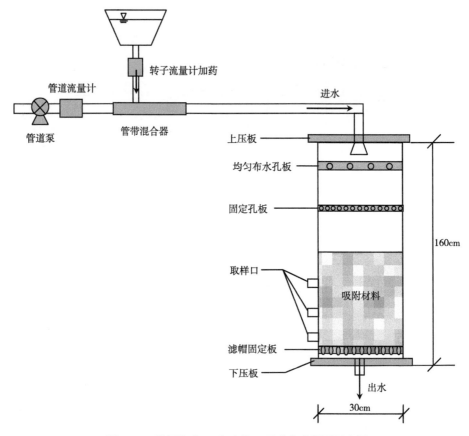

图3-26 微污染水Cd去除单一吸附实验装置示意图

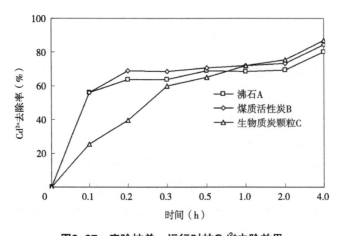

图3-27 实验柱单一运行时的Cd^{2+}去除效果

3.3.3 实验柱组合运行对Cd去除效果

试验条件：分别在吸附实验柱填充吸附材料沸石、煤质活性炭、生物质炭颗粒；设计进水流量10m³/h，压力0.1MPa；实测进水Cd^{2+}浓度为0.13mg/L；分别在装置运行10min、20min、30min、1h、2h和4h时在装置出水口取样，分析测定出水Cd^{2+}浓度。

两个实验柱组合运行设置6种组合方式，分别为沸石实验柱+煤质活性炭实验柱、沸石实验柱+生物质炭颗粒实验柱、煤质活性炭实验柱+沸石实验柱、煤质活性炭实验柱+生物质炭颗粒实验柱、生物质炭颗粒实验柱+沸石实验柱、生物质炭颗粒实验柱+煤质活性炭实验柱。3个实验柱组合运行设2种组合方式，分别为沸石实验柱+煤质活性炭实验柱+生物质炭颗粒实验柱、生物质炭颗粒实验柱+煤质活性炭实验柱+沸石实验柱。

由图3-28可知，两个实验柱组合运行时，不同实验柱组合对Cd^{2+}去除率随时间变化规律基本一致，呈先快速增大后缓慢增加的趋势；煤质活性炭实验柱+沸石实验柱组合、生物质炭颗粒实验柱+沸石实验柱组合对Cd^{2+}吸附主要发生在系统运行后的前1h，其他组合对Cd^{2+}吸附主要发生在运行后的前30min，之后缓慢增加，但增加幅度较小。实验条件下，系统运行后的前30min，沸石实验柱+煤质活性炭实验柱组合对Cd^{2+}去除率高于其他组合，平均去除率达67.3%；生物质炭颗粒实验柱+沸石实验柱组合对Cd^{2+}去除率低于其他组合，平均去除率为57.8%；系统运行30min后，沸石实验柱+生物质炭颗粒实验柱组合对Cd^{2+}去除率高于其他组合，最高达89.6%。煤质活性炭实验柱或生物质炭颗粒实验柱在前的组合对Cd^{2+}去除率均低于沸石实验柱在前的组合，可能是由于煤质活性炭和生物质炭去除试验浓度Cd^{2+}效果更好所致。沸石实验柱+煤质活性炭实验柱组合、沸石实验柱+生物质炭实验柱组合对Cd^{2+}平均去除率分别为73.2%和70.9%，表明实验柱组合运行时沸石实验柱在前的组合对Cd^{2+}去除效果较好。

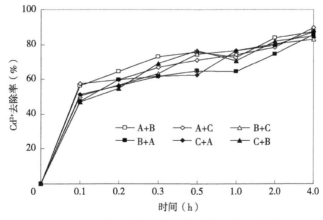

图3-28 两个实验柱组合运行时的Cd^{2+}去除效果

注：A、B、C分别表示沸石实验柱、煤质活性炭实验柱、生物质炭颗粒实验柱；下图同

由图3-29可知，3个实验柱组合运行时，实验柱正向和逆向组合对Cd^{2+}去除率随时间变化规律基本一致，均呈先快速增大后缓慢增加的趋势；实验柱组合运行的前30min，正向组合（A+B+C组合，即沸石柱+煤质活性炭柱+生物质炭颗粒柱组合）对Cd^{2+}去除率显著高于逆向组合（C+B+A组合，即生物质炭颗粒柱+煤质活性炭柱+沸石柱组合），两组合对Cd^{2+}平均去除率分别为72.6%和64.4%；实验柱组合运行30min至1h，正向组合、逆向组合对Cd^{2+}去除率相差不大，平均去除率分别为79.4%和79.3%；实验柱组合运行1h后，逆向组合对Cd^{2+}去除率略高于正向组合。试验条件下，正向组合、逆向组合对Cd^{2+}平均去除率分别为77.9%和74.1%，由此可见，沸石柱+煤质活性炭柱+生物质炭颗粒柱组合工艺对Cd^{2+}去除效果较好。

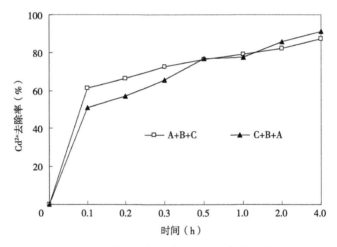

图3-29　3个实验柱组合运行时Cd^{2+}去除效果

3.3.4　含Cd微污染水吸附处理优选组合

不同吸附材料组合吸附对Cd^{2+}去除效果好于单一吸附材料，其中沸石+煤质活性炭+生物质炭颗粒组合对Cd^{2+}平均去除率达77.9%，可作为试验条件下Cd污染水平灌溉水的优选组合方案。

4 中轻度重金属污染农田节水减污灌水技术模式

4.1 研究方法

4.1.1 污灌区清污轮灌技术模式田间试验

试验于河南省北部海河流域卫河水系下游某污灌区进行，该灌区历史上大量引用某镉—镍电池厂排放至附近沟渠的生产废水灌溉农田，造成土壤0～20cm表层土壤重金属Cd含量超标，土壤Cd含量为0.50～4.30mg/kg，属中轻度污染水平。研究区内地下水（清水）难以完全保证作物灌溉用水需求，需就近引取部分含Cd微污染河水进行灌溉。

田间试验以冬小麦、夏玉米为研究对象，冬小麦生育期不同清污轮灌技术处理设计如表4-1所示，灌水水质指标如表4-2所示。田间试验小区规格为长42m、宽1.8m，沿地块南北方向布置两排，两排之间设田间路，路宽0.5m。田间试验小区之间起垄，垄宽30cm，垄高20～25cm。每试验小区沿长边均匀播种9行小麦。夏玉米试验仅在苗期灌溉微污染河水，灌水水平设计为750m³/hm²。处理编号同冬小麦处理设计编号。为避免不同处理灌水后土壤侧渗可能造成的相互影响，将同一处理的3个重复小区相邻布置，相邻小区之间设0.5m宽保护行，如图4-1所示。

表4-1 冬小麦不同清污轮灌技术模式试验处理设计

处理编号	越冬水（1 050m³/hm²）	返青拔节水（900m³/hm²）	抽穗灌浆水（750m³/hm²）
WTT	微污染河水	清水	清水
TWT	清水	微污染河水	清水
TTW	清水	清水	微污染河水
WWT	微污染河水	微污染河水	清水
WTW	微污染河水	清水	微污染河水
TWW	清水	微污染河水	微污染河水
WWW	微污染河水	微污染河水	微污染河水
CK	清水	清水	清水

表4-2 清污轮灌技术模式试验灌水水质

项目	氯离子 （mg/L）	全钾 （mg/L）	全氮 （mg/L）	总铅 （mg/L）	总铜 （mg/L）	总镉 （μg/L）	铬 （μg/L）	高锰酸 盐指数 （mg/L）	pH值	含盐量 （g/L）
清水	321.27	18.67	17.16	0.001 5	0.005	0.5	3.4	40.66	7.30	1.85
微污 染水	291.42	13.26	23.17	0.002 0	0.006	21.6	2.5	54.35	7.32	1.51

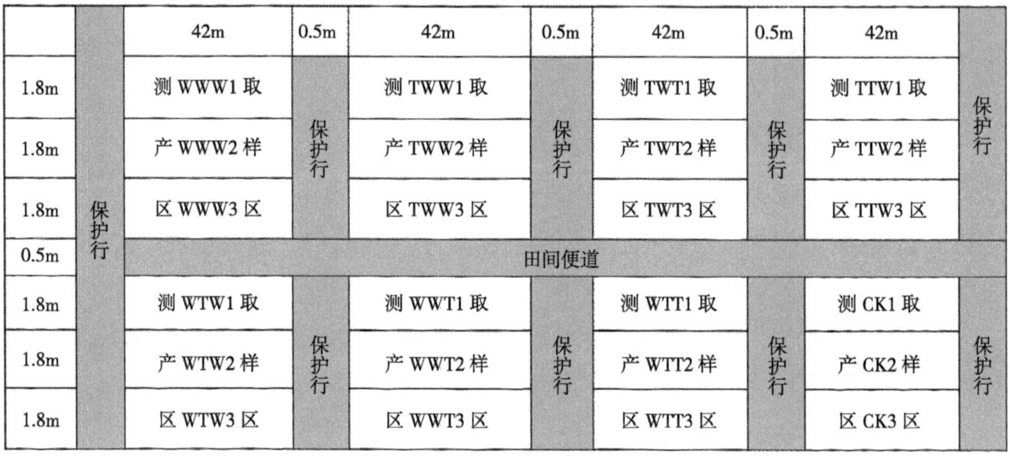

	42m	0.5m	42m	0.5m	42m	0.5m	42m	
1.8m	测 WWW1 取	保护行	测 TWW1 取	保护行	测 TWT1 取	保护行	测 TTW1 取	保护行
1.8m	产 WWW2 样		产 TWW2 样		产 TWT2 样		产 TTW2 样	
1.8m	区 WWW3 区		区 TWW3 区		区 TWT3 区		区 TTW3 区	
0.5m	保护行				田间便道			
1.8m	测 WTW1 取	保护行	测 WWT1 取	保护行	测 WTT1 取	保护行	测 CK1 取	保护行
1.8m	产 WTW2 样		产 WWT2 样		产 WTT2 样		产 CK2 样	
1.8m	区 WTW3 区		区 WWT3 区		区 WTT3 区		区 CK3 区	

图4-1 冬小麦清污轮灌技术模式试验小区布置示意图

4.1.2 清污混灌技术模式田间试验

冬小麦清污混灌技术模式试验处理设计如表4-3所示。清污混灌田间试验小区沿试验地块东西方向布置两排，两排之间设田间路，路宽1m。田间试验小区规格为长8m，宽2m。小区之间起垄，垄宽30cm，垄高20~25cm。每试验小区沿长边均匀播种10行小麦。为避免不同处理灌水后土壤侧渗可能造成的相互影响，将同一处理的3个重复小区相邻布置，相邻小区之间设0.5m宽保护行。田间试验小区布置如图4-2所示。每个试验小区沿长边分为两部分，一部分为破坏性试验区，用以试验仪器布设及试验监测、取样等，另一部分为收获时测产考种区。清污混灌条件下冬小麦灌水时期和灌水量如表4-4所示。夏玉米试验仅在苗期灌水，灌水水平设计为750m³/hm²。灌水水质指标如表4-5所示。

表4-3 冬小麦清污混灌技术模式试验处理设计

处理编号	越冬水	返青拔节水	抽穗灌浆水
1：0	微污染河水	微污染河水	微污染河水

（续表）

处理编号	越冬水	返青拔节水	抽穗灌浆水
1:1	微污染河水：清水	微污染河水：清水	微污染河水：清水
1:3	微污染河水：清水	微污染河水：清水	微污染河水：清水
1:4	微污染河水：清水	微污染河水：清水	微污染河水：清水
CK	清水	清水	清水

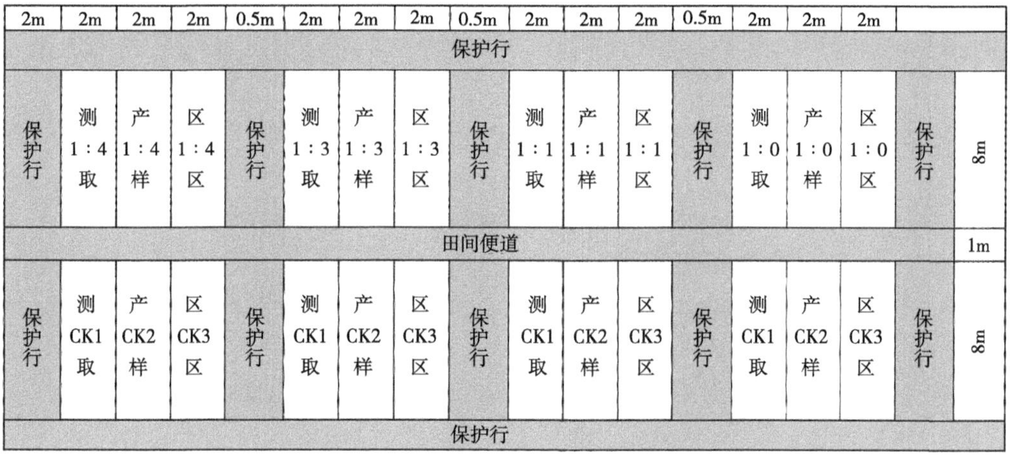

图4-2　冬小麦清污混灌试验小区布置示意图

表4-4　清污混灌技术模式试验冬小麦灌水时期与灌水量

生育阶段	越冬期	返青拔节期	抽穗灌浆期
灌水水量（m³/hm²）	1 050	900	750

表4-5　清污混灌技术模式试验灌水水质指标

监测项目	硝态氮（mg/L）	铵态氮（mg/L）	全氮（mg/L）	全磷（mg/L）	总铜（mg/L）	总镉（μg/L）	铬（μg/L）	高锰酸盐指数（g/L）	pH值	含盐量（g/L）
清水	2.58	0.70	2.64	0.56	0.01	0.71	6.48	9.82	7.51	0.90
微污染水	2.58	0.70	2.64	0.56	0.01	800	6.48	9.82	7.51	0.90

4.2 中轻度Cd污染农田冬小麦清污轮灌技术模式

4.2.1 清污轮灌对冬小麦生理生长指标的影响

由图4-3可知，清污轮灌模式下冬小麦株高总体变化规律为随冬小麦生长株高逐渐增大；微污染水处理（WWW）冬小麦株高略高于对照、TTW、WTT、TWT、WWT、WTW、TWW处理，增加幅度分别为5.26%、5.04%、4.26%、0.26%、1.08%、1.69%和0.41%，表明全生育期采用微污染水灌溉可促进冬小麦的营养生长。

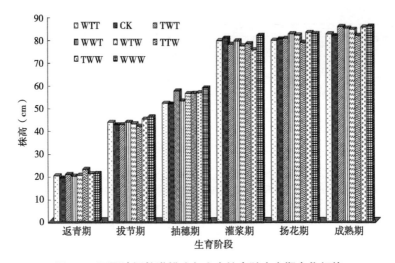

图4-3 不同清污轮灌模式冬小麦株高随生育期变化规律

由图4-4可知，清污轮灌模式下冬小麦叶面积指数（LAI）表现为，出苗到返青期植株叶面积增大幅度较小，各处理叶面积指数没有明显差别；拔节后叶面积迅速增长，作物生长盛期各处理叶面积指数均达到峰值；灌浆期后冬小麦叶面积指数急剧下降。返青期灌溉微污染水抑制了冬小麦营养生长，而灌浆期灌溉微污染水则刺激了冬小麦营养生长，不仅可造成冬小麦旺长，进而影响光合同化物在籽粒中的积累。

由图4-5可知，清污轮灌模式下冬小麦千粒重对照处理最高，达到42.34g，其次依次为WTT、TTW、TWT、WWT、WTW、TWW、WWW处理，除WTT处理冬小麦千粒重与CK处理差异不明显外，TTW、TWT、WWT、WTW、TWW、WWW处理冬小麦千粒重均显著低于CK处理，分别较CK处理降低4.84%、5.57%、5.81%、6.39%、8.26%和9.83%；同时，CK处理冬小麦产量也最高，达8 007.41kg/hm^2，WTT、TTW处理冬小麦产量与CK处理差异不明显。结果表明，冬小麦苗期、越冬期采用微污染水灌溉对冬小麦籽粒灌浆及产量形成影响不大，返青拔节期、抽穗灌浆期灌溉微污染水可抑制籽粒灌浆及产量的形成。

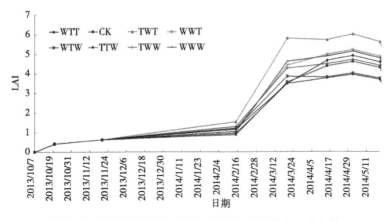

图4-4　不同清污轮灌模式下冬小麦叶面积指数变化规律

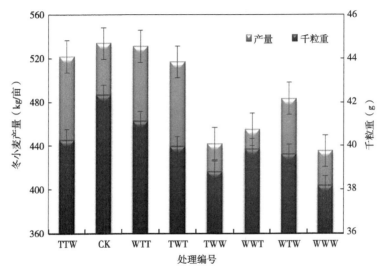

图4-5　清污轮灌模式下冬小麦籽粒丰满度及产量

4.2.2　清污轮灌模式下冬小麦耐受Cd敏感期

由图4-6、图4-7可知，清污轮灌模式下冬小麦田0～20cm土层土壤全Cd、有效Cd含量表现为灌浆期下降明显，其中TTW、WTT、TWT、TWW、WWT、WTW、WWW处理土壤全Cd含量分别较种植前下降36.2%、36.4%、53.1%、43.9%、25%、14.3%和4%；各处理土壤有效Cd含量随着冬小麦生长呈下降趋势，在灌浆期下降明显，其中TTW、WTT、TWT、TWW、WWT、WTW和WWW处理土壤有效Cd含量分别较种植前下降44.1%、40.2%、34.5%、37.3%、48.5%、60%和30.5%。结果表明，冬小麦灌浆期是冬小麦Cd耐受敏感期，不宜采用含Cd微污染水灌溉。

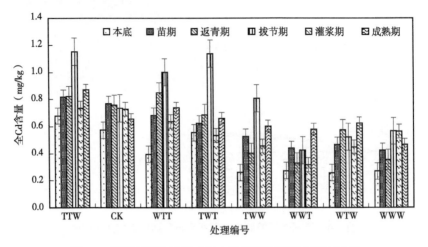

图4-6　不同清污轮灌模式冬小麦关键生育期土壤Cd含量

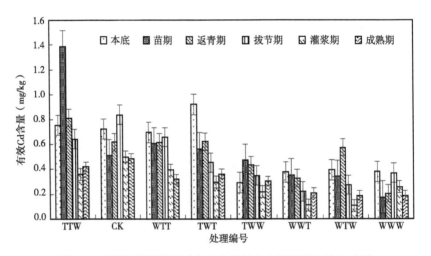

图4-7　不同清污轮灌模式冬小麦关键生育期土壤有效Cd含量

由表4-6可知，清污轮灌模式下各处理冬小麦根、茎、叶Cd含量随植株生长均呈先减少后增加的趋势，其中根、茎Cd含量均为灌浆期最小，叶Cd含量则为拔节期最小。

表4-6　不同清污轮灌模式冬小麦不同生育期植株体Cd累积量

生长期		Cd含量（mg/kg）							
		TTW	CK	WTT	TWT	TWW	WWT	WTW	WWW
根	返青期	2.99 ± 1.15de	9.45 ± 1.10a	6.78 ± 1.26b	4.88 ± 2.22bcd	3.48 ± 0.23cde	5.42 ± 0.88bc	2.71 ± 0.32e	2.87 ± 0.19de
	拔节期	3.89 ± 0.37a	3.99 ± 0.53a	2.41 ± 0.29bc	2.36 ± 0.55b	1.66 ± 0.20bc	2.12 ± 0.55bc	1.72 ± 0.14bc	1.51 ± 0.22c

（续表）

生长期		Cd含量（mg/kg）							
		TTW	CK	WTT	TWT	TWW	WWT	WTW	WWW
根	灌浆期	6.1 ± 0.87a	2.26 ± 0.35b	2.34 ± 0.19b	1.81 ± 0.22bc	1.68 ± 0.10bc	1.63 ± 0.13bc	1.18 ± 0.29c	1.23 ± 0.23ec
	成熟期	5.9 ± 0.3a	3.37 ± 0.23b	2.57 ± 0.45c	2.47 ± 0.12c	2.04 ± 0.05cd	1.93 ± 0.47cd	1.53 ± 0.15d	2.00 ± 0.62cd
茎	拔节期	0.09 ± 0.028c	0.94 ± 0.18a	0.54 ± 0.08b	0.53 ± 0.16b	0.42 ± 0.03b	0.50 ± 0.09b	0.40 ± 0.13b	0.44 ± 0.09b
	灌浆期	0.54 ± 0.19a	0.31 ± 0.07b	0.20 ± 0.06bc	0.16 ± 0.03bc	0.23 ± 0.07bc	0.23 ± 0.13bc	0.26 ± 0.03bc	0.13 ± 0.02c
	成熟期	0.80 ± 0.17a	0.56 ± 0.14b	0.52 ± 0.09b	0.50 ± 0.08b	0.54 ± 0.21b	0.52 ± 0.10b	0.43 ± 0.07b	0.48 ± 0.12b
叶	返青期	0.98 ± 0.35ab	0.81 ± 0.12b	0.81 ± 0.13b	1.02 ± 0.14ab	1.46 ± 0.48a	1.49 ± 0.43a	0.94 ± 0.26ab	1.05 ± 0.12ab
	拔节期	0.29 ± 0.04b	0.55 ± 0.08a	0.28 ± 0.02b	0.28 ± 0.01b	0.18 ± 0.02c	0.23 ± 0.06bc	0.21 ± 0.015c	0.21 ± 0.015bc
	灌浆期	0.69 ± 0.16a	0.47 ± 0.10b	0.35 ± 0.05bc	0.40 ± 0.10bc	0.39 ± 0.03bc	0.32 ± 0.05bc	0.30 ± 0.006c	0.29 ± 0.08c
	成熟期	1.37 ± 0.31a	1.20 ± 0.17ab	0.72 ± 0.11c	0.88 ± 0.21bc	0.69 ± 0.22c	0.68 ± 0.19c	0.77 ± 0.16c	0.62 ± 0.06c

注：同列数据后不同小写字母表示差异达5%显著水平

4.2.3 清污轮灌模式下冬小麦植株体Cd累积特征

由表4-7、图4-8可知，清污轮灌模式下冬小麦收获后各部位Cd累积量表现为，根中Cd含量最高，占地上部植株体Cd含量的57.94%～75.52%，其次为叶、茎和籽粒，籽粒中Cd含量最低，占地上部植株体Cd含量的1.55%～4.09%；WTT处理根、叶中Cd含量显著高于CK处理，分别增加了2.11倍、1.82倍，处理间差异达显著水平，茎、籽粒中Cd含量与CK处理差异不显著；WTT处理籽粒中Cd含量低于TTW、TWT、TWW、WWT、WTW和WWW处理，分别减少35.17%、31.38%、62.56%、47.40%、54.98%和65.32%，其中WTT处理籽粒中Cd含量与TWW、WWT、WTW和WWW处理差异达显著水平。

表4-7 清污轮灌模式下冬小麦各部位Cd累积分布规律

处理编号	根（mg/kg）	茎（mg/kg）	叶（mg/kg）	籽粒（mg/kg）
CK	2.036 ± 0.104c	0.231 ± 0.029c	0.659 ± 0.052c	0.083 ± 0.001f
TTW	4.070 ± 0.909ab	0.299 ± 0.084c	0.880 ± 0.106c	0.141 ± 0.028de
WTT	4.300 ± 0.436ab	0.283 ± 0.045c	1.200 ± 0.200b	0.091 ± 0.003ef
TWT	4.200 ± 1.000ab	0.490 ± 0.095ab	1.200 ± 0.100b	0.133 ± 0.009def
TWW	3.453 ± 0.162b	0.490 ± 0.024 0ab	1.773 ± 0.214a	0.244 ± 0.048ab
WWT	3.453 ± 0.428b	0.537 ± 0.045a	1.521 ± 0.275ab	0.174 ± 0.010cd
WTW	4.622 ± 0.683a	0.417 ± 0.027b	1.230 ± 0.194b	0.203 ± 0.047bc
WWW	4.808 ± 0.297a	0.581 ± 0.032a	1.230 ± 0.112b	0.263 ± 0.037a

注：同列数据后不同小写字母表示差异达5%显著水平

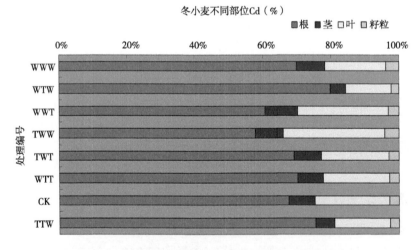

图4-8 不同清污轮灌模式冬小麦各器官Cd含量对比

4.2.4 清污轮灌模式下冬小麦田土壤Cd累积特征

由图4-9、图4-10可知，清污轮灌模式下冬小麦收获后不同土层土壤有效态Cd、全Cd残留量变化量（残留量变化量=种植前含量-收获后含量）表明，土壤有效态Cd残留累积量在0～20cm土层变化明显，30cm以下土层均出现不同程度累积；此外，高量含Cd微污染水灌溉显著增加20cm以下土层土壤全Cd含量。

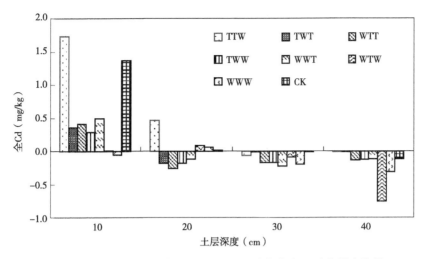

图4-9　不同清污轮灌模式下不同土层土壤有效态Cd残留量变化量

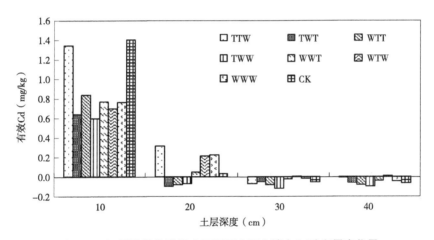

图4-10　不同清污轮灌模式下不同土层土壤全Cd残留量变化量

4.2.5　中轻度污灌区冬小麦田适宜清污轮灌技术要点

重金属Cd在冬小麦不同部位累积量分布特征为：根>叶片>茎>籽粒；中轻度污灌区冬小麦苗期灌溉微污染水对地上各部位Cd累积量影响并不明显，拔节期、抽穗期灌溉微污染水可加剧土壤中Cd向冬小麦根系及地上部转移，显著增加冬小麦植株地上部Cd含量；苗期灌溉微污染水对冬小麦产量影响不大，拔节后期灌溉微污染水显著抑制了冬小麦生长发育并降低了冬小麦产量。因此，冬小麦苗期采用微污染水灌溉，返青拔节期、抽穗期采用清水灌溉可显著降低Cd在冬小麦籽粒中的累积，有效阻断土壤重金属Cd对冬小麦籽粒的污染风险。

4.3 中轻度Cd污染农田夏玉米清污轮灌技术模式

4.3.1 清污轮灌对夏玉米生理生长指标的影响

由图4-11可知，清污轮灌模式下CK处理夏玉米收获后百粒重最大，达26.96g/100粒，其次依次为TTW、WWT、WTT、TWT、WTW、TWW、WWW，TTW、WWT处理；WTT、TWT处理夏玉米百粒重与CK处理差异不明显，但WTW、TWW和WWW处理夏玉米百粒重显著低于CK处理，分别降低4.50%、4.72%和4.92%；CK处理夏玉米单穗轴重最大，TTW、WTT处理夏玉米单穗轴重与CK处理差异不明显，TWT、WWT、TWW、WTW和WWW处理夏玉米单穗轴重显著低于CK处理，分别降低9.53%、13.48%、15.90%、16.03%和16.64%；CK处理夏玉米产量最高，达8 581kg/hm²，WTT、TWT、TTW和WWT处理夏玉米产量与CK处理差异不明显，TWW、WTW和WWW处理夏玉米产量显著低于CK处理，分别降低10.41%、11.62%和14.61%。WTT、TWT、TTW、WWT处理夏玉米百粒重及产量与CK处理差异不显著。

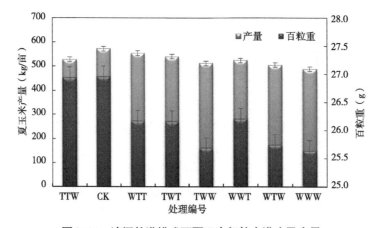

图4-11　清污轮灌模式下夏玉米籽粒丰满度及产量

4.3.2 清污轮灌模式下夏玉米植株体Cd累积特征

由表4-8、图4-12可知，清污轮灌模式下夏玉米收获后根、茎、叶及籽粒中Cd累积量表现为，根>叶片>包衣>茎>籽粒，根中Cd含量最高，占地上部植株体Cd含量的36.05%～58.83%，其次为叶片、包衣、茎和籽粒，籽粒中Cd含量最低，仅占地上部植株体Cd含量的0.25%～0.60%；WTT处理根、包衣中Cd含量显著高于CK处理，分别增加了1.90倍、1.59倍，WTT处理对夏玉米茎、叶、籽粒中Cd含量的影响与CK处理未达显著水平；WTT处理籽粒中Cd含量低于TWT、TWW、WWT、WTW和WWW处理，分别减少26.47%、51.75%、61.48%、50.77%、62.16%和67.21%，处理间差异达显著水平。

表4-8 清污轮灌条件下夏玉米各器官Cd累积特征

处理编号	根（mg/kg）	茎（mg/kg）	叶（mg/kg）	包衣（mg/kg）	籽粒（mg/kg）
CK	1.123 ± 0.119f	0.120 ± 0.049c	0.689 ± 0.187b	0.365 ± 0.020e	0.009 ± 0.001c
TTW	1.870 ± 0.110cd	0.176 ± 0.011bc	0.898 ± 0.151b	0.475 ± 0.048de	0.013 ± 0.002c
WTT	2.133 ± 0.208bc	0.124 ± 0.033c	0.780 ± 0.060b	0.580 ± 0.010cd	0.009 ± 0.001c
TWT	2.400 ± 0.200b	0.227 ± 0.064abc	0.920 ± 0.171b	0.637 ± 0.015bcd	0.019 ± 0.004b
TWW	2.753 ± 0.208a	0.266 ± 0.048ab	1.680 ± 0.140a	0.880 ± 0.092a	0.024 ± 0.001ab
WWT	2.333 ± 0.081b	0.252 ± 0.012ab	1.520 ± 0.139a	0.776 ± 0.108ab	0.019 ± 0.001b
WTW	1.528 ± 0.233e	0.276 ± 0.098ab	1.587 ± 0.162a	0.705 ± 0.122bc	0.024 ± 0.006ab
WWW	1.677 ± 0.112de	0.312 ± 0.105a	1.720 ± 0.302a	0.915 ± 0.166a	0.028 ± 0.005a

注：同列数据后不同小写字母表示差异达5%显著水平

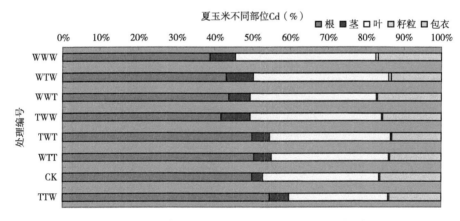

图4-12 不同清污轮灌模式夏玉米各器官Cd累积量对比

4.3.3 清污轮灌模式下夏玉米田土壤Cd累积特征

由表4-9和图4-13、图4-14可知，作物种植前0～10cm土层土壤有效Cd含量与夏玉米籽粒中Cd累积量的决定系数最高，达到0.909 5，其后依次为10～20cm、20～30cm、30～40cm土层，其决定系数分别为0.800 2、0.210 6和0.000 1；作物种植前10～20cm土层土壤全Cd含量与籽粒Cd累积量的决定系数最高，达到0.808 1，其后依次为0～10cm、20～30cm、30～40cm土层，其决定系数分别为0.778 0、0.480 2和0.146 3。

表4-9　典型污灌区土壤Cd含量与籽粒Cd累积量相关性分析

土层深度（cm）	籽粒Cd/土壤有效Cd	R^2	籽粒Cd/土壤全Cd	R^2
0～10	$y=0.027\,3x-0.008$	0.909 5	$y=0.013\,3x-0.008\,2$	0.778 0
10～20	$y=0.085\,3x-0.003\,6$	0.800 2	$y=0.041\,6x-0.002\,3$	0.808 1
20～30	$y=0.155x+0.001\,1$	0.210 6	$y=0.055\,3x+0.004\,5$	0.480 2
30～40	$y=-0.002\,4x+0.019$	0.000 1	$y=-0.021\,5x+0.013\,8$	0.146 3

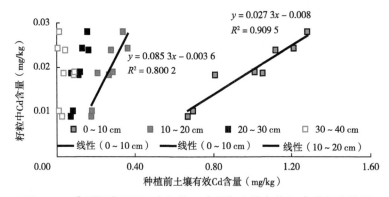

图4-13　典型污灌区夏玉米籽粒Cd含量与土壤有效Cd含量相关关系

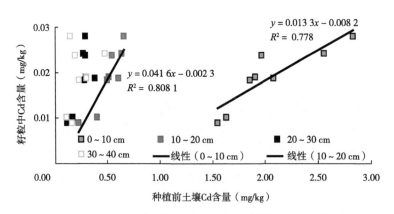

图4-14　典型污灌区夏玉米籽粒Cd含量与土壤总Cd含量相关关系

4.3.4　清污轮灌模式下夏玉米田Cd富集转运特征

由表4-10可知，清污轮灌模式夏玉米WTT处理籽粒中Cd累积量与CK处理差异并不明显，但显著低于TTW、TWT、TWW、WWT、WTW和WWW处理，分别减少21.89%、50.15%、57.86%、47.39%、58.34%和61.85%；WTT处理夏玉米茎叶中Cd累积量与CK处理差异并不明显，但显著低于TTW、TWT、TWW、WWT、

WTW和WWW处理，分别减少26.08%、44.95%、49.47%、48.15%、52.51%和56.44%；WTT处理0～40cm土层Cd残留量显著高于CK处理，但显著低于TWW、WWT、WTW和WWW处理，分别减少1.30%、1.12%、1.09%和1.75%；WTT处理Cd生物富集系数（Bio-Concentration Factors，BCF，生物富集系数＝植物地上部Cd浓度/土壤全Cd浓度）显著低于CK、TWT、TWW处理，分别减少28.35%、12.04%和32.55%，但与WWW处理差异并不明显；WTT处理夏玉米根/土Cd含量比显著高于TTW、CK、WTW、WWW处理，分别提高了13.94%、47.10%、28.80%和22.40%；WTT处理地上部净化率（地上部净化率＝植物吸Cd总量（Cd累积量）/土壤总Cd量×100%）与CK处理差异不大，但显著低于TTW、TWT、TWW、WWT、WTW和WWW处理，分别减少26.27%、44.46%、49.78%、47.70%、50.83%和54.75%。

表4-10　不同清污轮灌模式下夏玉米Cd生物富集系数及地上部净化率

处理编号	籽粒Cd累积量（mg/hm²）	茎叶Cd累积量（mg/hm²）	0～40cm Cd残留量（kg/hm²）	根/土含量比	生物富集系数	地上部净化率（%）
CK	77.093 ± 7.71e	1 132.695 ± 139.76e	3.181 ± 0.004d	1.977 ± 0.097f	0.984 ± 0.047a	0.038 ± 0.002e
TTW	98.697 ± 10.86d	1 530.245 ± 75.25e	3.195 ± 0.005c	3.279 ± 0.160d	0.684 ± 0.032d	0.051 ± 0.002d
WTT	76.192 ± 5.40e	1 133.739 ± 32.62e	3.192 ± 0.004c	3.737 ± 0.183c	0.705 ± 0.032cd	0.038 ± 0.002e
TWT	154.114 ± 8.17c	2 022.404 ± 123.90d	3.194 ± 0.003c	4.208 ± 0.206b	0.802 ± 0.037b	0.068 ± 0.004c
TWW	182.968 ± 10.76b	2 246.042 ± 69.52bc	3.223 ± 0.003b	4.785 ± 0.234a	1.045 ± 0.048a	0.075 ± 0.004b
WWT	146.902 ± 7.71c	2 181.490 ± 103.88cd	3.217 ± 0.006b	4.062 ± 0.198b	0.763 ± 0.035bc	0.072 ± 0.003bc
WTW	183.717 ± 9.40b	2 302.374 ± 48.92b	3.216 ± 0.004b	2.661 ± 0.130e	0.550 ± 0.025e	0.077 ± 0.002b
WWW	204.819 ± 6.02a	2 514.756 ± 71.07a	3.237 ± 0.004a	2.900 ± 0.142e	0.725 ± 0.033cd	0.084 ± 0.004a

注：同列数据后不同小写字母表示差异达5%显著水平

4.4 中轻度Cd污染农田冬小麦清污混灌技术模式

4.4.1 清污混灌对冬小麦生理生长指标的影响

由图4-15可知，冬小麦株高总体变化趋势为，随冬小麦生长逐渐增高，成熟期不同处理冬小麦株高达到77～83cm。清污混灌模式下微污染水∶清水为1∶3处理，冬小麦株高略高于1∶0（WWW）、1∶1、1∶4和CK处理，增高幅度分别为7.00%、4.46%、4.046%和4.93%，而采用全部微污染水灌溉明显抑制冬小麦营养生长。

由图4-16可知，清污混灌模式下冬小麦LAI动态变化与清污轮灌模式下冬小麦LAI动态变化规律基本一致；全部微污染水灌溉明显抑制冬小麦营养生长，尤其是灌浆期冬小麦叶面积指数衰减明显。

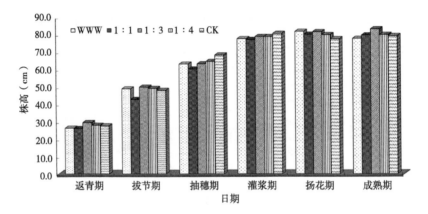

图4-15　不同清污混灌模式下冬小麦株高变化规律

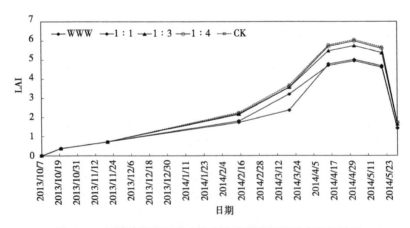

图4-16　不同清污混灌模式冬小麦叶面积指数动态变化规律

由图4-17可知，清污混灌条件下对照处理（CK）收获后冬小麦千粒重最高，其次依次为微污染水∶清水为1∶3、1∶4、1∶1和1∶0处理；1∶0处理和1∶1处理冬小麦千粒重显著低于对照处理；冬小麦产量对比依次表现为CK处理>1∶4处理>1∶3处理>1∶1处理>1∶0处理，全生育期微污染水灌溉处理冬小麦产量显著低于对照（CK）处理。

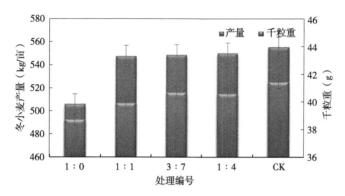

图4-17 清污混灌模式下冬小麦籽粒千粒重及产量对比

4.4.2 清污混灌模式下冬小麦植株体Cd累积特征

由表4-11、图4-18可知，各清污混灌处理冬小麦收获后不同部位Cd含量均表现为，根中Cd含量最高，占地上部植株体Cd含量的55.51%～79.47%，其次为叶片、茎、籽粒，籽粒中Cd含量最低，仅占地上部植株体Cd含量的0.74%～3.49%；微污染水∶清水为1∶0、1∶1和1∶3处理冬小麦根中Cd含量显著高于CK处理，分别为对照处理的17.94倍、4.82倍和4.20倍，1∶0、1∶1和1∶3处理冬小麦茎中Cd含量高于CK处理，分别为CK处理的6.49倍、2.19倍和1.44倍，1∶0、1∶1和1∶3处理冬小麦叶中Cd含量高于CK处理，分别为CK处理的5.81倍、3.02倍和2.50倍，1∶0、1∶1和1∶3处理冬小麦籽粒中Cd含量高于CK处理，分别为CK处理的2.64倍、2.23倍、1.69倍，其中1∶0处理、1∶1处理冬小麦籽粒中Cd累积量超过《食品安全国家标准 食品中污染物限量》（GB 2762—2017）规定的0.1mg/kg限值，1∶4处理冬小麦根、茎、叶及籽粒中Cd含量与CK处理差异不明显。总体上，不同清污混灌处理Cd在冬小麦各部位分布表现为，根>叶片>茎>籽粒，这与清污轮灌模式下试验结果一致；微污染水∶清水为1∶4处理显著降低了Cd在冬小麦籽粒中的累积，提高了地上部净化率，降低了土壤重金属污染风险。

表4-11 清污混灌条件下冬小麦各部位Cd累积分布特征

处理编号	根（mg/kg）	茎（mg/kg）	叶（mg/kg）	籽粒（mg/kg）
1∶0	13.033 3 ± 1.76a	1.233 3 ± 0.55a	2.013 3 ± 1.04a	0.120 9 ± 0.019a
1∶1	3.500 0 ± 1.56b	0.416 7 ± 0.20b	1.046 7 ± 0.65ab	0.102 2 ± 0.018a
1∶3	3.053 3 ± 0.60b	0.273 3 ± 0.04b	0.866 7 ± 0.29b	0.077 2 ± 0.006b
1∶4	1.866 7 ± 0.53bc	0.213 3 ± 0.04b	0.610 0 ± 0.09b	0.051 8 ± 0.005c

（续表）

处理编号	根（mg/kg）	茎（mg/kg）	叶（mg/kg）	籽粒（mg/kg）
CK处理	0.726 7 ± 0.33c	0.190 0 ± 0.09b	0.346 7 ± 0.03b	0.045 8 ± 0.004c

注：同列数据后不同小写字母表示差异达5%显著水平

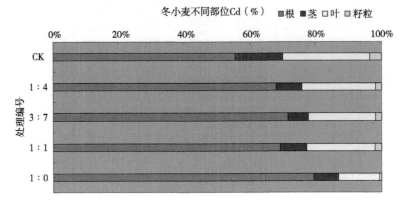

图4-18　不同清污混灌模式冬小麦各器官Cd含量对比

4.4.3　清污混灌模式下冬小麦耐受Cd敏感期

由表4-12可知，冬小麦根、叶Cd含量均是随着冬小麦生长逐渐增加，冬小麦灌浆期根、叶Cd含量最高，冬小麦成熟期含量又明显降低；冬小麦茎中Cd含量表现为随着冬小麦生长含量不断增加，冬小麦灌浆后含量仍小幅增加，但总体趋于稳定。冬小麦成熟期茎中Cd含量最高。冬小麦收获后根Cd累积量大于灌浆期后减少的量，其中累积增加率最大的为微污染水：清水为1：0处理，灌浆期后减少率最大的为CK对照，减少37.6%；与冬小麦根中Cd累积规律相反，叶片中Cd含量累积增加量小于灌浆期后减少的量，累积增加率最大的为微污染水：清水为1：4处理，增加了了1.9倍，灌浆期后降幅最大的是1：0处理，减少57.17%。灌浆期到成熟期是冬小麦籽粒形成的关键期，重金属Cd在冬小麦根、茎、叶和籽粒中重新分配，根中部分Cd减少并累积在茎中，并可能通过茎输送到籽粒，是冬小麦籽粒是否安全的敏感期。

表4-12　不同生长期冬小麦植株Cd含量

生长期		Cd含量（mg/kg）				
		1：0	1：1	1：3	1：4	CK
根	返青期	3.70 ± 2.50	1.68 ± 0.72	1.50 ± 0.95	0.73 ± 0.07	0.64 ± 0.17
	灌浆期	18.00 ± 4.00	4.80 ± 0.10	4.27 ± 2.00	1.3 ± 0.10	0.85 ± 0.65
	成熟期	13.03 ± 0.06	3.50 ± 1.56	3.05 ± 0.95	1.87 ± 0.50	0.53 ± 0.04

（续表）

生长期		Cd含量（mg/kg）				
		1：0	1：1	1：3	1：4	CK
茎	返青期	0.21 ± 0.15	0.16 ± 0.006	0.19 ± 0.03	0.18 ± 0.08	0.05 ± 0.01
	灌浆期	0.66 ± 0.48	0.27 ± 0.09	0.21 ± 0.04	0.26 ± 0.05	0.15 ± 0.01
	成熟期	0.95 ± 0.25	0.31 ± 0.04	0.27 ± 0.04	0.21 ± 0.04	0.15 ± 0.03
叶	返青期	2.90 ± 0.50	1.4 ± 0.20	0.92 ± 0.45	0.40 ± 0.07	0.35 ± 0.07
	灌浆期	6.07 ± 2.76	1.53 ± 0.31	1.26 ± 0.59	1.16 ± 0.26	0.55 ± 0.19
	成熟期	2.60 ± 0.20	0.67 ± 0.65	0.87 ± 0.29	0.61 ± 0.10	0.37 ± 0.01

4.4.4 清污混灌模式下冬小麦田土壤Cd累积特征

由图4-19可知，不同生育期土壤Cd含量均随灌溉水中微污染水比例增高而增加，微污染水：清水为1：1处理相对有所降低，随后继续增加；1：0、1：1、1：3处理土壤Cd含量均随冬小麦生长不断增加，在灌浆期降低，随之继续增加，1：4、CK处理则在成熟期有所增加。土壤Cd含量均在冬小麦灌浆期大幅度减少，而在成熟期逐渐增加，说明灌浆期是冬小麦吸收重金属Cd的关键期。

由图4-20可知，相比于土壤本底Cd含量，CK处理土壤有效Cd随着冬小麦生长不断降低，其他处理均在返青期有所降低，拔节后土壤有效Cd含量快速增加，灌浆期又迅速下降，说明在生长旺盛的灌浆期，极易吸收重金属Cd，不宜采用含重金属Cd的微污染水进行灌溉。

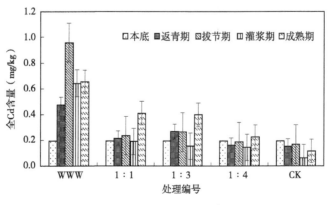

图4-19 不同清污混灌模式下冬小麦不同生育期土壤Cd含量

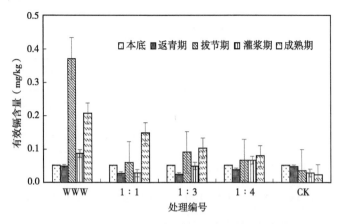

图4-20　不同清污混灌模式下冬小麦不同生育期土壤有效Cd含量

4.5　中轻度Cd污染农田夏玉米清污混灌技术模式

4.5.1　清污混灌对夏玉米生理生长指标的影响

由图4-21可知，微污染水：清水为1：3处理夏玉米收获后百粒重最高，其次依次为CK处理、1：1、1：4和1：0处理；CK处理和1：4处理夏玉米百粒重标准差小于其他处理；1：0处理夏玉米单穗轴重最大，其次依次为1：1、1：3、CK和1：4处理；夏玉米产量表现为CK处理>1：4处理>1：3处理>1：1处理>1：0处理，相应处理夏玉米收获后产量均较对照（CK）减产7.24%、5.43%、4.46%和3.38%。

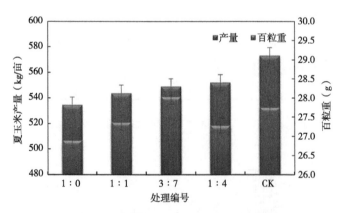

图4-21　不同清污混灌模式下夏玉米籽粒百粒重和产量对比

4.5.2　清污混灌模式下夏玉米植株体Cd累积特征

由表4-13、图4-22可知，清污混灌模式下夏玉米收获后根中Cd含量最高，其次为叶片、包衣、茎和籽粒，根、叶片、包衣、茎和籽粒Cd含量均值分别为植株累积总量的52.81%、30.70%、7.95%、7.44%和1.11%。单季微污染水灌溉夏玉米籽粒中Cd含量未超过《食品安全国家标准 食品中污染物限量》（GB 2762—2017）规定的限值。微污染水：清水为1：0、1：1、1：3、1：4处理根中Cd含量显著高于CK处理，分别为CK处理的7.67倍、3.95倍、2.93倍和2.79倍；1：0、1：1、1：3处理叶中Cd含量显著高于CK处理，分别为CK处理的2.37倍、2.00倍和1.59倍；1：0、1：1处理籽粒中Cd含量高于CK处理，分别为CK处理的2.28倍、1.66倍；1：4处理夏玉米叶片、包衣和籽粒中Cd含量与CK处理差异不明显，1：0、1：1、1：3、1：4处理茎中Cd含量与CK处理差异也不明显。

表4-13　清污混灌条件下夏玉米各器官Cd累积分布特征

处理编号	根（mg/kg）	茎（mg/kg）	叶（mg/kg）	包衣（mg/kg）	籽粒（mg/kg）
1：0	1.867 ± 0.116a	0.119 ± 0.021a	0.647 ± 0.095a	0.250 ± 0.061a	0.024 ± 0.005a
1：1	0.960 ± 0.216b	0.086 ± 0.020a	0.547 ± 0.023a	0.180 ± 0.069a	0.018 ± 0.003b
1：3	0.713 ± 0.146b	0.078 ± 0.009a	0.433 ± 0.061b	0.097 ± 0.022b	0.016 ± 0.004bc
1：4	0.680 ± 0.183b	0.092 ± 0.025a	0.333 ± 0.038bc	0.079 ± 0.018b	0.012 ± 0.002bc
CK处理	0.243 ± 0.055c	0.100 ± 0.027a	0.273 ± 0.050c	0.049 ± 0.008b	0.011 ± 0.001c

注：同列数据后不同小写字母表示差异达5%显著水平

夏玉米不同部位Cd（%）

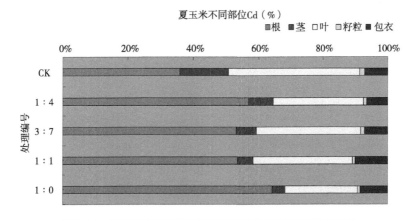

图4-22　不同清污混灌模式下夏玉米各器官Cd累积量对比

4.5.3　清污混灌模式下夏玉米田Cd富集转运特征

由表4-14可知，清污混灌模式下微污染水：清水为1：0、1：1、1：3、1：4处理夏玉米籽粒Cd累积量分别较CK处理增加112.72%、57.10%、40.60%和5.32%；1：1处理夏玉米地上部分Cd累积量较CK处理增加10.13%，而1：1、1：3

和1∶4处理地上部Cd累积量较CK处理减少了18.74%、18.63%和11.73%；1∶0、1∶1、1∶3和1∶4处理0~40cm土层Cd残留量较CK处理分别增加148.51%、74.75%、54.95%和16.34%。结果表明，冬小麦—夏玉米连作模式下灌溉含Cd微污染水后显著增加耕层土壤Cd累积量，因此，微污染水与清水应进行适宜比例稀释，以有效阻断土壤重金属向籽粒中的转移，降低作物籽粒Cd累积风险。

表4-14　不同清污混灌模式下夏玉米田Cd富集转运特征

处理编号	籽粒Cd累积量（mg/hm²）	茎叶Cd累积量（mg/hm²）	0~40cm土层Cd残留量（mg/hm²）	根/土含量比	生物富集系数	地上部净化率（%）
1∶0	195.048a	1 052.190a	2.34a	4.46a	0.62a	0.053cd
1∶1	144.049b	768.351c	1.65b	3.26b	0.71a	0.055cd
1∶3	128.922c	769.415c	1.46c	2.73c	0.61a	0.062c
1∶4	96.575d	834.680bc	1.10d	3.47b	0.66a	0.085b
CK处理	91.693d	945.589ab	0.94d	1.45d	0.64a	0.110a

注：同列数据后不同小写字母表示差异达5%显著水平

4.5.4　中轻度污灌区夏玉米田适宜清污混灌技术要点

由表4-15和图4-23、图4-24可知，作物种植前0~10cm土层土壤有效Cd含量与籽粒中Cd含量的决定系数最高，达到0.909 6，其次为30~40cm、10~20cm、20~30cm土层，决定系数分别为0.878 8、0.785 8和0.418 2；作物种植前0~10cm土层土壤总Cd含量与籽粒中Cd含量的决定系数最高，达到0.929 7，其次为10~20cm、20~3cm、30~40cm土层，其决定系数分别为0.181 9、0.018 8和0.006 2。

土壤有效Cd、总Cd含量与玉米籽粒Cd含量相关性分析结果表明，0~10cm、10~20cm、30~40cm土层土壤有效Cd阈值范围分别为3.18mg/kg、0.36mg/kg、0.36mg/kg，0~10cm土层土壤总Cd阈值范围为9.40mg/kg。依据单因子评价法，确保粮食安全前提下，土壤10~20cm土层有效Cd含量可以作为夏玉米籽粒中Cd含量评价指标，其评价模型可近似为$y=0.302\ 2x-0.007\ 4$，土壤有效Cd阈值不超过0.36mg/kg。

表4-15　典型污灌农田土壤有效Cd、总Cd含量与籽粒中Cd含量拟合曲线

土层深度（cm）	籽粒Cd/土壤有效Cd	R^2	籽粒Cd/土壤总Cd	R^2
0~10	$y=0.028\ 9x+0.008\ 1$	0.909 6	$y=0.013\ 2x+0.008\ 5$	0.971 0
10~20	$y=0.302\ 2x-0.007\ 4$	0.951 1	$y=-0.075x+0.001\ 7$	0.112 9
20~30	$y=0.191\ 2x+0.000\ 8$	0.418 2	$y=-0.019\ 6x+0.019$	0.018 8
30~40	$y=0.308x-0.008\ 2$	0.878 8	$y=-0.027\ 9x+0.020\ 3$	0.006 2

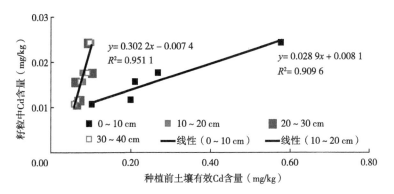

图4-23 典型污灌土壤夏玉米籽粒Cd含量与土壤有效Cd含量相关关系

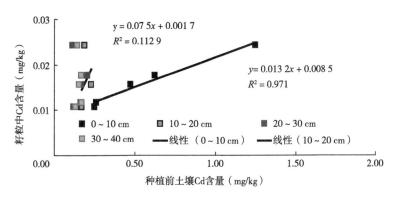

图4-24 典型污灌土壤夏玉米籽粒Cd含量与土壤总Cd含量相关关系

4.6 中轻度污灌区节水减污安全灌溉技术规程

4.6.1 中轻度污灌区冬小麦节水减污安全灌溉技术规程

根据研究结果及试验所在区域特点，制定所在区域典型中轻度污灌区冬小麦节水减污安全灌溉技术规程如下。

灌溉水选择：微污染水一般选用Cd浓度在0.01~0.03mg/L（混灌水质Cd限值为0.2mg/L），COD_{Cr}低于140~200mg/L，BOD_5低于40~80mg/L，SS低于80~150mg/L，轮灌模式选用下限值，混灌模式可选用上限值。在引用污水处理厂再生水进行灌溉时，水质应符合以上要求和《农田灌溉水质标准》的有关指标限值规定。冬小麦对水中的三氯乙醛、阿特拉津等较为敏感，含此类物质的水应避免应用。

作物品种选择：冬小麦不同品种对微污染水的抗御能力不同，采用微污染水灌溉时应选择抗污能力强，抗盐碱、抗旱、抗病虫害的作物品种。

田间水利配套设施要求：微污染水灌溉农田应采用衬砌渠道或管道输水，严禁采用土质渠道输水。采取防渗明渠与管道相结合的输水形式时，支渠以上宜采用渠道防渗衬砌处理，田间以中、低压管道输水为主，以防止污染物渗漏对地下水的污染。

微污染水灌溉制度制定：根据区域气候条件、降水情况、土壤条件、冬小麦全生育期需水规律，以及微污染水中污染物含量，制定微污染水灌溉制度，包括灌水次数和灌水定额以及灌水时期等。在冬小麦生育期可部分满足清水灌溉的地区，可实行清污混灌或轮灌，减轻对土壤环境的污染。作物灌浆期应尽量避免采用微污染水灌溉。灌水量的确定应充分考虑土壤水分和土壤质地条件，以满足作物生长且不产生深层渗漏为原则。

灌水技术的选择与田面要求：冬小麦宜采用改进地面灌（小畦灌）灌水方式，播种前应平整土地，合理确定畦田规格，防止因土地不平坑洼处积微污染水造成死苗。应避免在人口密集区采用喷灌灌水。微污染水灌溉应采取节水灌溉制度，严禁大水漫灌。

播种期田间管理：①施足底肥。应根据微污染水中含有N、P、K的水平，土壤肥料背景，以冬小麦产量预期为依据确定合理的施肥量。一般微污染水中含有丰富的N、P肥源，施底肥时应以K肥为主。②田间土地整理。深耕细整，采用机耕时，耕层深度应达25cm以上，翻耕后应及时耙糖，防止土壤水分散失。③播前灌水。为保证冬小麦出苗，在无清水情况下播前灌溉可采用微污染水灌溉，但应控制适宜的灌水量。④适时播种。适时播种冬小麦，控制播量。

苗期到越冬期田间管理：冬小麦出苗后田间管理的中心任务是在保苗的基础上，促根增蘖，使弱苗转壮、壮苗稳长，确保麦苗安全越冬，为翌年穗多、穗大打下良好的基础。①查苗补苗。小麦出苗后，适时进行田间苗情检查，缺苗严重时，应进行补种或补苗，以增加个体均匀度；降雨后容易在土壤表层产生土壤板结，因此应在地面干燥后及时松土，破除板结，以增加土壤的通透性，促进种子早萌发、早出苗。②灌越冬水。冬灌有利于平衡地温，保护麦苗安全越冬；越冬水可采取清污混灌模式，混灌适宜比例应不高于1∶4（微污染水∶清水，且灌溉水中Cd限值不高于0.2mg/L）。③苗期田间镇压。入冬后，应根据苗期长势适时镇压麦苗，特别是对于田间有裂缝的地块，以防止冬季低温期间分蘖节外露导致死苗。

春季管理：①划锄镇压。返青后根据苗情进行镇压，起到保墒和促进麦苗早发稳长的作用，对于旺苗应进行深锄断根，抑制春季分蘖。②追肥除草。在小麦返青起身后期，当平均温度稳定达到5℃左右时开始浇水，宜采用清水灌溉，少灌或不灌微污染水，以免影响小麦生长。③拔节期。当气温稳定达10℃以上时，可进行适量微污染水灌溉。④孕穗期。孕穗期因小麦生长较快，吸收能力强，此时应避免微污染水灌溉。

后期管理：①水肥管理。小麦生育后期耗水增大，需要及时灌溉，由于此时微污染水中一些污染物质对小麦发育可能产生影响，因此，应按照清污配额合理灌水；距收割期15日内严禁采用微污染水灌溉，以减少污染物在小麦籽粒中积累，影响小麦品质。②适时收获。应在成熟初期最为适宜，容易落粒的品种可适当提前收割。

做到"四看一控"：灌水时要做到"四看一控"。一看天气，根据天气状况确定灌溉时间；二看苗情和品种，一般作物幼苗期小灌，中期多灌，灌浆期小灌或不灌，成熟期前15日禁灌，各个时期不得大水漫灌；三看地，根据土壤类型和质地确定灌溉方式和灌溉量；四看水质，颜色很浓或气味很重不能灌溉；一控，严格控制微污染水灌溉量。灌溉前应对灌溉水质进行有关污染指标监测，有条件地区应对土壤及作物品质进行污染物检测，以便制定更为合理的污灌制度，保护土壤和地下水环境。

4.6.2 中轻度污灌区夏玉米节水减污安全灌溉技术规程

试验所在区域典型中轻度污灌区夏玉米节水减污安全灌溉技术规程如下。

灌溉水质选择：同冬小麦微污染水安全灌溉操作技术规程。

作物品种选择：夏玉米应选择抗污能力强，抗盐碱、抗旱、抗病虫害的优良品种。宜选用包衣种子，对于未进行包衣的种子，播种前要做好选种、晒种和药剂拌种等种子处理工作。药剂拌种可用50%多菌灵或粉锈宁可湿性粉剂，按种子量的0.2%～0.3%对适量水进行拌种，有效防治玉米瘤黑粉病、丝黑穗病、根腐病等；用50%辛硫磷乳油，按种子量的0.2%～0.3%对适量水拌种，防治地下害虫。播前晒种2d，以提高种子发芽率。

播种要求：夏玉米早播有明显的增产效果。夏玉米如果播种过深，地温降低，容易沤种；即使能够勉强出苗，也会由于种子埋得过深，种子在出土前消耗大量的养分，出土后的玉米苗根系较弱吸收营养的能力差，形成弱苗；因此，最适宜播种深度为3～5cm，在保证土壤墒情的条件下，尽量减小播深。施用抢墒播种的种肥用量一般不超过5kg/亩，化肥距离种子不小于10cm。如播种后能及时浇水，种肥用量可增加到每亩15kg左右。

田间水利配套设施要求：同冬小麦微污染水安全灌溉操作技术规程。

微污染水灌溉制度制定：同冬小麦微污染水安全灌溉操作技术规程。

灌水技术的选择与田面要求：夏玉米宜采用沟灌或改进地面灌灌水方式，播种前要平整土地，合理确定沟畦规格，灌后晒垡。微污染水灌溉应采取节水灌溉制度，严禁大水漫灌，防止微污染水对农田土壤和地下水的污染。

田间管理：①施足底肥。同冬小麦微污染水安全灌溉操作技术规程。②播前灌水。在上茬小麦麦收前因地制宜浇好麦黄水（宜用清水），为夏玉米出全苗造好底墒，或在玉米播种后适量灌水，以利出苗。③适时播种。适时播种夏玉米，控制播量；夏玉米播种宜早不宜晚，试验所在区域夏玉米适宜播种时期为6月上中旬之前；根据品种特性确定合理密度，适时定苗，夏玉米在4～5片叶时定苗。④

播后田间管理。出苗后，及时查苗补苗；及时除草，防治病虫害；在施足底肥的基础上，夏玉米小喇叭口期亩追肥，如尿素等，施肥后无雨应及时浇水以提高肥效。⑤灌水管理。夏玉米生育期正值汛期，需水与降水同步，可减少灌溉水量；遇干旱年份，要及时浇水，争取穗大、粒多、千粒重高；夏玉米适宜微污染水灌溉时期为拔节抽雄期，灌浆期不宜采取微污染水灌溉；灌水量应根据土壤水分情况和夏玉米受旱程度以及土壤质地确定，如沙性土壤灌水量可多于黏性土壤、较肥沃的土壤少灌、纯污灌区则应少灌。⑥适时收获。夏玉米正常成熟标准是叶片青绿，雌穗苞叶松散发黄，抠下籽粒出现黑层即可收获。

做到"四看一控"：同冬小麦污水安全灌溉操作技术规程。

4.6.3 中轻度污灌区冬小麦—夏玉米周年适宜清污轮灌技术模式

通过不同清污轮灌模式下耕层土壤有效Cd、全Cd残留量、冬小麦籽粒中Cd含量分析表明，WTT轮灌模式能够有效阻断农田土壤重金属Cd向植株各器官中的转运、降低重金属Cd在籽粒中的累积，并可提高作物产量及籽粒丰满度。

典型污灌农田冬小麦—夏玉米各器官中Cd的累积控制指标、冬小麦—夏玉米轮作系统关键控制指标选择及典型污灌农田灌溉制度制定详见表4-16、表4-17和表4-18。

表4-16 清污轮灌条件下冬小麦—夏玉米各器官中Cd的累积控制指标

控制指标	根（mg/kg）	茎（mg/kg）	叶（mg/kg）	包衣（mg/kg）	籽粒（mg/kg）	地上部净化率（%）
冬小麦	<2.35	<0.25	<0.74	—	<0.1	—
夏玉米	<23.27	<1.35	<8.51	<6.33	<0.1	<0.4

表4-17 典型污灌农田冬小麦—夏玉米轮作系统关键控制指标选择

关键控制指标	土壤全Cd背景值（mg/kg）	土壤有效Cd背景值（mg/kg）	pH值	灌溉水中Cd含量（mg/L）	全盐量（mg/kg）
土壤限值	<2.40	<1.2	7.5~9.5	—	≤1 000
微污染水限值	—	—	5.5~8.5	≤0.502	≤2 500
《农田灌溉水质标准》（GB 5084—2005）	—	—	5.5~8.5	≤0.501	≤1 500
《食用农产品产地环境质量评价标准》（HJ 332—2006）	0.6	—	7.5~9.5	—	≤1 000

表4-18 典型污灌农田冬小麦—夏玉米轮作系统清污轮灌灌溉制度设计

生育阶段	出苗期	返青期	拔节前期	孕穗期	灌浆期
灌水水质	微污染水	微污染水	清水	清水	清水
灌水定额（m³/hm²）25%水平年	—	750～900	750～900	—	—
灌水定额（m³/hm²）50%水平年	900～1 050	800～900	800～900	800～900	—
灌水定额（m³/hm²）75%水平年	1 000～1 200	950～1 050	950～1 050	950～1 050	950～1 050

4.6.4 中轻度污灌区冬小麦—夏玉米周年适宜清污混灌技术模式

通过不同清污混灌模式对耕层土壤有效Cd、全Cd残留量、冬小麦籽粒中Cd含量分析表明，微污染水：清水为1:4混灌模式能够显著降低Cd在冬小麦、夏玉米籽粒中的累积，降低土壤重金属污染风险，同时，显著提高冬小麦、夏玉米籽粒均匀度及产量，确保中轻度Cd污染农田冬小麦、夏玉米籽粒安全。

典型污灌农田冬小麦—夏玉米各部位Cd累积控制指标、冬小麦—夏玉米轮作系统关键控制指标选择及典型污灌农田清污混灌灌溉制度制定详见表4-19、表4-20和表4-21。

表4-19 清污混灌条件下冬小麦—夏玉米各部位Cd累积控制指标

控制指标	根（mg/kg）	茎（mg/kg）	叶（mg/kg）	包衣（mg/kg）	籽粒（mg/kg）	地上部净化率（%）
冬小麦	<2.35	<0.25	<0.74	—	<0.1	—
夏玉米	<11.27	<1.23	<6.84	<3.74	<0.1	<0.37

表4-20 典型污灌农田冬小麦—夏玉米轮作系统关键控制指标

关键控制指标	土壤全Cd背景值（mg/kg）	土壤有效Cd背景值（mg/kg）	pH值	灌溉水中Cd含量（mg/L）	全盐量（mg/kg）
土壤限值	<1.20	<0.36	7.5～9.5	—	≤1 000
微污染水限值	—	—	5.5～8.5	≤0.516	≤6 500

（续表）

关键控制指标	土壤全Cd背景值（mg/kg）	土壤有效Cd背景值（mg/kg）	pH值	灌溉水中Cd含量（mg/L）	全盐量（mg/kg）
《农田灌溉水质标准》（GB 5084—2005）	—	—	5.5～8.5	≤0.501	≤1 500
《食用农产品产地环境质量评价标准》（HJ 332—2006）	0.6	—	7.5～9.5	—	≤1 000

表4-21　典型污灌农田冬小麦适宜清污混灌灌溉制度设计

生育阶段	出苗期	返青期	拔节前期	抽穗期	灌浆期
灌水水质（微污染水：清水）	1：4	1：4	1：4	1：4	1：4
灌水定额（m³/hm²）25%水平年		750～900	750～900		
灌水定额（m³/hm²）50%水平年	900～1 050	800～900	800～900	800～900	
灌水定额（m³/hm²）75%水平年	1 000～1 200	950～1 050	950～1 050	950～1 050	950～1 050

5 低吸收作物与钝化剂/阻抗剂集成修复Cd污染土壤技术模式

5.1 低吸收Cd作物品种筛选

低累积重金属作物品种筛选是构建低吸收作物与钝化剂/阻抗剂集成修复重金属污染土壤技术模式的关键。已有研究表明，不同作物及同一作物的不同品种或品系，对重金属的吸收和积累均可能存在较大差异。国内外对重金属低积累粮食作物品种的筛选已有较多的报道，但主要为水稻品种的筛选研究。蒋彬等（2002）研究表明，常规稻品种对Cd、Pb和As的累积量存在极显著的基因型差异，并筛选出了一系列低积累重金属的水稻品种。目前，有关小麦和玉米重金属低积累品种的筛选还鲜有报道，本试验研究重点筛选适于试验所在区域土壤及土壤污染水平的低吸收Cd作物及典型蔬菜品种。

5.1.1 低吸收Cd作物品种筛选

5.1.1.1 试验设计

试验在河南省北部海河流域卫河下游某典型污灌区（历史上由于采用Ni-Cd电池生产废水长期灌溉，导致土壤Cd含量一定程度上超标）进行。分别选择不同Cd污染水平的土壤，重点开展低吸收Cd作物冬小麦和夏玉米品种筛选试验。供试土壤0~20cm土层Cd平均含量为样地1：4.5mg/kg土、样地2：32.0mg/kg土，土壤其他层次Cd含量如表5-1所示。试验小区规格为长10m、宽3m；每个供试品种田间试验小区均设3次重复；小区中间设保护行。试验期间各小区灌溉、施肥及其他农艺措施保持一致。

表5-1 供试土壤Cd含量

土层（cm）	不同土层Cd平均含量（mg/kg土）						
	0~20	20~30	30~40	40~50	50~60	60~70	70~80
样地1	4.50	0.416	0.387 2	0.298 2	0.313	0.36	0.29
样地2	32.0	12.626	5.312	1.011	0.632	0.521	0.505

　　供试冬小麦品种收集自我国冬小麦主产区河南、河北、安徽、山东和山西等省，均为当前大面积推广应用的冬小麦品种，共计77个，如表5-2所示。夏玉米供试品种为黄淮海平原主推的夏玉米品种（品系），共计51个。品种名称及来源如表5-3所示。冬小麦低吸收Cd品种筛选试验于样地1（土壤Cd含量4.5mg/kg）进行；夏玉米低吸收Cd品种筛选试验分别于样地1（土壤Cd含量4.5mg/kg）和样地2（土壤Cd含量32mg/kg）进行。试验过程中将冬小麦和夏玉米品种分别编号加以区分。作物成熟后分区取样测定作物籽粒产量及Cd含量。

表5-2　低吸收Cd冬小麦品种筛选试验供试品种及来源

序号	冬小麦品种	品种来源	序号	冬小麦品种	品种来源
1	济麦22	郑州种子交易中心	22	临丰3号	山西省农业科学院小麦研究所
2	西农979	郑州种子交易中心	23	金禾9123	山西省农业科学院小麦研究所
3	周麦22	郑州种子交易中心	24	石家庄8号	山西省农业科学院小麦研究所
4	衡观35	郑州种子交易中心	25	邯6172	河北省邯郸市农业科学院
5	百农矮抗58	郑州种子交易中心	26	石麦15号	河北省邯郸市农业科学院
6	矮丰1号	郑州种子交易中心	27	科农199	河北省邯郸市农业科学院
7	矮抗先锋	郑州种子交易中心	28	石新828	河北省邯郸市农业科学院
8	冀麦5265	郑州种子交易中心	29	邢麦6号	河北省邯郸市农业科学院
9	邢麦6号	郑州种子交易中心	30	济麦22	山东省聊城市种子公司
10	豫麦69号	郑州种子交易中心	31	山农17	山东省聊城市种子公司
11	汝麦0319	郑州种子交易中心	32	山农21	山东省聊城市种子公司
12	豫麦49	郑州种子交易中心	33	泰农18	山东省聊城市种子公司
13	豫麦58号	郑州种子交易中心	34	石麦19	山东省聊城市种子公司
14	郑麦366	河南省农业科学院小麦研究所	35	鲁原502	山东省聊城市种子公司
15	郑麦9023	河南省农业科学院小麦研究所	36	新麦19	新乡市农业科学院小麦研究所
16	太空六号	河南省农业科学院小麦研究所	37	新麦21	新乡市农业科学院小麦研究所
17	花培5号	河南省农业科学院小麦研究所	38	新麦26	新乡市农业科学院小麦研究所
18	偃展4110	河南省农业科学院小麦研究所	39	新麦208	新乡市农业科学院小麦研究所
19	郑麦7698	河南省农业科学院小麦研究所	40	新麦9817	新乡市农业科学院小麦研究所
20	温麦18	河南省农业科学院小麦研究所	41	周麦18	驻马店市农业科学院
21	晋麦79	山西省农业科学院小麦研究所	42	周麦26	驻马店市农业科学院

（续表）

序号	冬小麦品种	品种来源	序号	冬小麦品种	品种来源
43	郑麦379	驻马店市农业科学院	61	郑丰2062	河南科技学院
44	郑麦7698	驻马店市农业科学院	62	陕农981	河南科技学院
45	中麦895	驻马店市农业科学院	63	陕139	河南科技学院
46	中麦9398	驻马店市农业科学院	64	蒿优9415	河南科技学院
47	许麦718	驻马店市农业科学院	65	山农12	河南科技学院
48	漯麦3429	驻马店市农业科学院	66	瑞星969	河南科技学院
49	浚麦K8	驻马店市农业科学院	67	西农889	河南科技学院
50	华成3366	驻马店市农业科学院	68	内乡201	河南科技学院
51	焦麦266	驻马店市农业科学院	69	丰抗198	河南科技学院
52	平安8号	驻马店市农业科学院	70	贵农775	河南科技学院
53	D4-58-3	驻马店市农业科学院	71	徐农038	河南科技学院
54	金禾9123	驻马店市农业科学院	72	百农160	河南科技学院
55	偃展4110	驻马店市农业科学院	73	洛优9909	河南科技学院
56	尧麦16号	山西省农业科学院小麦研究所	74	抗白781	河南科技学院
57	临汾8050	山西省农业科学院小麦研究所	75	兰考906	河南科技学院
58	晋麦83号	山西省农业科学院小麦研究所	76	泛麦5号	河南科技学院
59	临Y7287	山西省农业科学院小麦研究所	77	开麦79	河南科技学院
60	郑麦0633	河南科技学院			

表5-3 低吸收Cd夏玉米品种（品系）筛选试验供试品种及来源

序号	夏玉米品种	品种来源	序号	夏玉米品种	品种来源
1	中粮909	新乡市农业科学院	8	豫单2002	新乡市农业科学院
2	中科4号	新乡市农业科学院	9	郑单528	新乡市农业科学院
3	中农8号	新乡市农业科学院	10	郑单958	新乡市农业科学院
4	中科11号	新乡市农业科学院	11	郑黄糯2号	新乡市农业科学院
5	豫单916	新乡市农业科学院	12	滑玉12	新乡市农业科学院
6	豫单919	新乡市农业科学院	13	滑玉12	新乡市农业科学院
7	豫单988	新乡市农业科学院	14	漯单9号	新乡市农业科学院

（续表）

序号	夏玉米品种	品种来源	序号	夏玉米品种	品种来源
15	开玉15	新乡市农业科学院	34	雅玉12	驻马店市农业科学院
16	宛玉868	新乡市农业科学院	35	富友16	驻马店市农业科学院
17	周单8号	新乡市农业科学院	36	俊达001	驻马店市农业科学院
18	鹰单6号	新乡市农业科学院	37	巡天16	驻马店市农业科学院
19	登海605	新乡市农业科学院	38	鑫丰9号	驻马店市农业科学院
20	济研118	新乡市农业科学院	39	秀青77-9	驻马店市农业科学院
21	鲁单999	新乡市农业科学院	40	吉祥1号	驻马店市农业科学院
22	泰玉7号	新乡市农业科学院	41	榆玉4号	驻马店市农业科学院
23	德单5号	新乡市农业科学院	42	先行3号	驻马店市农业科学院
24	北青201	新乡市农业科学院	43	伟玉5号	驻马店市农业科学院
25	北青201	新乡市农业科学院	44	创玉198	驻马店市农业科学院
26	丹福6号	新乡市农业科学院	45	同舟201	驻马店市农业科学院
27	金海604	驻马店市农业科学院	46	成玉888	驻马店市农业科学院
28	弘单897	驻马店市农业科学院	47	群英8号	驻马店市农业科学院
29	东单14	驻马店市农业科学院	48	金赛06-9	驻马店市农业科学院
30	华鸿898	驻马店市农业科学院	49	蠡玉18	驻马店市农业科学院
31	阳98	驻马店市农业科学院	50	金研568	驻马店市农业科学院
32	喜玉9号	驻马店市农业科学院	51	先单158	驻马店市农业科学院
33	喜玉18	驻马店市农业科学院			

5.1.1.2 筛选结果

各供试冬小麦品种收获后籽粒Cd含量介于0.611～0.033mg/kg，最高含量与最低含量相差近19倍，含量差异显著。根据《食品安全国家标准 食品中污染物限量》（GB 2762—2017），谷物Cd含量应不超过0.1mg/kg。土壤Cd含量4.5mg/kg条件下，供试冬小麦品种绝大多数籽粒Cd含量超标，仅有4个品种小麦籽粒Cd含量符合GB 2762—2017规定。

由图5-1可知，表层土Cd污染水平为4.5mg/kg土壤种植的各夏玉米品种，收获后玉米籽粒Cd含量均低于《食品安全国家标准 食品中污染物限量》（GB 2762—2017）规定限值（0.1mg/kg）；但在表层土Cd污染水平32.0mg/kg土壤种植的夏玉米品种，收获后玉米籽粒Cd含量大部分超过标准限值，仅有16个玉米品种（品系）籽粒Cd含量符合GB 2762—2017规定。

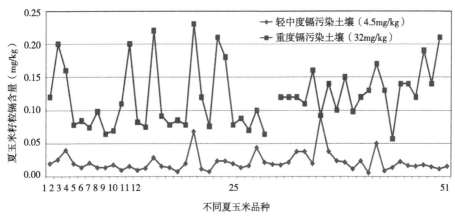

图5-1 不同Cd污染水平土壤夏玉米籽粒Cd累积量对比

5.1.2 低吸收Cd蔬菜品种筛选

5.1.2.1 试验设计

采取水培试验方式，以含Cd溶液为试验材料，筛选低吸收Cd青菜品种。供试青菜品种为绿优1号、黄心乌、上海青、矮抗青、青菜杂交一代、四月慢和五月慢。青菜种子先行采用0.1% HgCl$_2$溶液消毒，然后经去离子水反复冲洗后放至25℃恒温人工气候室催芽，出苗后移至放有营养液的盆中培养，每盆移栽3株大小一致的青菜。青菜生长期间每隔2~3d更换营养液，营养液pH值控制在6.0左右。

青菜幼苗移栽1个月后将水培营养液替换为含Cd溶液。溶液Cd^{2+}浓度为5mg/L，由去离子水和CdCl$_2$配制；以各青菜品种不含Cd的营养液种植培养为对照。各处理均设3次重复。

采用含Cd溶液试验处理1周后收获青菜可食部分，测定其生物量及Cd含量。测定方法为：将青菜地上部分采用去离子水冲洗、沥干；于烘箱中105℃杀青20min，然后70℃烘干至恒重，测定其生物量；取烘干后青菜植株样品消煮，采用火焰原子吸收分光光度计法测定其Cd含量。

5.1.2.2 筛选结果

由表5-4可知，含Cd溶液培养种植的不同青菜品种地上部分干物质量均显著小于其相应对照处理，说明Cd胁迫对青菜幼苗生长具有明显的抑制作用；7个供试青菜品种相对生物量为23.78%~47.05%，其中含Cd溶液培养种植的绿优1号品种地上部分生物量仅为其对照的23.78%；含Cd溶液培养种植的矮抗青品种地上部分生物量虽达到其对照处理的47%左右，但其对Cd仍表现为一定的吸收累积；含Cd溶液培养种植的四月慢、五月慢、上海青3个青菜品种地上部分干物质量与绿优1

号、黄心乌、矮抗青品种处理间差异达显著水平；供试品种含Cd溶液培养种植处理青菜地上部分生物量较其对照处理减少程度为，矮抗青<五月慢<四月慢<上海青<黄心乌<青菜杂交一代<绿优1号。

表5-4　不同处理青菜品种地上部Cd含量及生物量对比

青菜品种	Cd溶液处理青菜地上部分Cd含量（mg/kg）	不同处理青菜地上部分干重（g/株）		相对生物量（%）
		CK	Cd溶液培养	
绿优1号	183a ± 1.96	0.32a ± 0.016	0.076b ± 0.017	23.78
黄心乌	174b ± 2.01	0.29a ± 0.018	0.083b ± 0.019	28.68
上海青	136c ± 2.08	0.35a ± 0.014	0.12a ± 0.020	35.07
矮抗青	132c ± 2.11	0.16c ± 0.019	0.075b ± 0.012	47.05
青菜杂交一代	104d ± 2.01	0.31a ± 0.021	0.086ab ± 0.018	27.62
四月慢	96de ± 1.12	0.29a ± 0.024	0.11a ± 0.022	39.16
五月慢	86e ± 1.89	0.22b ± 0.018	0.10a ± 0.017	46.02

注：同列数据后不同小写字母表示差异达5%显著水平；相对生物量=Cd溶液处理青菜生物量/对照处理青菜生物量

含Cd 5mg/L溶液处理的各青菜品种地上部分Cd含量有较大差异，各青菜品种收获后植株体Cd含量表现为五月慢<四月慢<青菜杂交一代<矮抗青<上海青<黄心乌<绿优1号，其中绿优1号、黄心乌品种地上部分Cd含量较高，且均超过含量最低的五月慢青菜品种地上部分Cd含量的2倍。尽管试验条件下含Cd溶液培养种植的五月慢、四月慢青菜品种地上部分Cd含量相对最低，但也远远超过《食品安全国家标准 食品中污染物限量》（GB 2762—2017）中叶菜蔬菜的限值（0.2mg/kg）规定，其原因可能为水培条件下对Cd没有缓冲能力，导致青菜对Cd吸收累积量增加所致。

5.2　土壤Cd钝化剂筛选试验研究

土壤钝化是污染土壤修复治理的方向之一。重金属污染土壤钝化阻隔技术是指向重金属污染土壤中添加一种或多种钝化材料，通过改变土壤中重金属的形态降低重金属活性，从而减少种植植物对重金属的吸收，以达到使污染土壤安全利用的目的。钝化材料包括无机钝化剂、有机钝化剂、微生物及复合钝化剂等，常用的无机钝化剂主要有含磷材料、钙硅材料、黏土矿物及金属氧化物等，目前，新型钝化剂如生物质炭和纳米材料的研发日益成为该领域的研究热点。

5.2.1 试验设计

分别选取对重金属Cd具有一定钝化效果的赤泥、海泡石、过磷酸钙、钙镁磷肥和生物质炭，进行Cd钝化剂筛选试验研究。上述供试材料分别购自中国长城铝业集团、湖南海泡石厂、云南三环中化嘉吉化肥有限公司、云南凤鸣磷肥厂和河南省商丘市三利新能源有限公司。供试钝化材料的基本性质见表5-5。试验于河南省北部某典型Cd污染农田进行。供试土壤表层0~20cm Cd平均含量为2.06mg/kg，土壤质地为碱性沙壤土，pH值为8.03，N、P、有机质含量分别为0.71g/kg、0.87g/kg和14.9g/kg。

试验设钝化材料施用量为两个水平，分别为低量和高量，各供试钝化材料施用量分别为：赤泥，低量11 250kg/hm²、高量22 500kg/hm²；海泡石，低量9 000kg/hm²、高量13 500kg/hm²；过磷酸钙，低量450kg/hm²、高量900kg/hm²；钙镁磷肥，低量450kg/hm²、高量900kg/hm²；生物质炭，低量18 000kg/hm²、高量36 000kg/hm²；以不施用任何钝化材料为对照。田间试验小区采取随机区组设计，每个试验处理设3次重复；试验小区面积2m²，小区之间设间隔0.5m的保护行。

供试作物及品种为低吸收Cd夏玉米品种丹福6号。供试钝化材料于作物种植前先行撒施于土壤表面，然后翻耕。施肥量为N 180kg/hm²、P 90kg/hm²、K 90kg/hm²，磷肥、钾肥和50%的氮肥在整地时作为底肥施入，剩余的50%氮肥在夏玉米大喇叭口期追施。夏玉米成熟后采集根际土壤样品和玉米植株样品，并测定各样品Cd含量。

表5-5　供试钝化材料典型重金属含量

钝化材料	典型重金属含量（mg/kg）				
	Cu	Zn	Pb	Ni	Cd
赤泥	30.99	91.07	119.32	4.50	未检出
海泡石	2.75	2.69	未检出	3.35	未检出
过磷酸钙	未检出	未检出	未检出	未检出	未检出
钙镁磷肥	未检出	未检出	未检出	未检出	未检出
生物质炭	26.51	42.50	9.25	未检出	未检出

5.2.2 不同钝化材料对夏玉米生物量及籽粒产量的影响

由表5-6可知，不同钝化材料和不同施加量均对玉米根、茎叶干物质量和籽粒产量的影响差异达0.1%显著水平，钝化材料和施加量的交互作用对玉米茎叶干物质量和籽粒产量的影响差异也达到0.1%显著水平。与对照相比，施加钝化材料均显著增加了玉米各部位干物质量，根、茎叶和籽粒干物质量的增幅分别为9.6%~23.5%、7.0%~29.0%和1.1%~6.2%，其中高量施加钙镁磷肥处理玉米各部位生物量增幅最大，低量施加海泡石处理玉米各部位生物量增幅最小。相同钝化材料，高量施加水平处理玉米各部位干物质量较低量施加水平处理均不同程度增加。

表5-6　不同钝化材料对夏玉米生物量及籽粒产量的影响

处理	施用水平	生物量及籽粒产量（g/株）		
		根	茎叶	籽粒
对照	无	13.40f	42.20h	38.60d
赤泥	低量	15.61c	50.70c	40.22b
	高量	16.15ab	52.33b	40.35b
海泡石	低量	14.68e	45.17g	39.01c
	高量	15.02de	46.98f	40.16b
过磷酸钙	低量	15.04de	48.05e	40.21b
	高量	15.77bc	48.36e	40.27b
钙镁磷肥	低量	16.2ab	49.81d	40.75a
	高量	16.55a	54.45a	41.00a
生物质炭	低量	14.97de	46.44f	40.18b
	高量	15.32cd	46.67f	40.14b
ANOVA结果				
钝化材料		<0.001	<0.001	<0.001
施用量		<0.001	<0.001	<0.001
钝化材料×施用量		0.645	<0.001	<0.001

注：同列数据后不同小写字母表示差异达5%显著水平

5.2.3　不同钝化材料对夏玉米田土壤Cd含量的影响

由表5-7可知，钝化材料种类、施加量对玉米根际土壤有效态Cd含量的影响差异均达到0.1%显著水平。较对照相比，钝化材料低量、高量施加水平处理均显著降低了根际土壤有效态Cd含量，降幅达5.1%～20.5%，其中降幅最大的为高量施加赤泥处理，其次为高量施加海泡石处理，降幅达17.9%，降幅最小的为低量施加过磷酸钙处理。同一钝化材料不同施加量对比表明，高量施加钝化材料处理根际土壤有效态Cd含量均较低量施加水平减小，其中施加赤泥处理差异最为明显，减小幅度为7.46%；其次为施加过磷酸钙处理，减幅为6.76%；减幅最小的为施加生物质炭处理，仅为1.39%。

表5-7 不同钝化材料对根际土Cd含量的影响

处理	施用水平	根际土Cd含量（mg/kg）
对照	无	0.78a
赤泥	低量	0.67de
	高量	0.62f
海泡石	低量	0.68cde
	高量	0.64ef
过磷酸钙	低量	0.74ab
	高量	0.69cd
钙镁磷肥	低量	0.71bcd
	高量	0.68cde
生物质炭	低量	0.72bc
	高量	0.7bcd
ANOVA结果		
钝化剂		<0.001
施用量		0.001
钝化剂×施用量		0.614

注：同列数据后不同小写字母表示差异达5%显著水平

5.2.4 不同钝化材料对夏玉米植株Cd含量的影响

由表5-8可知，钝化材料种类、施加量均对玉米根、茎叶、籽粒Cd含量的影响差异达0.1%显著水平，钝化材料和施加量的交互作用对玉米根系Cd含量的影响差异达极显著水平（$P=0.003$）。与对照不施加钝化材料处理相比，钝化材料低量和高量施加处理均显著降低了玉米根、茎叶和籽粒Cd含量，降幅分别达

10.8%～26.3%、9.0%～34.8%和15.7%～37.1%，其中高量施加海泡石处理和高量施加赤泥处理，玉米籽粒Cd含量减小幅度最大，均由对照的0.07mg/kg降低到0.044mg/kg。同一钝化材料不同施加量对比表明，高量施加钝化材料处理玉米籽粒Cd含量均较低量施加水平减小，其中施加生物质炭处理差异最为明显，减小幅度为10.71%；其次为施加过磷酸钙处理，减幅为10.17%；减幅最小的为施加赤泥处理，仅为2.22%。

表5-8 不同钝化材料对夏玉米植株不同器官和籽粒Cd含量的影响

处理	施用水平	不同器官Cd含量（mg/kg）		
		根	茎叶	籽粒
对照	无	13.37a	4.20a	0.070a
赤泥	低量	10.24e	2.96f	0.045g
	高量	9.34g	2.74g	0.044g
海泡石	低量	10.13	3.19e	0.047efg
	高量	9.86f	3.08ef	0.044g
过磷酸钙	低量	11.92b	3.80b	0.059b
	高量	11.45c	3.73bc	0.053cd
钙镁磷肥	低量	10.85d	3.68bc	0.051de
	高量	10.08e	3.41d	0.046fg
生物质炭	低量	10.67d	3.82b	0.056bc
	高量	10.11e	3.56cd	0.050def
ANOVA结果				
钝化剂		<0.001	<0.001	<0.001
施用量		<0.001	<0.001	<0.001
钝化剂×施用量		0.003	0.378	0.356

注：同列数据后不同小写字母表示差异达5%显著水平

由不同钝化材料及其不同施加量对玉米植株体Cd吸收累积量和根际土壤Cd残留量的对比分析表明，针对试验条件下的Cd污染水平土壤，高量施加赤泥处理和高量施加海泡石处理均可显著降低土壤有效态Cd含量，同时显著降低玉米籽粒Cd吸收累积量，因此，可作为轻度Cd污染土壤的钝化修复材料。

5.3　低吸收Cd作物与赤泥集成修复污染土壤效果

在低吸收Cd作物和钝化Cd材料筛选基础上，开展Cd污染农田低吸收作物种植条件下不同钝化材料对作物籽粒吸收累积Cd的大田验证试验，为提出该污染水平土壤低吸收Cd作物与钝化材料集成修复Cd污染的"边生产、边修复"技术模式提供科学依据。

5.3.1　试验设计

试验同样于河南省北部海河流域某典型Cd污染农田进行，供试土壤表层$0 \sim 20cm$ Cd平均含量为2.06mg/kg，土壤质地为碱性沙壤土，pH值为8.03，N、P和有机质含量分别为0.71g/kg、0.87g/kg和14.9g/kg。供试作物为冬小麦，选取对重金属Cd累积有显著差异的6个品种，分别标记为KN、JM1、JM2、JM3、JM4和XN。冬小麦播量为150kg/hm²，小麦行间距20cm。田间试验小区采取随机区组设计，每个处理设3次重复；试验小区面积20m²。

钝化剂选用对Cd具有较好钝化效果的赤泥，由中国长城铝业集团提供。其中含Cu 30.99mg/kg、Zn 91.07mg/kg、Pb 119.32mg/kg、Ni 4.50mg/kg，未检测出Cd；赤泥施加量分别为11 250kg/hm²和22 500kg/hm²，以不施加赤泥为对照，分别标记为赤泥-1、赤泥-2、赤泥-0。钝化剂在整地前直接撒施于土壤表面，然后翻耕。施肥量为N 180kg/hm²、P 90kg/hm²、K 90kg/hm²，磷肥、钾肥和50%的氮肥在整地时作为底肥施入，剩余的50%氮肥在冬小麦返青拔节期追施。冬小麦成熟后采集根际土壤样品和小麦植株样品，并测定各样品Cd含量。

5.3.2　低吸收Cd冬小麦与赤泥集成修复效果

由表5-9可知，不同赤泥施加量和小麦品种对冬小麦有效穗数的影响差异达极显著水平，其两者的交互作用对有效穗数的影响差异也达到极显著水平（$P=0.002$）；施加赤泥对KN、JM1和JM2处理冬小麦有效穗数影响差异不显著，但显著增加了XN、JM3和JM4处理冬小麦的有效穗数；赤泥高量施加水平处理分别较各自不施加赤泥处理冬小麦有效穗数增加1.0%、1.0%和4.0%。赤泥用量对冬小麦穗粒数影响不明显。赤泥施加量和冬小麦品种对冬小麦千粒重和产量的影响差异均达到极显著水平，但二者交互作用对千粒重和产量的影响差异则不显著；高量施加赤泥处理对冬小麦产量的影响大于低量处理，均显著增加JM1、JM2、XN、JM3和JM4的产量，分别较各自不施加赤泥处理增加1.0%、1.6%、1.9%、1.1%和2.3%。

表5-9 赤泥对不同品种冬小麦生长及产量的影响

小麦品种	赤泥用量	有效穗数（10^4/hm²）	穗粒数（个）	千粒重（g）	产量（kg/hm²）
KN	赤泥-0	611.97ef	34.97ab	39.63ij	7 043.8g
	赤泥-1	612.20ef	35.03ab	40.13hij	7 046.4g
	赤泥-2	613.80e	35.23ab	40.90fgh	7 051.7g
JM1	赤泥-0	627.80cd	34.81b	39.57ij	7 261.6e
	赤泥-1	630.03cd	35.20ab	41.07fgh	7 330.5d
	赤泥-2	632.90bcd	35.13ab	41.10fgh	7 334.4d
JM2	赤泥-0	636.10ab	35.87ab	41.6efg	7 337.3d
	赤泥-1	639.53a	35.73ab	41.6efg	7 393.6cd
	赤泥-2	640.77a	35.57ab	41.93ef	7 452.3c
JM3	赤泥-0	627.33d	34.93b	44.03bc	7 991.8b
	赤泥-1	628.97cd	35.47ab	44.67ab	8 050.0ab
	赤泥-2	633.57bc	35.50ab	45.70a	8 078.5a
JM4	赤泥-0	543.33i	32.17c	39.00j	5 568.6i
	赤泥-1	556.33h	32.50c	40.63ghi	5 616.2i
	赤泥-2	564.87g	32.17c	41.17fgh	5 697.4h
XN	赤泥-0	607.77f	35.30ab	42.03def	7 041.6g
	赤泥-1	612.90ef	35.77ab	41.40de	7 144.6f
	赤泥-2	613.87e	35.97a	43.13cd	7 172.3f
ANOVA结果					
赤泥用量		0.000	0.237	0.000	0.000
小麦品种		0.000	0.000	0.000	0.000
赤泥用量×小麦品种		0.002	0.911	0.365	0.231

注：同列数据后不同小写字母表示差异达5%显著水平

由表5-10可知，不同赤泥施加量和冬小麦品种对冬小麦根、茎叶、籽粒中Cd含量的影响差异均达到极显著水平，且两者交互作用的影响差异也达到显著水平。冬小麦根、茎叶、籽粒Cd含量以冬小麦品种KN最高，其次为JM1和JM2，含量最低的为JM3。高量施加赤泥处理对降低冬小麦各部位Cd含量的效果优于低量处理，显著降低了冬小麦品种KN、JM1、JM2、XN和JM4籽粒Cd含量，分别降低了19.6%、21.4%、21.1%、31.8%和25.0%。高量施加赤泥处理不仅显著降低了冬小麦品种JM3、JM4根和茎叶中Cd含量，而且籽粒中Cd含量未超出《食品安全国

家标准 食品中污染物限量》（GB 2762—2017）的限值规定。

表5-10　赤泥对不同品种冬小麦Cd吸收累积的影响

小麦品种	赤泥用量	根（mg/kg）	茎叶（mg/kg）	籽粒（mg/kg）
KN	赤泥-0	2.95a	0.85a	0.46a
	赤泥-1	2.78b	0.74c	0.41b
	赤泥-2	2.56cd	0.67d	0.37c
JM1	赤泥-0	2.77b	0.80b	0.42b
	赤泥-1	2.63c	0.72c	0.38c
	赤泥-2	2.54d	0.66d	0.33d
JM2	赤泥-0	1.5ef	0.48e	0.19f
	赤泥-1	1.43fg	0.42fg	0.16gh
	赤泥-2	1.35h	0.36hi	0.15hi
JM3	赤泥-0	0.88jk	0.23lm	0.09kl
	赤泥-1	0.78lm	0.19mn	0.09kl
	赤泥-2	0.67n	0.17n	0.07l
JM4	赤泥-0	0.96j	0.36hi	0.12ij
	赤泥-1	0.81kl	0.31jk	0.11jk
	赤泥-2	0.72mn	0.27kl	0.09kl
XN	赤泥-0	1.52e	0.45ef	0.22e
	赤泥-1	1.37gh	0.39gh	0.18fg
	赤泥-2	1.22i	0.33ij	0.15h
ANOVA结果				
赤泥用量		0.000	0.000	0.000
小麦品种		0.000	0.000	0.000
赤泥用量×小麦品种		0.023	0.035	0.003

注：同列数据后不同小写字母表示差异达5%显著水平

5.4　低吸收Cd青菜与生物炭、沼液集成修复污染土壤效果

沼肥作为有机肥料，不仅可改善土壤结构，使作物增产保质，而且沼肥中有机物质的官能团对重金属等离子的吸附能力也远远超过其他矿质胶体，其强力吸

附特性以及腐殖质分解形成的腐殖酸可与土壤中的重金属离子形成络合物，从而降低植物对重金属的吸收累积。生物炭表面富含羧基、酚羟基、羰基、醌基等官能团，具有的比表面积大、孔隙率高和离子交换能力强的特点，可吸附重金属及有机污染物等。沼液和生物炭均可作为Cd钝化材料用于污染土壤的修复治理。

在低吸收Cd青菜品种筛选基础上，开展对不同Cd污染水平土壤种植青菜中Cd吸收累积对比试验研究，为提出适于不同Cd污染水平土壤青菜安全健康生长的钝化材料施加量，以及构建Cd污染土壤"边生产、边修复"的青菜与沼液、生物炭集成修复技术模式提供科学依据。

5.4.1 试验设计

试验于中国农业科学院河南新乡农业水土环境野外科学观测试验站进行。供试土壤原土取自试验站耕地表层土壤，土壤基本理化性质如表5-11所示。试验用生物炭购自河南商丘三利新能源有限公司，生物质炭采用连续竖式生物质炭化炉生产，炭化温度350～500℃；生物质炭原料为花生壳，pH值为9.12，总有机碳（TOC）含量461.78g/kg，TN含量6.8g/kg，容重0.39g/cm³，Cd未检出。试验用沼液取自河南省新乡市某牧业有限公司猪场养殖废水处理池，猪场养殖废水采用微生物厌氧发酵处理工艺，沼液pH值为6.25，TN含量650～850mg/L，TP含量3.25～5.39mg/L。

表5-11　供试土壤基本理化性质

土层（cm）	pH值	容重（g/cm³）	总孔隙度（%）	质地/（g/kg）			全氮（g/kg）	全磷（g/kg）	有机质（%）
				黏粒	粉沙粒	沙粒			
0～20	8.63	1.39	55.77	157.77	478.97	358.87	0.89	0.76	0.96

试验采取盆栽试验方式。供试土壤Cd含量设置5个梯度水平，分别为A 0.5mg/kg土、B 1mg/kg土、C 2mg/kg土、D 5mg/kg土和E 10mg/kg土，以不添加重金属Cd为对照（CK）。所有处理均设3次重复。试验用原土过5mm筛后，采用$CdCl_2$溶液按设计土壤Cd含量水平喷洒土样，并充分混合，然后加去离子水至田间持水量的60%～70%，放至温室培养6个月。培养后的土壤装盆，每盆装土2.5kg。

按不同的钝化吸附材料施加量，试验设沼液处理3个，分别为沼液原液、原液稀释5倍、原液稀释10倍；设生物炭处理3个，分别为施加盆栽土壤0.5%、1%、2%土体重生物炭。生物按设计量一次性均匀混入盆中。供试青菜品种为相对低吸收重金属Cd的青菜品种五月慢。选取若干粒形状大小一致的青菜种子种植于盆中，待出苗后每盆定株3棵。青菜成熟后统一采摘，测定鲜重、干重，并取样测定其Cd含量，同时取盆中土测定土壤Cd残留累积量。

5.4.2 低吸收Cd青菜与生物炭和沼液集成修复效果

由表5-12可知，施加沼液、生物炭均降低了土壤pH值。沼液原液处理对土壤pH值的降低最为明显，含Cd 1mg/kg土壤施加沼液原液后pH值由8.63降低为7.95，降低了0.68个单位；施加不同浓度水平沼液处理对土壤pH值的降低幅度随沼液稀释倍数的增加而降低，可能与沼液中含有的腐殖酸等有关，沼液稀释倍数越小，其腐殖酸含量越多，对土壤pH值降低的影响越显著。生物炭不同施加量处理土壤pH值与施加量的关系表现较为复杂，土壤Cd含量小于1mg/kg时，生物炭施加量对土壤pH值的影响差异不大；土壤Cd含量大于5mg/kg时，土壤pH值降低幅度随着生物炭施加量增加而减小。

表5-12　生物炭和沼液处理对不同Cd污染水平土壤pH值的影响

吸附/钝化材料	不同Cd污染水平处理土壤pH值				
	A：0.5mg/kg土	B：1mg/kg土	C：2mg/kg土	D：5mg/kg土	E：10mg/kg土
CK	8.12 ± 0.02	8.13 ± 0.03	8.23 ± 0.05	8.23 ± 0.03	8.18 ± 0.02
沼液：原液	8.04 ± 0.02	7.95 ± 0.01	8.00 ± 0.05	8.03 ± 0.05	7.96 ± 0.07
沼液：稀释5倍	8.09 ± 0.02	8.16 ± 0.09	8.14 ± 0.01	8.11 ± 0.07	8.06 ± 0.07
沼液：稀释10倍	8.10 ± 0.06	8.07 ± 0.02	8.22 ± 0.01	8.19 ± 0.05	8.20 ± 0.03
生物炭：2%	8.08 ± 0.04	8.04 ± 0.02	8.14 ± 0.01	8.23 ± 0.05	8.15 ± 0.03
生物炭：1%	8.05 ± 0.03	8.10 ± 0.02	8.29 ± 0.01	8.22 ± 0.02	8.13 ± 0.02
生物炭：0.5%	8.09 ± 0.02	8.07 ± 0.03	8.26 ± 0.01	8.19 ± 0.04	8.10 ± 0.04

由表5-13可知，各处理土壤Cd含量均有所减少，其中施加沼液和生物炭处理较对照处理减少较多，但两者之间差异不明显；青菜收获后Cd含量较低土壤相比含量较高土壤Cd含量减小幅度较小；沼液原液和生物炭高施加量处理土壤Cd含量较高，说明钝化材料的施加对土壤Cd起到了一定的钝化效果。

表5-13　生物炭和沼液处理对不同Cd污染水平土壤Cd含量的影响

吸附/钝化材料	不同Cd污染水平处理土壤Cd含量（mg/kg）				
	A：0.5mg/kg土	B：1mg/kg土	C：2mg/kg土	D：5mg/kg土	E：10mg/kg土
CK	0.49 ± 0.02	0.69 ± 0.02	1.14 ± 0.02	2.19 ± 0.02	6.14 ± 0.13
沼液：原液	0.53 ± 0.01	0.69 ± 0.01	1.11 ± 0.02	2.06 ± 0.04	6.25 ± 0.18
沼液：稀释5倍	0.59 ± 0.09	0.63 ± 0.01	1.11 ± 0.01	2.11 ± 0.09	5.20 ± 0.01
沼液：稀释10倍	0.50 ± 0.03	0.67 ± 0.02	1.13 ± 0.01	2.14 ± 0.06	5.83 ± 0.13

（续表）

吸附/钝化材料	不同Cd污染水平处理土壤Cd含量（mg/kg）				
	A：0.5mg/kg土	B：1mg/kg土	C：2mg/kg土	D：5mg/kg土	E：10mg/kg土
生物炭：2%	0.48 ± 0.02	0.69 ± 0.01	1.12 ± 0.01	2.16 ± 0.11	5.88 ± 0.14
生物炭：1%	0.50 ± 0.01	0.72 ± 0.02	1.09 ± 0.05	2.39 ± 0.02	5.66 ± 0.12
生物炭：0.5%	0.48 ± 0.01	0.67 ± 0.02	1.11 ± 0.01	2.37 ± 0.02	5.35 ± 0.11

由表5-14可知，施加生物炭和施加沼液处理均较对照青菜地上部分Cd含量降低。相同材料和相同施加量处理青菜地上部分Cd含量均随土壤Cd初始含量的增加而增大。施加生物炭处理较沼液处理青菜地上部分Cd含量降低，说明试验条件下施加生物炭较施加沼液更能降低土壤Cd向青菜的转运。土壤Cd含量大于2mg/kg时，各处理青菜地上部分Cd含量均超过《食品安全国家标准 食品中污染物限量》（GB 2762—2017）叶菜蔬菜Cd限值（0.2mg/kg），说明高Cd含量土壤种植叶菜青菜，即便选用本试验钝化吸附材料，也极有可能造成蔬菜Cd含量超标。施加生物炭处理青菜地上部分Cd含量，当土壤Cd初始含量低于1mg/kg时，均明显低于施加沼液处理，青菜地上部分Cd含量未超出GB 2762—2017的规定限值；Cd含量2mg/kg水平土壤施加生物炭2%处理，青菜Cd仅0.12mg/kg，同样未超过标准规定限值。由此可见，适量施加沼液和生物炭可降低中轻度Cd污染土壤种植的青菜中Cd含量。

表5-14　生物炭和沼液处理对不同Cd污染水平土壤青菜地上部分Cd含量的影响

吸附/钝化材料	不同Cd污染水平处理土壤Cd含量（mg/kg）				
	A：0.5mg/kg土	B：1mg/kg土	C：2mg/kg土	D：5mg/kg土	E：10mg/kg土
CK	0.067 ± 0.006	0.23 ± 0.022	0.44 ± 0.032	0.71 ± 0.064	1.83 ± 0.76
沼液：原液	0.069 ± 0.005	0.19 ± 0.011	0.31 ± 0.029	0.63 ± 0.042	1.66 ± 0.38
沼液：稀释5倍	0.046 ± 0.007	0.13 ± 0.018	0.36 ± 0.031	0.72 ± 0.051	1.45 ± 0.51
沼液：稀释10倍	0.057 ± 0.009	0.15 ± 0.021	0.42 ± 0.034	0.64 ± 0.066	1.82 ± 0.68
生物炭：2%	0.038 ± 0.005	0.079 ± 0.016	0.12 ± 0.031	0.23 ± 0.045	0.76 ± 0.64
生物炭：1%	0.049 ± 0.009	0.072 ± 0.023	0.21 ± 0.027	0.38 ± 0.061	1.27 ± 0.75
生物炭：0.5%	0.054 ± 0.004	0.096 ± 0.019	0.31 ± 0.028	0.46 ± 0.052	1.52 ± 0.47

由表5-15可知，相同Cd污染水平土壤施加不同钝化吸附材料处理青菜鲜重差异不明显，且无明显规律。总体上，随着土壤Cd含量的增加青菜鲜重降低；土壤Cd含量大于2mg/kg时，各处理青菜鲜重均普遍低于20g/盆。施加生物炭1%处理，

相同Cd污染水平土壤青菜鲜重高于其他两生物炭施加水平处理；土壤Cd含量低于2mg/kg时，1%生物炭处理青菜鲜重高于对照处理。

表5-15 生物炭和沼液处理对不同Cd污染水平土壤种植青菜鲜重的影响

吸附/钝化材料	不同Cd污染水平土壤处理青菜鲜重（g/盆）				
	A：0.5mg/kg土	B：1mg/kg土	C：2mg/kg土	D：5mg/kg土	E：10mg/kg土
CK	20.60 ± 1.12	20.36 ± 1.89	13.96 ± 1.43	15.32 ± 1.46	14.69 ± 1.56
沼液：原液	21.60 ± 1.70	21.00 ± 2.55	18.60 ± 0.85	16.80 ± 1.16	15.03 ± 1.32
沼液：稀释5倍	24.50 ± 0.99	20.40 ± 1.18	16.20 ± 4.24	15.60 ± 1.23	14.00 ± 0.96
沼液：稀释10倍	19.90 ± 2.40	23.40 ± 5.94	13.80 ± 1.55	14.10 ± 1.38	15.16 ± 1.26
生物炭：2%	15.90 ± 0.42	19.20 ± 1.70	14.40 ± 1.31	13.85 ± 1.24	14.26 ± 2.78
生物炭：1%	23.20 ± 0.57	25.20 ± 1.70	16.20 ± 1.34	14.57 ± 1.16	16.98 ± 0.75
生物炭：0.5%	21.80 ± 1.03	18.69 ± 1.46	14.31 ± 1.23	14.63 ± 1.54	14.36 ± 1.41

综上所述，低吸收Cd青菜品种五月慢适宜种植在Cd污染水平不超过2mg/kg的土壤，同时，适量施加沼液、生物炭可降低叶菜中Cd含量，保证蔬菜符合国家标准规定。

6 富集作物与有机酸诱导集成修复Cd污染土壤技术模式

6.1 富集Cd作物品种筛选

富集、超富集重金属作物及品种筛选是构建富集作物与有机酸诱导集成修复重金属污染土壤技术模式的关键。适宜的重金属富集型作物或品种，一方面要求作物具有一定的生物量，另一方面重金属在作物不同器官的累积应具有一定的差异性，且在可食用器官的累积量应符合有关标准规定。

6.1.1 试验设计

试验在河南省北部某典型污灌区（历史上采用Ni-Cd电池生产废水长期灌溉，已导致土壤Cd不同程度超标）进行。供试土壤表层（0～30cm）土壤基本理化性质如表6-1所示。供试土壤除Cd外，其他重金属含量均符合《土壤环境质量 农用地土壤污染风险管控标准（试行）》（GB 15618—2018）污染风险筛选值的规定；Cd含量2.3mg/kg，超出风险筛选值（pH值8.3，非水田为0.6mg/kg）的将近4倍，属Cd中度污染土壤。田间试验小区规格为长35m、宽3m；筛选种植作物为油葵，油葵种植密度为行距60cm、株距30cm；每个处理设3次重复。试验期间各处理灌溉、施肥及其他农艺措施保持一致。

供试油葵品种为收集自内蒙古、河北等主产区、适于试验地种植的10个油葵品种，如表6-2所示。品种筛选试验过程中根据种植顺序将各油葵品种分别按1至10编号，并作为处理编号（与表6-2中序号非一一对应）。油葵收获后将茎叶、根与花盘分离，分别进行样品处理后测定其生物量及重金属含量。

表6-1 供试土壤基本理化性质

指标	总氮 (mg/kg)	总磷 (mg/kg)	速效钾 (mg/kg)	pH值	EC (mS/cm)	Cd (mg/kg)	Cr (mg/kg)	Cu (mg/kg)	Pb (mg/kg)	Zn (mg/kg)
含量	6 720	40	200	8.3	0.32	2.3	45.7	32.5	27.2	47.8

表6-2　供试油葵品种及来源

序号	品种名称	来源/选育单位	性状描述
1	康地T562	新疆康地农业科技发展有限责任公司	
2	先瑞2号	先瑞种子科技（北京）有限公司	
3	新葵杂4号	新疆农垦科学院作物研究所	
4	MGS	澳大利亚	杂交
5	KF807	北京凯福瑞农业科技发展有限公司	
6	新葵10号	新疆农垦科学院作物研究所	矮早丰
7	DW567	美国	超级早熟、矮大头
8	超级矮大头DW667	美国	
9	DW2177	美国	超级矮大头、高含油
10	早熟超级矮大头DW667	美国	

6.1.2　不同油葵品种生物量

由图6-1可知，各油葵品种不同部位生物量中根部生物量占比最小，茎叶生物量占油葵植株总生物量的50%以上，籽粒生物量略低于茎叶生物量。不同油葵品种收货后生物量对比结果表明，4号品种茎叶生物量最低，茎叶生物量较高的品种有6号、1号、7号和5号，分别较4号增加80.4%、69.4%、48.6%和43.7%；籽粒生物量最低为8号品种，较高的品种有1号、6号、7号和5号，分别较8号品种提高112.1%、94.3%、85.3%和75.5%；总生物量最低的为8号品种，较高品种有6号、1号、7号和5号，分别较8号提高69.4%、67.9%、48.7%和40.8%。

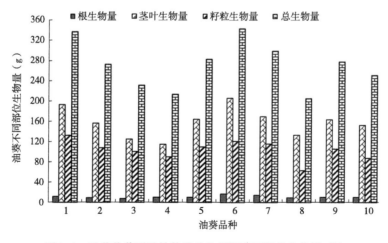

图6-1　油葵收获后植株体总生物量及不同部位生物量对比

6.1.3 不同油葵品种Cd吸收累积量

由图6-2可知，相比于油葵根部和茎叶，籽粒中Cd残留累积含量最高；大部分品种茎叶中Cd残留累积含量略高于根。4号油葵品种根部Cd残留累积含量最低，含量较高的品种为9号、10号、1号和8号，分别较4号品种根部Cd累积含量增加132.7%、88.4%、82.2%和56.4%；茎叶中Cd累积含量最低的为1号品种，累积含量较高的品种为6号、10号、7号和4号，分别较1号品种增加73.0%、59.3%、52.7%和29.7%；8号品种籽粒中Cd累积含量最低，含量较高的品种为10号、9号、4号和7号，分别较8号品种Cd含量增加51.1%、27.5%、25.4%和23.8%。根据《食品安全国家标准 食品中污染物限量》（GB 2762—2017）坚果及籽类Cd含量低于0.5mg/kg的规定，各油葵品种籽粒中Cd残留累积量均超过标准限值的规定。

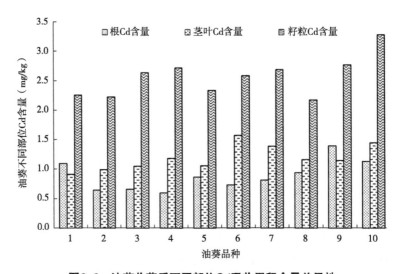

图6-2　油葵收获后不同部位Cd吸收累积含量差异性

由图6-3单株油葵不同器官Cd残留累积总量对比结果表明，Cd主要积累在茎叶和籽粒中，籽粒中Cd累积量最大，油葵根部Cd累积总量最低。不同品种油葵根部Cd累积量对比结果表明，3号品种油葵根部Cd累积量最低，累积量较高的品种为9号、1号、6号和10号，分别较3号品种增加189.1%、182.6%、162.6%和150%；茎叶中Cd累积量最低的为3号油葵品种，累积量较高的品种为6号、7号、10号和9号，分别较3号品种增加150.3%、81.8%、71.0%和44.0%；油葵籽粒中Cd累积量最低的为8号品种，累积量较高的品种为6号、7号、1号和9号，分别较8号品种累积量增加129.7%、127.9%、118.6%和114.5%。综合考虑油葵收获后生物量和植株体Cd残留累积总量，6号和7号油葵品种对试验土壤中Cd的去除率最高。

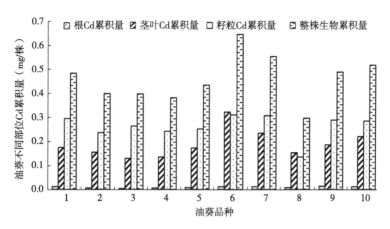

图6-3 油葵收获后不同部位Cd吸收累积总量差异性

6.1.4 不同油葵品种对Cd的转运系数

由图6-4可知，不同油葵品种对重金属Cd的转运系数差别较大，其中，Cd转运系数最低的为9号品种，转运系数较高的品种为4号、3号、6号、2号和7号，分别较9号品种Cd转运系数提高144.8%、111.4%、109.6%、82.1%和81.9%，6号品种和3号品种、2号品种和7号品种对Cd的转运系数相差不大。转运系数越大，表明该品种将根部及土壤Cd转移到地上部分的能力越强。

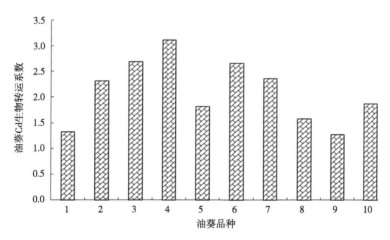

图6-4 不同油葵品种对Cd转运系数的差异性

6.1.5 不同油葵品种对Cd的富集系数

由图6-5可知，油葵品种不同对重金属Cd的富集系数差别较大，富集系数越高，表明植株从土壤中吸收Cd的能力越强。不同油葵品种中Cd富集系数最低的为1号品种，富集系数较高的为9号、10号、7号和6号，分别较1号品种提高268.4%、192.1%、135.9%和109.1%。

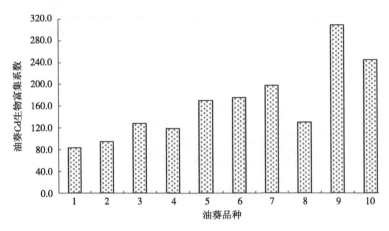

图6-5　不同油葵品种Cd富集系数

6.1.6　富集Cd油葵品种筛选结果

富集重金属Cd油葵品种，要求该品种收获后不仅具有比较高的地上部分生物量，而且地上部分茎叶中Cd含量相对较高、籽粒中Cd含量相对较低。

由不同油葵品种收获后的生物量、不同部位Cd含量与累积量、Cd富集系数和转运系数对比分析表明，6号和7号油葵品种可作为富集重金属Cd品种。由于6号和7号油葵品种籽粒中Cd含量均在2.0mg/kg以上，超过《食品安全国家标准　食品中污染物限量》（GB 2762—2017）规定限值的4倍以上，因此，该品种不能作为食用品种，但可以用于诸如生物燃料的加工等。

6.2　有机酸诱导富集作物修复土壤Cd污染试验

6.2.1　试验设计

采用盆栽试验方式，研究不同有机酸诱导下富集重金属Cd作物（油葵）去除土壤Cd的机理，并探索适宜的有机酸施加种类及配施浓度。供试土壤重金属Cd污染水平为土壤Cd含量20mg/kg。试验设5种有机酸和6个施加水平，以不施加有机酸为对照处理；施加有机酸类别分别为草酸、乙酸、酒石酸、苹果酸和柠檬酸；土壤有机酸施加水平分别为1mmol/kg、2mmol/kg、3mmol/kg、4mmol/kg、5mmol/kg和6mmol/kg；有机酸施加时期分别为油葵移栽后第20d、第30d、第40d和第50d。供试作物为筛选出的富集Cd油葵品种。油葵收获后测定土壤pH值、EC值和Cd含量，油葵不同部位干物质量及根、茎和叶中的Cd含量，植株体非蛋白巯基（Non-protein thiol，NPT）含量。

6.2.2 施加有机酸对油葵干物质量的影响

6.2.2.1 施加有机酸对油葵根干物质量的影响

由表6-3可知，有机酸的施加显著增加了油葵生长期间根生物量；油葵不同时期施加有机酸对根重的影响与对照间差异达极显著水平（$P<1\%$）；油葵生长第40d、第50d施加有机酸分别与第20d、第30d时施加对根重均值的影响差异达1%极显著水平；油葵生长第20d和第30d、第40d和第50d施加有机酸处理间差异无显著性。

表6-3 不同有机酸施加时期对油葵根重均值的影响

油葵生长时间（d）	对照	20	30	40	50
根重均值（g）	0.26c	0.37a	0.40a	0.30b	0.29b

注：同列数据后不同小写字母表示差异达1%显著水平

由表6-4可知，施加乙酸处理与对照处理对油葵根重均值的影响差异达极显著水平，施加乙酸较对照处理油葵根重增加最为显著，增幅达46.1%；施加苹果酸较对照处理根重略有增加；施加苹果酸和乙酸处理对油葵根重均值的影响差异达1%极显著水平。

表6-4 有机酸类别对油葵根重均值的影响

有机酸类别	对照	草酸	乙酸	酒石酸	苹果酸	柠檬酸
根重均值（g）	0.26b	0.34ab	0.38a	0.34ab	0.29b	0.34ab

注：同列数据后不同小写字母表示差异达1%显著水平

由表6-5可知，有机酸施加后油葵根重均有不同程度的增加，且施加不同浓度水平的有机酸处理与对照处理对根重均值的影响差异达极显著水平，但不同有机酸施加水平对油葵根重的影响差异无显著性。

表6-5 有机酸施加水平对油葵根重均值的影响

有机酸施加水平（mmol/kg土）	0	1	2	3	4	5	6
根重均值（g）	0.26b	0.33a	0.35a	0.37a	0.33a	0.32a	0.34a

注：同列数据后不同小写字母表示差异达1%显著水平

由表6-6可知，在油葵生长20d时施加各有机酸均有利于根系干物质量的增加，其中乙酸的影响效果最明显，苹果酸作用效果不明显；施加草酸、乙酸、酒石酸、柠檬酸处理与施加苹果酸处理对油葵根重均值的影响差异达5%显著水平，但施加草酸、乙酸、酒石酸、柠檬酸处理间差异无显著性。油葵生长30d时施加草酸对油葵根重均值的增加效果最明显，但施加不同有机酸处理间影响差异无显著性。油葵生长40d时施加乙酸、草酸处理和施加酒石酸、苹果酸处理间对油葵根重均值的影响差异达显著水平，施加乙酸显著增加油葵根系干重，但施加草酸、酒石酸和苹果酸对根重影响不明显。油葵生长50d时施加乙酸、酒石酸和柠檬酸均促进了油葵根重均值的增加，但施加草酸对根重则表现为轻微的抑制作用。由此可见，油葵生长20~30d时，施加有机酸较有利于根系的生长，其中油葵生长20d时加入乙酸、生长30d时加入草酸可作为促进油葵根重增加的优选组合。

表6-6　有机酸施加时期和有机酸类别对油葵根重均值的影响　　　　（单位：g）

油葵生长时间（d）	草酸	乙酸	酒石酸	苹果酸	柠檬酸
20	0.39a	0.44a	0.40a	0.26b	0.37a
30	0.46a	0.38a	0.40a	0.41a	0.37a
40	0.29b	0.40a	0.26b	0.22b	0.32ab
50	0.22b	0.34a	0.32ab	0.27ab	0.30ab

注：同列数据后不同小写字母表示差异达5%显著水平

由表6-7可知，油葵有机酸施加时期和施加水平对油葵根重的影响差异无显著性。

表6-7　有机酸施加时期和施加水平对油葵根重均值的影响　　　　（单位：g）

油葵生长时间（d）	有机酸施加水平（mmol/kg土）					
	1	2	3	4	5	6
20	0.29b	0.35ab	0.42a	0.39ab	0.37ab	0.40ab
30	0.42a	0.44a	0.41a	0.37a	0.37a	0.38a
40	0.33a	0.33a	0.27a	0.27a	0.26a	0.32a
50	0.29a	0.27a	0.36a	0.28a	0.26a	0.27a

注：同列数据后不同小写字母表示差异达5%显著水平

由表6-8可知，施加草酸3mmol/kg土与5mmol/kg土处理对油葵根重的影响差异达显著水平，其中施加草酸3mmol/kg土处理显著增加了油葵根重。施加乙酸5mmol/kg土处理与1mmol/kg土、6mmol/kg土处理间差异达5%显著水平，其中施加5mmol/kg土处理显著增加了油葵根重。施加酒石酸不同水平处理间对油葵根重的影响差异无显著性。施加苹果酸2mmol/kg土处理与5mmol/kg土处理间对根重的影响差异达5%显著水平。施加柠檬酸不同水平处理间对油葵根重的影响差异无显著性。综上所述，施加草酸3mmol/kg土处理，施加乙酸5mmol/kg土处理对油葵根重的增加效果最为明显。

表6-8　有机酸类别和施加水平对油葵根重均值的影响　　　　（单位：g）

有机酸类别	有机酸施加水平（mmol/kg土）					
	1	2	3	4	5	6
草酸	0.34ab	0.36ab	0.44a	0.32ab	0.27b	0.31ab
乙酸	0.33b	0.41ab	0.40ab	0.37ab	0.48a	0.34b
酒石酸	0.37a	0.30a	0.34a	0.41a	0.30a	0.33a
苹果酸	0.29ab	0.36a	0.26ab	0.27ab	0.21b	0.34ab
柠檬酸	0.34ab	0.32a	0.38a	0.28a	0.32a	0.39a

注：同列数据后不同小写字母表示差异达5%显著水平

6.2.2.2　施加有机酸对油葵地上部分干物质量的影响

由表6-9可知，施加有机酸显著增加了油葵生长期地上部分干物质量，其中油葵生长20d和30d时施加有机酸处理油葵地上部分干物质量较对照分别增加57.2%和85.5%；油葵生长20d、30d时施加有机酸处理分别与40d、50d时施加有机酸处理对油葵地上部分干物质量的影响差异达1%极显著水平。

表6-9　有机酸施加时期对油葵地上部分干物质量均值的影响

油葵生长时间（d）	对照	20	30	40	50
地上部分干物质量均值（g）	3.04c	4.78b	5.64a	4.11c	3.91c

注：同列数据后不同小写字母表示差异达1%显著水平

由表6-10可知，施加有机酸均一定程度上增加了油葵地上部分干物质量，其中施加乙酸处理较对照油葵地上部分干物质量增加62.2%，施加苹果酸处理与对照处理相比对油葵地上部分干物质量的影响差异最小；施加苹果酸处理与其他有机酸处理间对油葵地上部分干物质量的影响差异达1%显著水平。

表6-10　有机酸类别对油葵地上部分干物质量均值的影响

有机酸类别	对照	草酸	乙酸	酒石酸	苹果酸	柠檬酸
地上部分干物质量均值（g）	3.04b	4.72a	4.93a	4.61a	3.40b	4.81a

注：同列数据后不同小写字母表示差异达1%显著水平

由表6-11可知，不同有机酸施加水平对油葵地上部分干物质量的影响差异无显著性。

表6-11 有机酸施加水平对油葵地上部分干物质量均值的影响

有机酸施加水平（mmol/kg土）	1	2	3	4	5	6
地上部分干物质量均值（g）	4.53a	4.67a	4.76a	4.72a	4.35a	4.62a

注：同列数据后不同小写字母表示差异达1%显著水平

由表6-12可知，油葵生长20d时施加苹果酸处理与施加其他有机酸处理间对油葵地上部分干物质量的影响差异达5%显著水平；施加酒石酸处理对地上部分干物质量增加最为明显。油葵生长30d时施加柠檬酸处理显著增加了油葵地上部分干物质量；施加柠檬酸处理与施加乙酸、酒石酸、苹果酸处理对油葵地上部分干物质量的影响差异达5%显著水平。油葵生长40d时施加乙酸处理显著增加了油葵地上部分干物质量；施加草酸处理和施加酒石酸、苹果酸处理间对油葵地上部分干物质量的影响差异有显著性，施加乙酸和施加酒石酸、苹果酸、柠檬酸处理间影响差异有显著性，施加苹果酸处理与草酸、乙酸、柠檬酸处理间影响差异有显著性。油葵生长50d时施加有机酸处理对油葵地上部分干物质量的影响均较小，处理间差异不显著。由此可见，油葵生长30d时加入有机酸最有利于地上部分干物质量的增加，其中施加柠檬酸效果最为显著。

表6-12 有机酸施加时期和有机酸类别对油葵地上部分干物质量均值的影响 （单位：g）

油葵生长时间（d）	草酸	乙酸	酒石酸	苹果酸	柠檬酸
20	5.00a	5.05a	5.53a	3.47b	4.89a
30	5.74ab	5.17b	5.33b	5.57b	6.39a
40	4.58ab	5.20a	3.52cd	3.04d	4.20bc
50	3.57a	4.31a	4.07a	3.80a	3.78a

注：同列数据后不同小写字母表示差异达5%显著水平

由表6-13可知，有机酸施加时期和施加水平对油葵地上部分干物质量均值的影响差异不显著。

表6-13 有机酸施加时期和施加水平对油葵地上部分干物质量均值的影响 （单位：g）

油葵生长时间（d）	有机酸施加水平（mmol/kg土）					
	1	2	3	4	5	6
20	4.04b	4.49ab	5.48a	5.43a	4.58ab	4.68ab
30	5.91a	5.88a	5.33a	5.64a	5.44a	5.63a
40	4.46ab	4.75a	3.58b	3.8ab	3.75ab	4.32ab
50	3.70a	3.57a	4.66a	3.40a	3.65a	3.86a

注：同列数据后不同小写字母表示差异达5%显著水平

由表6-14可知，施加草酸、乙酸和柠檬酸处理，不同有机酸施加水平对油葵地上部分干物质量的影响差异不显著。施加酒石酸4mmol/kg土处理显著增加了油葵地上部分干物质量；施加酒石酸4mmol/kg土处理分别与施加2mmol/kg土、5mmol/kg土、6mmol/kg土处理间影响差异达5%显著水平。施加苹果酸5mmol/kg土处理分别与施加2mmol/kg土、6mmol/kg土处理对油葵地上部分干物质量的影响差异达5%显著水平；施加5mmol/kg土处理对油葵地上部分干物质量的影响较小。

表6-14　有机酸类别和施加水平对油葵地上部分干物质量均值的影响　　　（单位：g）

有机酸类别	有机酸施加水平（mmol/kg土）					
	1	2	3	4	5	6
草酸	4.43a	5.16a	5.55a	4.33a	4.35a	4.50a
乙酸	4.38a	4.92a	4.86a	4.98a	5.36a	5.09a
酒石酸	4.89ab	4.19b	4.95ab	5.43a	4.07b	4.15b
苹果酸	4.13ab	4.43a	3.92ab	3.89ab	3.11b	4.35a
柠檬酸	4.82a	4.66a	4.54a	4.95a	4.89a	5.03a

注：同列数据后不同小写字母表示差异达5%显著水平

6.2.3　施加有机酸对土壤Cd含量的影响

由表6-15可知，油葵生长40d、50d时施加有机酸处理分别与生长20d、30d时施加有机酸处理对土壤Cd含量的影响差异达1%极显著水平；油葵生长20d、30d时，施加有机酸处理与对照处理间对土壤Cd含量的影响差异达1%极显著水平，施加有机酸促进了油葵对土壤中重金属Cd的吸收富集，分别较对照处理土壤Cd含量减少9.79%、12.26%。

表6-15　有机酸施加时期对土壤Cd含量均值的影响

油葵生长时间（d）	对照	20	30	40	50
土壤Cd含量（mg/kg）	15.01b	13.54a	13.17a	14.60b	14.61b

注：同列数据后不同小写字母表示差异达1%显著水平

由表6-16可知，施加柠檬酸处理与对照处理对土壤Cd含量的影响差异达1%极显著水平，说明施加柠檬酸可显著提高油葵对Cd的吸收，降低土壤Cd含量，施加柠檬酸处理较对照处理土壤Cd含量减少10.13%；而施加其他有机酸处理与对照处理对土壤Cd含量的影响差异无显著性。

表6-16　有机酸类别对土壤Cd含量均值的影响

有机酸类别	对照	草酸	酒石酸	柠檬酸	苹果酸	乙酸
土壤Cd含量（mg/kg）	15.01a	13.76ab	14.58a	13.49b	14.10ab	13.98ab

注：同列数据后不同小写字母表示差异达1%显著水平

由表6-17可知，不同有机酸施加水平对土壤Cd含量的影响差异不显著。

表6-17　有机酸施加水平对土壤Cd含量均值的影响

有机酸施加水平（mmol/kg土）	1	2	3	4	5	6
土壤Cd含量（mg/kg）	13.39a	13.54a	13.55a	14.00a	13.46a	13.65a

注：同列数据后不同小写字母表示差异达1%显著水平

由表6-18可知，油葵不同生长时期施加不同有机酸均促进了油葵对重金属Cd的吸收，土壤Cd含量均有所降低。油葵生长20d时施加柠檬酸对油葵吸收富集重金属Cd有极大的促进作用，而施加酒石酸作用不明显；施加酒石酸处理与施加柠檬酸处理对土壤Cd含量的影响差异达5%显著水平。油葵生长30d时施加苹果酸显著促进了油葵吸收富集Cd，施加乙酸和酒石酸的作用效果最小；施加苹果酸处理分别与施加酒石酸、乙酸处理对土壤Cd含量的影响差异达5%显著水平。油葵生长40d时施加草酸显著促进了油葵吸收富集Cd，施加其他有机酸作用效果不明显；施加草酸处理和施加酒石酸处理间对油葵吸收富集Cd的影响差异达5%显著水平。油葵生长50d时施加柠檬酸显著促进了油葵吸收富集Cd，施加其他有机酸作用效果不明显；施加柠檬酸处理与施加苹果酸处理间差异达5%显著水平。由此可见，油葵生长30d时施加有机酸最有利于促进油葵吸收富集Cd，土壤Cd含量减少明显，其中施加苹果酸效果最为显著。

表6-18　有机酸施加时期和有机酸类别对土壤Cd含量均值的影响　　（单位：mg/kg）

油葵生长时间（d）	草酸	酒石酸	柠檬酸	苹果酸	乙酸
20	13.40ab	14.31a	12.67b	14.00ab	13.34ab
30	12.88ab	13.73a	13.07ab	12.24b	13.94a
40	13.86b	15.32a	14.35ab	14.84ab	14.63ab
50	14.90ab	14.96ab	13.86b	15.32a	14.03ab

注：同列数据后不同小写字母表示差异达5%显著水平

由表6-19可知，总体上油葵不同生长时期施加不同水平有机酸处理对土壤Cd含量的影响差异不显著。

表6-19 有机酸施加时期和施加水平对土壤Cd含量均值的影响 （单位：mg/kg）

油葵生长时间（d）	有机酸施加水平（mmol/kg土）					
	1	2	3	4	5	6
20	13.09a	13.43a	12.95a	13.17a	13.03a	12.84a
30	12.35a	12.25a	12.24a	12.94a	12.53a	13.60a
40	13.21c	14.55bc	14.91abc	15.22ab	14.32bc	13.68bc
50	14.89ab	13.93b	14.12b	14.61b	13.96b	14.47b

注：同列数据后不同小写字母表示差异达5%显著水平

由表6-20可知，施加不同类别、不同水平有机酸处理对土壤Cd含量的影响差异不显著。

表6-20 有机酸类别和施加水平对土壤Cd含量均值的影响 （单位：mg/kg）

有机酸类别	有机酸施加水平（mmol/kg土）					
	1	2	3	4	5	6
草酸	13.65a	12.66a	12.60a	14.13a	13.52a	13.45a
乙酸	13.99a	13.83a	14.24a	14.76a	14.34a	14.60a
酒石酸	12.88a	13.65a	13.56a	13.03a	12.05a	12.94a
苹果酸	13.15a	13.64a	13.52a	14.04a	14.75a	13.30a
柠檬酸	13.27a	13.91a	13.84a	13.97a	12.64a	13.93a

注：同列数据后不同小写字母表示差异达5%显著水平

6.2.4 施加有机酸对油葵Cd富集转运的影响

由表6-21可知，油葵生长50d时施加有机酸与其他时期施加有机酸处理对Cd转运系数均值的影响差异达1%极显著水平，说明油葵生长50d时施加有机酸更有利于油葵对Cd向地上部分的转运。油葵不同生长时期施加有机酸处理对Cd富集系数的影响差异不显著，但施加有机酸处理Cd富集系数均大于对照组，且随着加酸时间的推后，Cd富集系数呈增大趋势。油葵生长50d时施加有机酸处理Cd富集系数最大，说明该时期施加有机酸更有利于Cd的富集。

表6-21 有机酸施加时期对Cd转运系数和富集系数均值的影响

油葵生长时间（d）	对照	20	30	40	50
转运系数均值	0.978 5b	0.861 4b	0.856 7b	1.063 2b	1.299 7a

（续表）

油葵生长时间（d）	对照	20	30	40	50
富集系数均值	0.413 5a	0.561 6a	0.544 3a	0.599 6a	0.633 2a

注：同列数据后不同小写字母表示差异达1%显著水平

由表6-22可知，施加柠檬酸处理更有利于油葵对Cd的转运，分别与施加草酸、酒石酸、乙酸处理对Cd转运系数的影响差异达1%极显著水平；施加不同有机酸处理之间、施加有机酸处理与对照组之间对Cd富集系数的影响差异不显著。

表6-22 有机酸类别对油葵Cd转运系数和富集系数均值的影响

有机酸类别	对照	草酸	酒石酸	柠檬酸	苹果酸	乙酸
转运系数均值	0.978 5ab	0.950 9b	0.950 0b	1.219 6a	1.081 8ab	0.898 8b
富集系数均值	0.413 5a	0.579 9a	0.607 5a	0.530 0a	0.607 7a	0.598 3a

注：同列数据后不同小写字母表示差异达1%显著水平

由表6-23可知，不同有机酸施加水平对Cd转运系数和富集系数的影响差异不显著，但施加有机酸4mmol/kg土、5mmol/kg土、6mmol/kg土处理Cd转运系数均大于1。由此可见，高浓度的有机酸可促进土壤及根系Cd向油葵地上部分转运。

表6-23 有机酸施加水平对油葵Cd转运系数和富集系数均值的影响

有机酸施加水平（mmol/kg土）	0	1	2	3	4	5	6
转运系数均值	0.978 5a	0.917 0a	0.892 8a	0.975 9a	1.134 8a	1.104 5a	1.096 3a
富集系数均值	0.413 5a	0.615 8a	0.595 9a	0.570 4a	0.569 6a	0.568 8a	0.587 4a

注：同列数据后不同小写字母表示差异达1%显著水平

由表6-24可知，油葵生长20d施加苹果酸处理与施加其他有机酸处理对Cd转运系数均值的影响差异达5%显著水平；生长30d时施加柠檬酸处理与施加草酸处理影响差异有显著性；生长40d时施加柠檬酸处理与施加苹果酸处理对Cd转运系数的影响差异达5%显著水平；生长50d时施加柠檬酸处理分别与施加乙酸、酒石酸处理影响差异达显著水平。

表6-24 有机酸施加时期和有机酸类别对油葵Cd转运系数均值的影响

油葵生长时间（d）	草酸	乙酸	酒石酸	苹果酸	柠檬酸
20	0.722 7b	0.703 6b	0.833 4b	1.391 2a	0.656 3b
30	0.720 6b	0.761 5ab	0.763 8ab	0.830 1ab	1.207 5a

（续表）

油葵生长时间（d）	草酸	乙酸	酒石酸	苹果酸	柠檬酸
40	0.956 0ab	0.962 2ab	1.199 0ab	0.825 7b	1.372 9a
50	1.404 5ab	1.168 0b	1.003 6b	1.280 3ab	1.641 9a

注：同列数据后不同小写字母表示差异达5%显著水平

由表6-25可知，油葵生长20d时施加不同类别有机酸处理对Cd富集系数均值的影响差异不显著。生长30d时施加柠檬酸处理分别与施加草酸、酒石酸处理对Cd富集系数的影响差异达5%显著水平。生长40d时施加苹果酸处理与施加其他有机酸处理对Cd富集系数的影响差异达5%显著水平。生长50d时施加不同类别有机酸处理间影响差异不显著。

表6-25　有机酸施加时期和有机酸类别对油葵Cd富集系数均值的影响

油葵生长时间（d）	草酸	乙酸	酒石酸	苹果酸	柠檬酸
20	0.572 6a	0.581 6a	0.559 6a	0.565 2a	0.529 0a
30	0.593 4a	0.560 0ab	0.614 8a	0.509 8ab	0.443 6b
40	0.501 8b	0.587 6b	0.606 2b	0.761 2a	0.541 2b
50	0.651 9a	0.664 1a	0.649 3a	0.594 7a	0.606 1a

注：同列数据后不同小写字母表示差异达5%显著水平

由表6-26可知，油葵生长不同时期施加不同浓度有机酸处理对Cd转运系数均值的影响总体上与对照处理间差异不显著。生长50d时施加有机酸6mmol/kg土处理与对照组间影响差异达5%显著水平；生长50d时施加有机酸处理基本上均较其他时期施加增加了Cd转运系数，说明油葵生长50d时施加有机酸更有利于油葵对Cd向地上部分的转移。生长20d时施加有机酸3mmol/kg土、4mmol/kg土、6mmol/kg土处理与对照组间对Cd转运系数的影响差异均达5%显著水平，分别高于对照组37.87%、38.48%、43.14%。生长30d时施加有机酸处理间以及与对照组间对Cd转运系数均值的影响差异不显著。生长40d时施加有机酸1mmol/kg土处理与对照组影响差异达5%显著水平，高于对照组78.98%。

表6-26　有机酸施加时期和施加水平对油葵Cd转运系数均值的影响

油葵生长时间（d）	有机酸施加水平（mmol/kg土）						
	0	1	2	3	4	5	6
20	0.978 5a	0.863 5a	0.735 4a	0.954 3a	0.805 8a	1.034 3a	0.775 2a
30	0.978 5a	0.861 1a	0.757 7a	0.711 1a	1.161 6a	0.807 2a	0.841 5a

（续表）

油葵生长时间（d）	有机酸施加水平（mmol/kg土）						
	0	1	2	3	4	5	6
40	0.978 5a	0.765 8a	1.105 8a	0.937 4a	1.253 1a	1.174 8a	1.142 0a
50	0.978 5b	1.177 8ab	0.972 4b	1.300 9ab	1.318 8ab	1.401 6ab	1.626 5a

注：同列数据后不同小写字母表示差异达5%显著水平

由表6-27可知，油葵生长50d时施加有机酸处理均与对照组对Cd富集系数均值的影响差异5%显著水平，且基本上均高于其他时期施加相应浓度有机酸后的Cd富集系数。由此可见，油葵生长50d施加有机酸更有利于油葵对土壤中Cd的富集。

表6-27　有机酸施加时期和施加水平对油葵Cd富集系数均值的影响

油葵生长时间（d）	有机酸施加水平（mmol/kg土）						
	0	1	2	3	4	5	6
20	0.413 5b	0.525 6ab	0.557 3ab	0.570 1a	0.572 6a	0.552 1ab	0.591 9a
30	0.413 5a	0.518 4a	0.559 5a	0.544 5a	0.543 7a	0.543 5a	0.556 4a
40	0.413 5c	0.740 1a	0.574 3b	0.560 7b	0.577 6b	0.571 4b	0.573 5b
50	0.413 5b	0.679 3a	0.692 7a	0.606 5a	0.584 6a	0.608 4a	0.627 7a

注：同列数据后不同小写字母表示差异达5%显著水平

由表6-28可知，施加同一有机酸不同水平处理间对Cd转运系数均值的影响差异不显著，且与对照处理差异不明显，总体上不同有机酸施加水平对油葵Cd转运的作用效果不明显。

表6-28　有机酸类别和施加水平对油葵Cd转运系数均值的影响

有机酸类别	有机酸施加水平（mmol/kg土）						
	0	1	2	3	4	5	6
草酸	0.978 5a	0.925 9a	0.799 9a	0.910 3a	0.898 3a	1.046 0a	1.125 2a
乙酸	0.978 5a	0.961 7a	0.869 4a	0.804 9a	0.861 2a	0.916 4a	0.979 3a
酒石酸	0.978 5a	0.833 0a	1.069 8a	0.898 0a	0.973 5a	1.067 7a	0.857 7a
苹果酸	0.978 5a	0.893 4a	0.737 9a	1.257 5a	1.140 8a	1.292 3a	1.169 1a
柠檬酸	0.978 5b	0.971 2b	0.987 1b	1.008 9b	1.800 4a	1.200 0ab	1.350 2ab

注：同列数据后不同小写字母表示差异达5%显著水平

由表6-29可知，施加草酸4mmol/kg土、6mmol/kg土处理Cd富集系数分别与对照组差异达5%显著水平，分别高于对照组46.17%、45.44%；施加乙酸2mmol/kg土、5mmol/kg土、6mmol/kg土处理后Cd富集系数分别与对照组影响差异达显著水平，分别高于对照组55.70%、56.18%、48.90%；施加不同水平酒石酸后，Cd富集系数均高于对照组；施加苹果酸1mmol/kg土、2mmol/kg土、4mmol/kg土处理后Cd富集系数与对照组间影响差异达5%显著水平，分别高于对照组86.94%、56.74%、45.90%。由此可见，施加苹果酸1mmol/kg土更有利于油葵对Cd的富集。

表6-29　有机酸类别和施加水平对油葵Cd富集系数均值的影响

有机酸类别	有机酸施加水平（mmol/kg土）						
	0	1	2	3	4	5	6
草酸	0.413 5b	0.578 2ab	0.563 5ab	0.565 6ab	0.604 4a	0.566 2ab	0.601 4a
乙酸	0.413 5b	0.575 8ab	0.634 8a	0.563 9ab	0.553 9ab	0.645 8a	0.615 7a
酒石酸	0.413 5b	0.618 0a	0.578 1a	0.616 4a	0.618 7a	0.599 3a	0.614 5a
苹果酸	0.413 5c	0.773 0a	0.648 1ab	0.546 0bc	0.603 3b	0.540 2bc	0.535 8bc
柠檬酸	0.413 5a	0.534 1a	0.555 3a	0.560 4a	0.467 8a	0.492 7a	0.569 5a

注：同列数据后不同小写字母表示差异达5%显著水平

6.2.5　施加有机酸对土壤pH值变化的影响

由表6-30可知，油葵生长50d施加有机酸处理与其他时期施加有机酸处理相比对土壤pH值的影响差异达1%极显著水平，且与对照差异极显著。

表6-30　有机酸施加时期对土壤pH值均值的影响

油葵生长时间（d）	对照	20	30	40	50
土壤pH值均值	8.58a	8.57a	8.58a	8.58a	8.54b

注：同列数据后不同小写字母表示差异达1%显著水平

由表6-31可知，施加柠檬酸处理分别与施加其他有机酸处理及对照处理对土壤pH值的影响差异达极显著水平，施加其他有机酸处理间对土壤pH值的影响差异不显著。

表6-31　有机酸类别对土壤pH值均值的影响

有机酸类别	对照	草酸	酒石酸	柠檬酸	苹果酸	乙酸
土壤pH值均值	8.58b	8.53b	8.56b	8.63a	8.56b	8.55b

注：同列数据后不同小写字母表示差异达1%显著水平

由表6-32可知，施加有机酸2mmol/kg土处理可一定程度降低土壤pH值，较对照及其他施加水平处理对土壤pH值的影响差异达极显著水平，而施加其他浓度水平有机酸处理间对土壤pH值的影响差异不显著。

表6-32　有机酸施加水平对土壤pH值均值的影响

有机酸施加水平（mmol/kg土）	0	1	2	3	4	5	6
土壤pH值均值	8.58a	8.57a	8.53b	8.55ab	8.56ab	8.59a	8.58a

注：同列数据后不同小写字母表示差异达1%显著水平

由表6-33可知，油葵生长20d时施加柠檬酸处理土壤pH值相对较高，施加草酸处理则相对较低，说明草酸的施加有利于根际土壤pH值的降低；施加草酸处理与施加柠檬酸、苹果酸处理对土壤pH值的影响差异达5%显著水平。生长30d时施加有机酸，施加草酸处理土壤pH值相对较低，施加酒石酸和苹果酸处理则相对较高；施加草酸处理与施加酒石酸、苹果酸处理对土壤pH值的影响差异达5%显著水平。生长40d时施加苹果酸、酒石酸、草酸处理与施加柠檬酸、乙酸处理对土壤pH值的影响差异达5%显著水平，土壤pH值均较低，但施加苹果酸、酒石酸、草酸处理间对土壤pH值的影响差异不显著。生长50d时施加柠檬酸处理与施加其他有机酸处理相比对土壤pH值的影响差异达5%显著水平，施加其他有机酸处理间影响差异不显著，且均较对照土壤pH值降低。油葵生长期间不同时期施加柠檬酸均增加了土壤pH值；生长20~30d时施加草酸处理土壤pH值降低明显；生长40~50d时，施加苹果酸处理的土壤pH值则相对较低。由此可见，油葵生育前期施加草酸，而生育后期施加苹果酸可有效降低土壤pH值。

表6-33　有机酸施加时期和有机酸类别对土壤pH值均值的影响

油葵生长时间（d）	草酸	酒石酸	柠檬酸	苹果酸	乙酸
20	8.52c	8.57bc	8.65a	8.58b	8.53bc
30	8.53b	8.62a	8.58ab	8.61a	8.57ab
40	8.55c	8.53c	8.68a	8.51c	8.60b
50	8.53b	8.52b	8.59a	8.54b	8.51b

注：同列数据后不同小写字母表示差异达5%显著水平

由表6-34可知，油葵生长20~40d施加有机酸不同水平处理基本上与对照处理对土壤pH值的影响差异不显著；生长50d时，施加有机酸1mmol/kg土、2mmol/kg土、6mmol/kg土处理与对照处理对土壤pH值的影响差异达5%显著水平，较对照降低0.02~0.10个单位。

表6-34　有机酸施加时期和施加水平对土壤pH值均值的影响

油葵生长时间（d）	有机酸施加水平（mmol/kg土）						
	0	1	2	3	4	5	6
20	8.58a	8.57a	8.55a	8.56a	8.57a	8.57a	8.57a
30	8.58ab	8.60ab	8.56bc	8.52c	8.59ab	8.63a	8.60ab
40	8.58bc	8.6ab	8.54bc	8.53c	8.54bc	8.58bc	8.64a
50	8.58ab	8.52cd	8.48d	8.60a	8.53bcd	8.56abc	8.48d

注：同列数据后不同小写字母表示差异达5%显著水平

　　由表6-35可知，施加草酸6mmol/kg土处理可显著降低土壤pH值，且与对照处理间对土壤pH值影响差异达5%显著水平；施加不同水平酒石酸处理间及与对照处理对土壤pH值的影响差异不显著，即对根际土壤环境pH值影响较小；施加柠檬酸1mmol/kg土、5mmol/kg土、6mmol/kg土处理与对照处理间对土壤pH值的影响差异达显著水平，但均较对照处理增加土壤pH值，不利于根际土壤酸化；施加苹果酸1～5mmol/kg土处理土壤pH值低于对照处理，施加5mmol/kg土处理与对照处理间对土壤pH值的影响差异达显著水平，较对照处理土壤pH值降低0.07个单位；施加乙酸2mmol/kg土处理与对照处理间对土壤pH值的影响差异达5%显著水平，较对照处理土壤pH值降低0.06个单位。综上所述，施加草酸6mmol/kg土处理、苹果酸5mmol/kg土处理和乙酸2mmol/kg土处理可显著降低土壤pH值。

表6-35　有机酸类别和施加水平对土壤pH值均值的影响

有机酸类别	有机酸施加水平（mmol/kg土）						
	0	1	2	3	4	5	6
草酸	8.58a	8.52ab	8.52ab	8.53ab	8.52ab	5.55ab	8.49b
酒石酸	8.58a	8.57a	8.53a	8.57a	8.56a	8.58a	8.53a
柠檬酸	8.58bc	8.66a	8.57c	8.56c	8.64ab	8.70a	8.67a
苹果酸	8.58a	8.57ab	8.54ab	8.57ab	8.54ab	8.51b	8.60a
乙酸	8.58ab	8.54abc	8.51c	8.52bc	8.52bc	8.61a	8.58ab

注：同列数据后不同小写字母表示差异达5%显著水平

6.2.6　施加有机酸对土壤EC值变化的影响

　　由表6-36可知，油葵生长20d和40d施加有机酸处理土壤EC值分别较对照处理增加9.8%和3.9%，生长30d和50d施加有机酸处理与对照处理间对土壤EC值的影响差异不显著。总体上随油葵的不断生长，根际土壤EC值有减小的趋势。

表6-36　有机酸施加时期对土壤EC值均值的影响

油葵生长时间（d）	对照	20	30	40	50
土壤EC值均值	0.51c	0.56a	0.52bc	0.53b	0.50c

注：同列数据后不同小写字母表示差异达1%显著水平

由表6-37可知，施加柠檬酸处理分别与施加其他有机酸处理及对照处理对土壤EC值的影响差异达1%极显著水平，施加柠檬酸处理土壤EC值较对照处理降低5.88%；其他处理间对土壤EC值的影响差异不显著。

表6-37　有机酸类别对土壤EC值均值的影响

有机酸类别	对照	草酸	酒石酸	柠檬酸	苹果酸	乙酸
土壤EC值均值	0.51a	0.55a	0.54a	0.48b	0.53a	0.53a

注：同列数据后不同小写字母表示差异达1%显著水平

由表6-38可知，施加有机酸2mmol/kg土处理可一定程度提高根际土壤EC值，且与对照处理间对土壤EC值的影响差异达1%极显著水平。

表6-38　有机酸施加水平对土壤EC值均值的影响

有机酸施加水平（mmol/kg土）	0	1	2	3	4	5	6
土壤EC值均值	0.51b	0.52ab	0.55a	0.53ab	0.54ab	0.52ab	0.52ab

注：同列数据后不同小写字母表示差异达1%显著水平

由表6-39可知，油葵生长20d时施加柠檬酸处理土壤EC值较对照处理显著减小，说明柠檬酸的施加有利于降低根际土壤EC值，施加其他有机酸处理间对土壤EC值的影响差异不显著；生长30d时施加苹果酸处理土壤EC值相对较低，且与施加乙酸处理间对土壤EC值的影响差异达5%显著水平；生长40d时施加柠檬酸和乙酸处理土壤EC值较其他处理降低，且较对照处理分别降低3.9%和5.9%，施加苹果酸处理土壤EC值最大；生长50d时施加柠檬酸和苹果酸处理土壤EC值较对照分别减小15.7%和9.8%，且与其他处理间对土壤EC值的影响差异达5%显著水平。油葵生长不同时期施加柠檬酸均降低了土壤EC值，且生长后期施加有机酸对土壤EC值降低效果明显；油葵生长30d和50d时施加苹果酸、生长40d时施加乙酸对降低土壤EC值的效果明显。

表6-39　有机酸施加时期和有机酸类别对土壤EC值均值的影响

油葵生长时间（d）	草酸	酒石酸	柠檬酸	苹果酸	乙酸
20	0.59a	0.58a	0.50b	0.59a	0.55a
30	0.52ab	0.53ab	0.50ab	0.49b	0.55a
40	0.55b	0.54b	0.49c	0.60a	0.48c
50	0.55a	0.51a	0.43b	0.46b	0.54a

注：同列数据后不同小写字母表示差异达5%显著水平

由表6-40、表6-41可知，油葵生长20～50d时施加不同浓度水平有机酸处理对土壤EC值的影响与对照处理间差异均不显著，但生长50d时施加有机酸，根际土壤EC值减小效果最明显。

表6-40　有机酸施加时期和施加水平对土壤EC值均值的影响

油葵生长时间（d）	有机酸施加水平（mmol/kg土）						
	0	1	2	3	4	5	6
20	0.51c	0.62a	0.56ab	0.56ab	0.57ab	0.54bc	0.56ab
30	0.51a	0.50a	0.52a	0.49a	0.53a	0.52a	0.54a
40	0.51b	0.51b	0.54ab	0.58a	0.56ab	0.54ab	0.50b
50	0.51ab	0.50ab	0.53a	0.48ab	0.49ab	0.47b	0.49ab

注：同列数据后不同小写字母表示差异达5%显著水平

表6-41　有机酸施加时期和施加水平对土壤EC值均值较对照增量的影响（%）

油葵生长时间（d）	有机酸施加水平（mmol/kg土）					
	1	2	3	4	5	6
20	21.57	9.80	9.80	11.76	5.88	9.80
30	-1.96	1.96	-3.92	3.92	1.96	5.88
40	0.00	5.88	13.73	9.80	5.88	-1.96
50	-1.96	3.92	-5.88	-3.92	-7.84	-3.92

注：同列数据后不同小写字母表示差异达5%显著水平

由表6-42可知，施加柠檬酸、苹果酸和乙酸处理不同有机酸施加水平处理间及与对照处理间对土壤EC值的影响差异不显著；施加草酸1mmol/kg土、4mmol/kg土、6mmol/kg土处理以及酒石酸2mmol/kg土、3mmol/kg土处理与相应对照处理间对土塘EC值的影响差异达5%显著水平，但土壤EC值均大于对照处理，说明增大了根际土壤盐分的累积，增加了土壤积盐的风险。

总体上，有机酸施加水平对土壤EC值的影响作用效果不明显。

表6-42　有机酸类别和施加水平对土壤EC值均值的影响

有机酸类别	有机酸施加水平（mmol/kg土）						
	0	1	2	3	4	5	6
草酸	0.51b	0.57a	0.55ab	0.53ab	0.58a	0.53ab	0.59a
酒石酸	0.51c	0.52bc	0.58ab	0.59a	0.53abc	0.54abc	0.52bc
柠檬酸	0.51a	0.47a	0.51a	0.46a	0.50a	0.45a	0.46a
苹果酸	0.51a	0.54a	0.56a	0.54a	0.53a	0.54a	0.52a
乙酸	0.51a	0.51a	0.57a	0.53a	0.54a	0.53a	0.53a

注：同列数据后不同小写字母表示差异达5%显著水平

6.2.7　施加有机酸对油葵植株非蛋白巯基含量的影响

非蛋白巯基（Non-protein thiol，NPT）是植物重金属解毒机制中的主要物质，主要由富含巯基的物质组成，包括植物螯合肽（PCs）、谷胱甘肽（GSH）、谷氨酰半胱氨酸（γ-EC）、半胱氨酸等，巯基可结合Cd^{2+}，减少植物细胞内自由态Cd，对土壤重金属Cd污染修复具有重要意义。

由表6-43可知，油葵生长20d时施加有机酸，不同施加水平处理间对油葵叶片NTP含量的影响差异不显著（$P>5\%$），说明不同有机酸浓度对油葵叶片中NTP含量影响不明显。施加草酸和乙酸处理与施加苹果酸处理对油葵叶片NTP含量的影响达显著水平；与对照处理相比，施加草酸和乙酸处理显著减小了叶片中NTP的含量，减小幅度分别为28.8%和29.0%，而施加苹果酸处理显著增加了叶片中NTP的含量，增加幅度为15.6%。而施加不同有机酸类别和不同有机酸水平对油葵茎中NTP的影响差异不显著。施加柠檬酸处理对油葵根中NTP含量与施加其他有机酸处理对根中NTP的影响差异达极显著水平，施加柠檬酸处理较对照处理根中NTP含量增加11.9%。总体上，油葵生长20d时施加有机酸对叶片中NTP含量表现为抑制作用，而对茎和根中NTP增加具有促进作用。

油葵生长30d时施加有机酸，叶片中NTP含量在施加不同有机酸处理与对照处理间差异达5%显著水平，施加不同有机酸均抑制了叶片中NTP含量的增加，其中施加草酸的抑制效果最为明显，施加酒石酸处理与施加其他有机酸处理间对茎中

NTP含量的影响差异达显著水平，酒石酸的施加小幅增加了茎中NTP的含量，较对照增加1.06%。施加草酸和酒石酸处理与对照处理间对根系中NTP含量的影响差异达显著水平，根系中NTP含量分别较对照处理增加22.24%和15.61%。总体上，土壤中草酸、乙酸、酒石酸和苹果酸的施加均有利于油葵根系中NTP含量的增加，其中施加草酸的促进作用最明显；有机酸的施加对油葵叶片和茎中NTP含量有抑制作用，而对油葵根中NTP含量增加有促进作用。

油葵生长40d时施加有机酸，施加酒石酸、苹果酸和草酸处理均较对照处理油葵叶片中NTP含量增加，分别增加了39.26%、27.79%和18.38%；其中施加酒石酸和苹果酸处理与对照处理间对油葵叶片中NTP含量的影响差异达显著水平，而施加草酸处理与对照处理间影响差异不显著。施加柠檬酸和乙酸处理较对照处理油葵叶片中NTP含量减少，分别减少21.68%和14.25%，处理间影响差异达显著水平。施加有机酸处理均较对照处理油葵茎中NTP含量增加，其中施加苹果酸、柠檬酸和乙酸处理与对照处理间对油葵茎中NTP含量的影响差异达显著水平，较对照增加幅度分别为38%、27%和30%；施加草酸和酒石酸处理与对照处理对油葵茎中NTP含量的影响差异不显著。施加有机酸处理较对照处理油葵根系中NTP含量均有所增加，其中施加苹果酸、草酸和乙酸处理与对照处理间对油葵根系中NTP含量的影响差异达显著水平，且施加苹果酸处理与施加其他两种有机酸处理间影响差异也达到显著水平。

油葵生长50d时施加有机酸，不同有机酸类别处理间对油葵叶片NTP含量的影响差异均不显著。施加不同有机酸类别处理与对照处理间对油葵茎中NTP含量的影响差异均达显著水平，较对照处理增加幅度为30%~50%，但施加不同有机酸类别处理间差异不显著。施加不同有机酸处理均增加了油葵根系中NTP含量，施加不同有机酸处理较对照处理根NTP含量增幅为35%~50%，且与对照处理间对油葵根NTP含量的影响差异达显著水平。

油葵生长20~30d时，施加有机酸减少了叶片NTP的含量，而在生长40d施加不同有机酸对叶片中NTP含量的影响不一致，其中施加草酸、酒石酸、苹果酸处理增加了油葵叶NTP含量，而施加乙酸和柠檬酸处理则降低了叶NTP含量；油葵生长50d时施加有机酸，除施加酒石酸处理油葵叶NTP含量略有减小外，施加其他有机酸处理均增加了叶片中NTP含量。由此可见，油葵生长后期施加有机酸，更有利于叶片中NTP含量的增加。

有机酸的施加增加了油葵茎和根中NTP的含量，且生长后期施加有机酸增加效果更为显著。油葵生长40d时施加苹果酸处理根NTP含量较对照增加75.0%，油葵生长50d时施加苹果酸处理茎中NTP含量增加50.4%。

表6-43　有机酸施加时期和有机酸类别对油葵植株NTP的影响　　　　（单位：μg/kg）

植株部位	油葵生长时间（d）	对照	草酸	乙酸	酒石酸	苹果酸	柠檬酸
叶	20	0.96ab	0.72b	0.72b	0.88ab	1.09a	0.84ab
	30	0.96a	0.73b	0.83b	0.84b	0.78b	0.80b
	40	0.96c	1.13c	0.82b	1.33a	1.22a	0.75b
	50	0.96a	1.04a	1.12a	0.94a	1.31a	1.02a
茎	20	0.96a	1.05a	1.12a	1.05a	1.06a	1.15a
	30	0.96a	1.06a	1.07a	1.17b	1.01a	0.98a
	40	0.96a	1.08a	1.25b	1.07a	1.33b	1.22b
	50	0.96b	1.21a	1.25a	1.24a	1.37a	1.34a
根	20	0.96a	1.12a	1.01a	1.01a	0.99a	1.45b
	30	0.96c	1.59b	1.44b	1.50b	1.29b	1.17b
	40	0.96c	1.28b	1.29b	1.16bc	1.58a	1.20bc
	50	0.96b	1.25a	1.36a	1.37a	1.36a	1.37a

注：同列数据后不同小写字母表示差异达5%显著水平

　　由表6-44可知，油葵生长30d时施加不同有机酸类别和施加水平对油葵叶NTP含量的影响较敏感（$P<0.05$）；油葵生长30～40d时施加不同有机酸类别对油葵茎中NTP含量影响较敏感（$P<0.05$），施加有机酸水平对其影响则不敏感；油葵生长到50d时施加有机酸，有机酸类别和施加水平均对油葵茎中NTP含量的影响较敏感。由此可见，不同有机酸类别对油葵茎中NTP的影响效果大于不同施加水平的影响效果，且随油葵生长在后期影响更明显。

　　对油葵根中NTP含量的分析表明，油葵生长不同时期施加有机酸，施加有机酸类别对油葵根NTP含量的影响较显著，而不同有机酸施加水平的影响在油葵生长40～50d时施加有机酸影响较明显，尤其是油葵生长50d时施加效果最明显。

表6-44　不同处理方差分析P值

植株部位	油葵生长时间（d）	20	30	40	50
叶	有机酸类别间	0.068	0.006	0.022	0.264
	有机酸浓度间	0.469	0.000	0.077	0.666
茎	有机酸类别间	0.445	0.001	0.021	0.003
	有机酸浓度间	0.604	0.218	0.225	0.003
根	有机酸类别间	0.000	0.022	0.004	0.002
	有机酸浓度间	0.067	0.077	0.021	0.002

7 典型中轻度有机物污染农田土壤修复试验研究

7.1 多菌灵污染土壤修复试验

7.1.1 多菌灵降解菌的筛选与鉴定

以常年施用多菌灵的污染土壤为研究对象，共筛选出8株以多菌灵为唯一碳源的多菌灵降解菌，其单菌落形态如图7-1所示。采用16S rDNA方法对8株多菌灵降解菌分别进行了种属鉴定，鉴定结果表明，其中1R属于恶臭假单胞菌属（*Pseudomonas* sp.），5B和8F属于假单胞菌属（*Pseudomonas* sp.），6F属于小细菌属（*Microbacterium* sp.），7H属于节细菌属（*Arthrobacter* sp.），7B属于根癌土壤杆菌属（*Agrobacterium* sp.）。由图7-2可知，6F菌的扩增产物测序结果与多菌灵降解酶序列相符。由图7-3可以看出，6F菌株为球杆状，无鞭毛，菌体直径约3μm。图7-4为6F菌系统发育树分析。

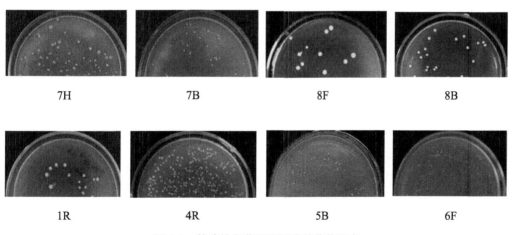

图7-1 筛选的多菌灵降解菌单菌落形态

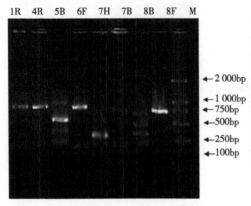

图7-2　筛选出的降解菌株降解酶（Mhe I）
基因扩增结果

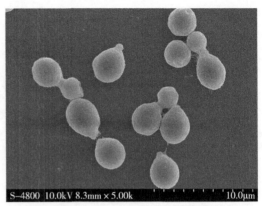

图7-3　6F降解菌扫描电镜照片

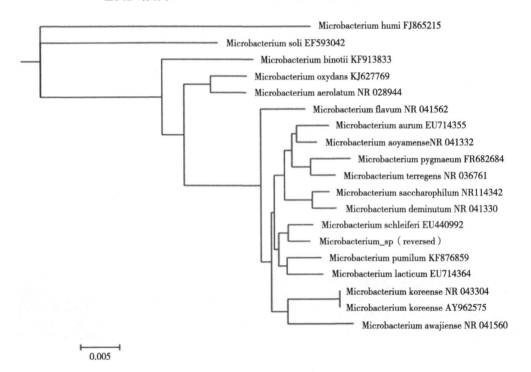

图7-4　6F菌系统发育树分析

7.1.2　6F菌降解多菌灵产物分析

降解试验表明，6F菌对多菌灵具有较好的耐受和降解能力，72h内可将100mg/L的多菌灵完全降解。通过液相色谱—质谱联用（HPLC-MS）技术对6F菌降解多菌灵后降解产物测定，表明6F菌对多菌灵的降解产物主要为2-氨基苯并咪唑和2-羟基苯并咪唑，如图7-5所示。图7-6为6F菌对多菌灵的降解曲线。

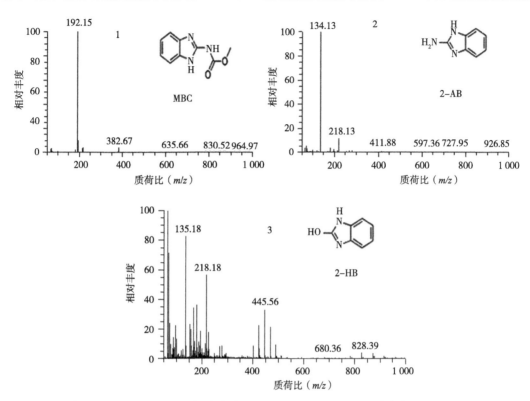

1. 多菌灵 *m/z*=192.15；2. 2-氨基苯并咪唑 *m/z*=134.13；3. 2-羟基苯并咪唑 *m/z*=135.18

图7-5　6F降解多菌灵后降解产物质谱分析图谱

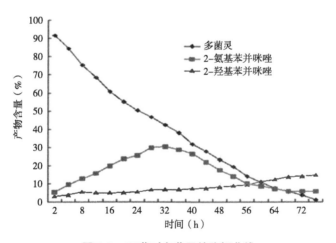

图7-6　6F菌对多菌灵的降解曲线

7.1.3　多菌灵降解酶基因的克隆与表达

根据降解酶（MheI）的同源序列设计引物，扩增6F菌该酶的基因序列，对扩增产物和pET28a同时采用Nco I和Xho I双酶切，回收片段进行连接、转化、阳性克

隆提取质粒转入BL21（DE3），进行降解酶的诱导表达。由图7-7可知，6F-MheI
经0.5mmol/L的IPTG在25℃诱导8h后在E.coli BL（21）中有大量表达，其中包括
部分可溶性酶蛋白，且可溶性酶蛋白经过Ni$^+$亲和柱后可得到纯化酶蛋白。图7-8
为诱导表达产物的可溶性鉴定，图7-9为诱导表达产物的柱纯化。

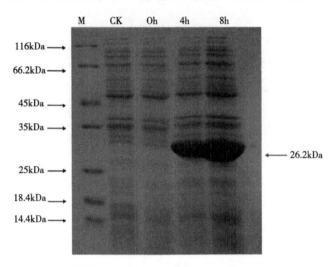

M. 蛋白marker；CK. 未加诱导剂IPTG酶的诱导表达；0h. 加入IPTG诱导0h后的诱导表达；
4h. 加入IPTG诱导4h后酶的诱导表达；8h. 加入IPTG诱导8h后酶的诱导表达

图7-7　多菌灵降解酶（MheⅠ）基因在大肠杆菌E.BL（21）中的诱导表达

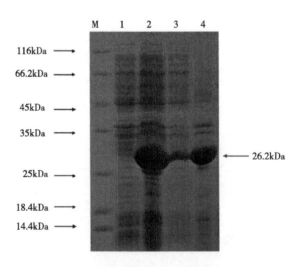

M. 蛋白marker；1. 未加诱导剂IPTG时酶的诱导表达；2. 加入IPTG诱导8h后菌液中酶的诱导表达；
3. 加入IPTG诱导8h后上清液中酶的诱导表达；4. 加入IPTG诱导8h后沉淀中酶的诱导表达

图7-8　诱导表达产物的可溶性鉴定

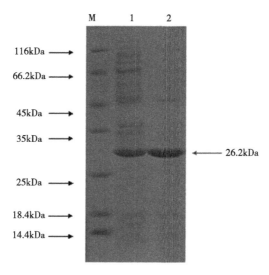

M. 蛋白marker；1. 经IPTG诱导8h上清液中酶的诱导表达产物柱纯化前；
2. 经IPTG诱导8h上清液中酶的诱导表达产物柱纯化后

图7-9　诱导表达产物的柱纯化

7.1.4　多菌灵降解酶的酶学特性

多菌灵降解酶的酶学性质分析包括pH值、温度、化学试剂及金属离子等对降解酶活性的影响。由图7-10可知，6F多菌灵降解酶MheI-6F的最佳降解pH值为7.0。由图7-11可知，多菌灵降解酶MheI-6F的最佳降解温度为45℃。表7-1为不同化学试剂甘油、β-巯基乙醇、吐温-20、EDTA、SDS和叠氮化钠对多菌灵降解酶活性的影响，表7-2为不同金属离子K^+、Li^+、Cu^{2+}、Mn^{2+}、Mg^{2+}、Zn^{2+}、Co^{2+}、Ca^{2+}和Fe^{3+}对多菌灵降解酶活性的影响。

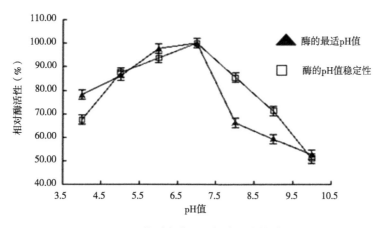

图7-10　pH值对多菌灵降解酶稳定性的影响

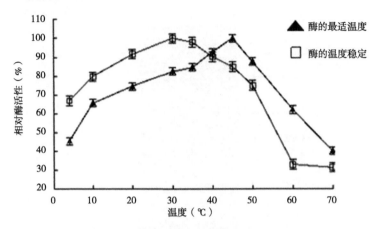

图7-11 温度对多菌灵降解酶稳定性的影响

表7-1 不同化学试剂对多菌灵降解酶活性的影响

化学试剂	添加浓度（mmol/L）	相对酶活性（%）
CK	0	100.00 ± 0.19
甘油	1	100.76 ± 1.12
β-巯基乙醇	1	95.83 ± 2.10
吐温-20	1	92.80 ± 1.09
EDTA	1	98.11 ± 1.17
SDS	1	46.21 ± 1.20
叠氮化钠	1	101.89 ± 2.07

注：以不加入化学试剂组的酶活性为100%

表7-2 不同金属离子对多菌灵降解酶活性的影响

金属离子	添加浓度（mmol/L）	相对酶活性（%）
CK	0	100.00 ± 0.09
K^+	2	55.56 ± 1.15
Li^+	2	51.19 ± 2.11
Cu^{2+}	2	59.92 ± 2.08
Mn^{2+}	2	57.94 ± 1.15
Mg^{2+}	2	56.75 ± 1.07
Zn^{2+}	2	66.27 ± 0.92
Co^{2+}	2	56.75 ± 2.09
Ca^{2+}	2	64.68 ± 1.93
Fe^{3+}	2	45.24 ± 1.74

注：以不添加金属离子组的酶活性为100%

7.2 多环芳烃污染土壤植物修复试验

7.2.1 土壤多环芳烃快速检测方法的建立

针对土壤中4种主要的多环芳烃（PAHs）污染物菲、荧蒽、芘、苯并［α］芘，采用QuEChERS（Quick、Easy、Cheap、Effective、Rugged、Safe）方法和气相色谱—质谱法（GS-MS），通过对样品经乙腈辅以超声波提取的萃取条件及超声时间进行优化，确立最优试验条件，提取液过0.22μm滤膜后采用气相色谱—质谱法（GS-MS）测定。在QuEChERS萃取方法与传统索氏萃取方法对加标样品中4种PAHs萃取效率对比分析基础上，建立了快速、简便测定土壤PAHs含量的QuEChERS/GS-MS检测方法。

7.2.1.1 试验设计

试验以萃取剂体积A、加入水的体积B、添加盐（NaCl）量C为因素，按$L_9(3^4)$正交表进行试验设计，每个变量设3个水平，试验结果如表7-3所示。通过极差计算分析可知，3因素对萃取效果的影响大小为A>C>B，萃取剂体积为主要影响因素。综合考虑，最终选择$A_2B_2C_3$条件，即萃取剂体积为20.0mL、水用量为12.0mL、加NaCl为3.2g最佳。

表7-3 正交试验结果及分析

编号	因素			
	萃取剂体积A（mL）	加入水体积B（mL）	添加盐量C（g）	回收率（%）
1	12.0	6.0	0.8	69.2
2	12.0	12.0	2.0	75.5
3	12.0	18.0	3.2	72.4
4	20.0	6.0	2.0	75.8
5	20.0	12.0	3.2	83.7
6	20.0	18.0	0.8	74.7
7	32.0	6.0	3.2	76.0
8	32.0	12.0	0.8	67.5
9	32.0	18.0	2.0	70.3
$\overline{K}_1$	72.4	73.7	70.4	
$\overline{K}_2$	78.1	75.6	70.5	
$\overline{K}_3$	67.9	69.1	77.4	
R	10.2	6.4	6.9	

注：$\overline{K}_i$为i水平时分析物回收率；极差$R = \overline{K}_i(\max) - \overline{K}_i(\min)$，$i$=1，2，3

7.2.1.2 线性范围与灵敏度

配置浓度为0.1μg/mL、0.5μg/mL、1.0μg/mL、2.0μg/mL、5.0μg/mL、10.0μg/mL的系列标准工作溶液，以待测PAHs样品浓度X（μg/mL）为横坐标，以待测样品峰面积值Y为纵坐标绘制标准曲线图，得到4种PAHs的线性方程和相关系数，如表7-4所示。由表7-4可知，4种PAHs呈良好线性关系，相关系数（R^2）为0.998 7~0.999 8，以信噪比（S/N）=3计算仪器检出限（IDL）。

称取10.0g空白基质样品，添加5μg/kg的PAHs标准溶液，按7个平行处理求得7个测定值的标准偏差，以信噪比（S/N）=10计算该方法检出限（MDL），结果如表7-4所示。

表7-4 4种PAHs的线性方程、相关系数、仪器检出限、方法检出限

多环芳烃	线性方程	相关系数R^2	仪器检出限（ng）	方法检出限（μg/kg）
菲	$Y=377\ 411X-12\ 046$	0.999 8	0.23	0.49
荧蒽	$Y=385\ 569X+58\ 571$	0.998 7	0.14	0.46
芘	$Y=414\ 673X+13\ 910$	0.999 1	0.19	0.64
苯并［α］芘	$Y=34\ 841X-2\ 874$	0.999 2	0.21	0.27

7.2.1.3 精密度与加标回收率

称取10.0g空白基质样品，分别添加0.1μg/g和0.5μg/g两个水平浓度的PAHs标准溶液，每个水平浓度重复7次，计算平均回收率和相对标准偏差（RSD），如表7-5所示。由表7-5可知，4种PAHs回收率为81.9%~116.3%，相对标准偏差为2.8%~8.6%。

表7-5 4种PAHs的加标回收、相对标准偏差

多环芳烃	本底值（μg/kg）	添加水平（μg/kg）	回收率（%）	相对标准偏差（%）（$n=7$）
菲	0.0	0.1	95.1~102.1	0.8
	0.0	0.5	97.4~111.6	4.6
荧蒽	0.0	0.1	93.2~116.3	8.6
	0.0	0.5	96.3~106.0	3.3
芘	0.0	0.1	96.8~114.6	6.6
	0.0	0.5	95.1~106.5	3.8
苯并［α］芘	0.0	0.1	81.9~96.5	7.1
	0.0	0.5	89.6~99.3	3.5

7.2.1.4 QuEChERS萃取方法与索氏萃取方法的比较

由图7-12可以看出，4种PAHs采用QuEChERS萃取法与索氏萃取方法的萃取效率基本相近，QuEChERS方法对苯并［α］芘萃取效率略高于索氏萃取方法。索氏萃取方法耗时8～9h和200mL溶剂，而QuEChERS萃取法仅需几十分钟和20mL溶剂，由此可见，采用QuEChERS萃取方法处理实际样品将更加简便、快捷和准确。

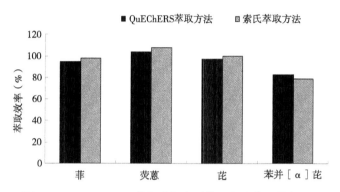

图7-12　QuEChERS萃取法与索氏萃取方法萃取效率对比

7.2.1.5 QuEChERS/GS-MS检测方法的应用

运用上述建立的检测方法对北京、河南典型污灌区采集的土壤样品进行测定，结果如表7-6所示。由表7-6可知，北京、河南两污灌区土壤中菲、荧蒽、芘、苯并［α］芘均有检出；参照加拿大农田多环芳烃标准，北京灌区土壤中菲、荧蒽、芘、苯并［α］芘平均超标倍数为2.2倍、1.4倍、1.3倍和0.24倍，河南灌区超标倍数分别为2.3倍、1.4倍、1.2倍和0.2倍。

表7-6　典型污灌区土壤样品4种PAHs的测定结果

地区	采样点	多环芳烃（μg/kg）			
		菲	荧蒽	芘	苯并［α］芘
河南	NNM-S	452.8	336.9	221.4	20.2
	NNM-M	437.4	330.4	248.6	22.3
	NNM-N	430.5	339.5	230.3	17.9
	均值	440.2	335.6	233.4	20.1
北京	玉米地	477.5	365.5	267.2	29.7
	大棚	354.4	306.3	212.8	22.4
	桃园	405.3	334.4	233.5	20.2
	蔬菜地	448.7	346.3	242.6	24.5
	均值	421.5	338.1	239.0	24.2

（续表）

地区	采样点	多环芳烃（μg/kg）			
		菲	荧蒽	芘	苯并［α］芘
加拿大农田多环芳烃标准		190	240	190	100
平均	河南	2.3	1.4	1.2	0.2
超标倍数	北京	2.2	1.4	1.3	0.24

由此可见，建立的QuEChERS/GS-MS方法操作简单，消耗溶剂量少，且灵敏度高，适用于土壤中菲、荧蒽、芘、苯并［α］芘的快速检测。

7.2.2 多环芳烃污染土壤植物修复效果

7.2.2.1 试验设计

选择经济作物甜菜和禾本科植物黑麦草、苏丹草、香根草为供试植物，通过盆栽试验方法，研究甜菜与3种杂草分别间作及各自单作种植对菲、荧蒽、芘和苯并［α］芘污染土壤的修复效果。试验历时为120d，分别种植两茬植物。供试土壤中上述4种PAHs的初始浓度如表7-7所示。

表7-7 供试土壤中4种PAHs初始浓度

项目	菲	荧蒽	芘	苯并［α］芘
初始浓度（mg/kg）	101.23±6.63	99.79±4.21	105.41±4.59	50.12±7.75

7.2.2.2 不同种植模式供试植物生物量变化

植物的生物量和株高是反映植物在污染环境中的抗性和生长能力的重要指标。

由图7-13可知，无论是添加污染物的土壤还是无污染物的土壤，各种植模式下甜菜、黑麦草、苏丹草和香根草均可生长；120d试验结束后，对未添加PAHs污染物的处理，间作作物对甜菜的生物量影响不大，甜菜与黑麦草、苏丹草、香根草间作的地下部分干物质量分别为139.77g/盆、145.87g/盆和143.90g/盆，略高于单作的135.20g/盆，但差异未达到显著水平（$P>0.05$）；间作黑麦草、苏丹草、香根草的地上部分干物质量分别为127.53g/盆、141.80g/盆和125.87g/盆，比单作处理分别高21.67%、18.76%和22.23%，说明间作对4种植物的生长均有不同程度的促进作用。

进行第一茬植物种植时，土壤中污染物浓度处于较高水平。由图7-13可以看出，4种植物的生物量和株高明显低于无添加污染物土壤种植的植物，其中，单作甜菜地下部分和地上部分干物质量分别为74.33g/盆、33.47g/盆，比未添加污染物处理的单作甜菜分别低45.02%和38.16%；单作黑麦草、苏丹草、香根草的地上部分干物质量分别为86.67g/盆、84.60g/盆和80.47g/盆，比未添加污染物单作处理分别低17.32%、21.33%和21.85%，说明这3种杂草较甜菜对PAHs有着较强的耐受能力。对比单作与间作种植模式各植物的生物量和株高可以看出，间作种植模式上述指标显著高于单作处理（P<0.05），间作一方面发挥了种间互利优势，同时提高了植物对污染物的抗性。但无论间作还是单作种植，第一茬的4种植物生物量和株高均低于无污染物添加处理，说明高浓度的PAHs对植物的生长有较强的抑制作用。第二茬种植的植物生物量与株高较第一茬植物均明显提高，除单作甜菜处理外，其他处理植物生物量和株高较无污染物添加处理高，可能与第一茬植物种植后土壤中污染物浓度降低有关。

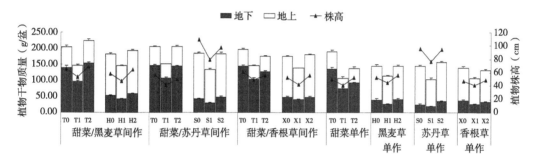

T. 甜菜；H. 黑麦草；S. 苏丹草；X. 香根草。符号后数字含义：0. 无污染物添加土壤中植物；
1. 添加污染物土壤中第一茬植物；2. 添加污染物土壤中第二茬植物

图7-13　不同种植模式供试植物生物量对比

7.2.2.3　不同种植模式土壤中多环芳烃的去除效果

不同种植模式下，试验结束后供试土壤中菲、荧蒽、芘和苯并［α］芘残留量及去除率如表7-8所示。由表7-8可知，第一茬植物收获后，供试土壤中4种PAHs总残留浓度为195.34~273.99mg/kg，PAHs去除率为23.41%~45.40%；无种植植物的对照处理土壤4种PAHs总残留浓度为305.17mg/kg，PAHs减少率为14.69%。第二茬植物收获后，种植植物的土壤总残留浓度为54.19~186.28mg/kg，PAHs去除率为32.01%~72.31%；而无种植植物的对照处理土壤残留浓度为237.62mg/kg，PAHs减少率仅为22.13%。种植两茬植物收获后，种植植物的土壤PAHs去除率为47.93%~84.85%，无植物种植的土壤PAHs减少率为33.58%。结果表明，种植该4种植物明显促进了土壤中菲、荧蒽、芘和苯并［α］芘的降解，可显著提高土壤中PAHs的去除效果（P<0.05）。

单作种植模式下，黑麦草、苏丹草、香根草和甜菜对4种PAHs的降解效果为，黑麦草≈香根草>苏丹草>甜菜；黑麦草、苏丹草、香根草单作处理对土壤PAHs最终去除率分别为66.33%、61.94%和64.79%；甜菜单作处理对土壤PAHs的去除率显著低于其他3种植物，仅为47.93%（$P<0.05$）。由于植物的根系形态和根际特征存在较大差异性，不同植物对PAHs污染土壤的修复潜力也有较大差异。试验中3种杂草单作种植处理对土壤PAHs的去除率均高于甜菜单作种植，可能与杂草根系发达、植株生长旺盛有关；苏丹草单作处理低于黑麦草和香根草处理，可能与黑麦草和香根草较苏丹草须根丰富有关，因根比表面积大，根系分泌物数量和种类多，从而刺激根的酶活性和根际微生物数量，利于PAHs降解和植物对PAHs的吸收。

间作种植模式下，甜菜/黑麦草间作、甜菜/苏丹草间作及甜菜/香根草间作种植处理土壤PAHs最终去除率分别为84.85%、79.96%和84.11%，显著高于单作种植处理。甜菜与3种杂草间作种植明显促进了土壤中PAHs的降解，间作种植模式对土壤PAHs污染的修复效果优于单作种植，这可能是由于不同植物品种组合形成的间作系统，能改变根际微环境的理化性质和生物学特性，特别是能通过根系分泌物和其他根际过程，从而改变根际微生物的种类和数量，改变根际土壤酶的活性和植物生长的营养条件等，最终影响PAHs的根际降解和植物吸收。

表7-8　不同种植模式土壤中PAHs残留量和去除率

多环芳烃		单作种植				间作种植			无植物
		黑麦草	苏丹草	香根草	甜菜	甜菜/黑麦草	甜菜/苏丹草	甜菜/香根草	CK
第一茬	菲残留量（mg/kg）	62.51± 4.44	65.99± 4.18	64.57± 5.70	73.20± 3.54	49.75± 2.13	54.43± 3.70	51.05± 2.51	86.91± 6.93
	荧蒽残留量（mg/kg）	63.57± 6.93	65.66± 2.08	65.28± 4.55	74.32± 2.62	51.32± 4.31	52.37± 2.27	50.40± 2.40	83.16± 4.85
	芘残留量（mg/kg）	72.40± 5.60	73.25± 5.13	71.31± 1.32	82.89± 3.14	61.34± 3.06	62.49± 4.27	60.01± 3.72	90.94± 4.78
	苯并［α］芘残留量（mg/kg）	38.58± 3.23	40.27± 1.75	38.17± 2.19	43.59± 2.25	33.27± 2.65	36.34± 3.27	33.89± 2.17	44.16± 3.01
	残留总量（mg/kg）	237.06	245.16	239.34	273.99	195.68	205.63	195.34	305.17
	去除率（%）	33.73	31.47	33.10	23.41	45.30	42.52	45.40	14.69
第二茬	菲残留量（mg/kg）	36.05± 4.87	37.64± 3.21	36.35± 2.48	54.85± 4.42	16.16± 2.03	19.76± 2.24	18.58± 1.65	70.06± 2.32
	荧蒽残留量（mg/kg）	31.86± 1.09	36.77± 0.60	32.47± 2.74	53.85± 1.71	18.43± 0.88	21.38± 2.76	24.41± 1.42	69.75± 4.12

（续表）

多环芳烃		单作种植				间作种植			无植物
		黑麦草	苏丹草	香根草	甜菜	甜菜/黑麦草	甜菜/苏丹草	甜菜/香根草	CK
第二茬	芘残留量（mg/kg）	41.44 ± 1.10	45.81 ± 4.51	43.33 ± 4.14	59.32 ± 6.87	20.52 ± 2.82	24.54 ± 5.34	17.91 ± 2.28	73.34 ± 4.39
	苯并［α］芘残留量（mg/kg）	24.44 ± 3.68	25.92 ± 2.49	23.48 ± 3.36	31.59 ± 1.43	14.41 ± 2.80	17.02 ± 1.33	14.95 ± 2.20	36.80 ± 3.03
	残留总量（mg/kg）	120.45	136.14	125.97	186.28	54.19	71.70	56.84	237.62
	去除率（%）	44.19	44.47	47.37	32.01	72.31	65.13	70.90	22.13
最终去除率（%）		66.33	61.94	64.79	47.93	84.85	79.96	84.11	33.58

由图7-14可知，同等条件下污染土壤中菲、荧蒽、芘和苯并［α］芘降解率顺序为菲>荧蒽>芘>苯并［α］芘，苯并［α］芘的降解率显著低于其他3种污染物，这可能与随着分子量增大、苯环数增加，降解难度变大，在土壤中持留性增强有关。

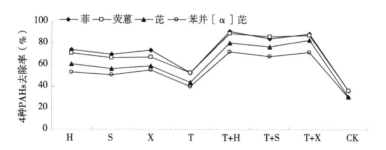

H. 黑麦草单作；S. 苏丹草单作；X. 香根草单作；T. 甜菜单作；T+H. 甜菜/黑麦草间作；
T+S. 甜菜/苏丹草间作；T+X. 甜菜/香根草间作；CK. 无植物种植

图7-14　不同种植模式对菲、荧蒽、芘和苯并［α］芘去除率对比

7.3　邻苯二甲酸酯污染土壤植物修复试验

7.3.1　土壤中邻苯二甲酸酯的提取方法

7.3.1.1　样品处理方法

将采集的邻苯二甲酸酯（PAEs）污染土壤样品自然风干，磨碎后过60目筛，放在玻璃容器中保存。

选择不含PAEs的空白土样进行回收率试验。准确称取2g空白土样置于10mL玻璃离心管中，加入所需添加量的PAEs混合标准溶液，再加入足量的萃取剂完全浸没土样，使PAEs在土样中彻底混匀，然后将土样置于通风橱内晾干备用。

准确称取2g土样置于10mL的玻璃离心管中，先加入2mL超纯水，涡旋1min（为了避免接触离心管的塑料盖子，用铝箔纸将盖子与样品分离开来），然后加入5mL的乙腈，利用涡旋振荡器大力涡旋1min，之后再加入2g无水$MgSO_4$和0.5gNaCl，立即涡旋1min（立即涡旋是为了避免无水$MgSO_4$吸水时形成结块）。随后离心管在4 000rpm离心5min，最后取上清液过0.22μm滤膜，采用高效液相色谱（HPLC）进行检测。

HPLC测定的色谱条件为，色谱分离柱：Waters Symmetry C_{18}柱（250mm×4.6mm，5μm）；流动相：甲醇（A）—水（B）；柱温：25℃；进样量：20μL；检测波长：225nm；流速：1.0mL/min。梯度洗脱程序：0~3min，85%A，15%B；3~7min，85%A线性变化100%A；7~10min，100%A。

QuEChERS萃取法实验步骤如图7-15所示。

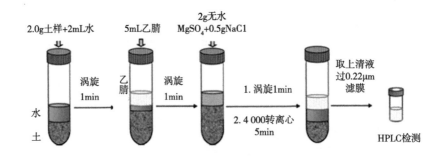

图7-15　QuEChERS方法实验步骤

7.3.1.2　空白试验

由于PAEs是一种塑料增塑剂，试验过程中应严格控制溶剂、器皿和操作过程带来的PAEs污染。

对于试验中所使用的试剂进行HPLC测定，4种PAEs［邻苯二甲酸二甲酯、邻苯二甲酸二乙酯、邻苯二甲酸二丁酯和邻苯二甲酸二（2-乙基己基）酯］均未检出。取空白土样作全过程空白试验，依据上述试验方法进行样品处理，经HPLC检测，结果表明，4种PAEs均未检出，满足分析要求。

7.3.1.3　萃取剂的选择

由于乙腈和乙酸乙酯在QuEChERS法萃取水果和蔬菜中农药残留的高萃取率而被选择作为该方法的萃取剂；另外，PAEs在甲醇和乙腈中有较好的溶解性，这两种溶剂都与水互溶，加盐离心后均可以与水相分离，均可作为QuEChERS前处理的萃取溶剂。因此，选择乙腈、乙酸乙酯和甲醇作为萃取剂。

由表7-9可以看出，乙腈作为萃取剂对4种PAEs都有较好的回收率；乙酸乙酯较易粘在器壁上，不利于PAEs与土样的分离；甲醇对PAEs的萃取回收率较低。乙腈可在盐（无水$MgSO_4$和NaCl）加入时很好地从水相中分离开来，实现了较高的回收率，因此，选用乙腈作为萃取剂。

表7-9   不同萃取剂对PAEs回收率的影响

化合物	PAEs回收率（%）		
	乙腈	乙酸乙酯	甲醇
邻苯二甲酸二甲酯（DMP）	82.1	80.5	56.3
邻苯二甲酸二乙酯（DEP）	79.3	74.9	61.7
邻苯二甲酸二丁酯（DBP）	84.9	81.2	77.5
邻苯二甲酸二（2-乙基己基）酯（DEHP）	97.8	93.3	79.1

7.3.1.4   超纯水体积的优化

通过在2g加标土样中分别加入2mL和3mL超纯水，混合物涡旋1min，随后进行萃取。加入一定数量和成比例的乙腈及盐，按QuEChERS萃取法的试验步骤进行操作，研究土样中加入不同体积超纯水对目标分析物回收率的影响。结果表明，邻苯二甲酸二甲酯（DMP）的加标回收率分别为79.58%和81.01%，邻苯二甲酸二乙酯（DEP）的加标回收率分别为67.72%和65.43%，邻苯二甲酸二丁酯（DBP）的加标回收率分别为85.25%和84.33%，邻苯二甲酸二（2-乙基己基）酯（DEHP）的加标回收率分别为89.96%和91.14%；不同体积的水对回收率影响无显著差别。因此选择加入2mL超纯水，足以完全浸透土样，为涡旋部分适当的提供了土样适合的均质化。

7.3.1.5   萃取剂体积的优化

由于玻璃离心管容积的限制，萃取剂体积也受到限制，因此土壤样品量选择2g，萃取剂体积分别为3mL和5mL，水的体积和盐的质量根据萃取剂体积成比例加入。试验结果表明，萃取剂为5mL时对土样中4种PAEs的回收率较高，均可达87%以上。

7.3.1.6   分离剂盐量的优化

土样经萃取溶剂萃取后加入盐是为了实现有机相与水相的分离，从而完成了目标分析物的提取过程。NaCl加入引起的盐析效应通常会导致极性化合物回收率的增加，能够控制有机相中水的百分比。加入过饱和的无水MgSO₄可大量吸水，从而显著减少水相，促进分析物从有机相中分离。由表7-10可以看出，5mL的萃取剂提取后加入2g无水MgSO₄和0.5g NaCl，PAEs回收率最高。

表7-10　不同组合盐量对PAEs回收率的影响

盐量（g）		PAEs回收率（%）			
MgSO₄	NaCl	邻苯二甲酸二甲酯（DMP）	邻苯二甲酸二乙酯（DEP）	邻苯二甲酸二丁酯（DBP）	邻苯二甲酸二（2-乙基己基）酯（DEHP）
	0	72.1	70.3	83.3	86.5
1	0.25	80.1	76.6	82.1	85.6
	0.5	69.2	63.7	79.2	84.0
	0	79.5	67.2	82.0	85.5
2	0.25	66.3	71.1	81.3	89.6
	0.5	95.2	89.9	102.4	103.7

7.3.1.7　提取液净化

由于土壤样品中包含的有机物种类多种多样，且有机溶剂对有机物的溶解范围较宽泛，因此在土壤样品提取过程中，提取液中不可避免的含有一些除目标分析物以外的其他物质，这些杂质可能会干扰待测物质的定性和定量分析，对结果产生不利影响。因此，在对土壤样品中有机污染物进行提取后，根据具体情况，还需要对提取液进行净化处理。常用的净化材料有硅胶、C₁₈、氧化铝、弗罗里硅土等。

对土样中的PAEs的提取液进行净化时，弗罗里硅土是一种常用的净化剂，它利用自身对提取液组分亲和力的不同，达到分离提取液组分的目的。因此，选择弗罗里硅土作为净化材料。

弗罗里硅土净化提取液的试验步骤：准确称取2g加标土样，置于10mL玻璃离心管中，加入2mL超纯水，涡旋1min；然后加入5mL乙腈，涡旋振荡器大力涡旋1min；之后再加入2g无水MgSO₄和0.5gNaCl，立即涡旋1min，4 000rpm离心5min，取出上清液；随后在上清液中加入0.6g MgSO₄和0.1g弗罗里硅土吸附剂，涡旋2min，以4 000rpm离心5min，取上清液过0.22μm的滤膜，采用HPLC测定。

由表7-11可知，弗罗里硅土净化与未净化提取液相比，4种PAEs的去除率无显著差异，因此，为了减少试验步骤，选择不加弗罗里硅土净化。

表7-11　弗罗里硅土净化与未净化对PAEs回收率的影响

PAEs回收率（%）	邻苯二甲酸二甲酯（DMP）	邻苯二甲酸二乙酯（DEP）	邻苯二甲酸二丁酯（DBP）	邻苯二甲酸二（2-乙基己基）酯（DEHP）
弗罗里硅土净化	92.8	95.6	98.1	100.3
未净化	91.4	96.2	99.5	99.6

7.3.1.8　QuEChERS萃取方法与超声萃取方法的比较

超声萃取法步骤为：准确称取2g加标土样于10mL的玻璃离心管中，超声提取样品；15mL丙酮—正己烷（体积比1：1）混合溶液，分3次进行超声提取，每次5mL，每次萃取10min，然后4 000rpm离心5min，取上清液；合并3次的上清液，旋转蒸发至1～2mL，待净化。

以加标土样为测定样品，将QuEChERS萃取法与超声萃取法进行比较，如图7-16所示。由图可知，QuEChERS萃取法与超声提取法对土壤中4种PAEs的回收率之间无显著差异，且萃取效果均较为理想；但QuEChERS萃取法操作过程简便，消耗的萃取剂和萃取时间也有较大程度上的减小，且萃取剂为乙腈，用HPLC测定时无需进行试剂的置换，而超声萃取法则需将其置换为甲醇相。因此，选择QuEChERS法测定土壤中的4种PAEs。

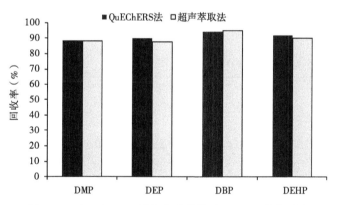

图7-16　QuEChERS法与超声萃取法PAEs回收率对比

7.3.1.9　方法的线性关系

采用甲醇将4种PAEs混合标准储备液稀释，配置成质量浓度分别为0.1μg/mL、0.5μg/mL、1.0μg/mL、2.0μg/mL、5.0μg/mL和10.0μg/mL的校正曲线工作液，进行HPLC检测。

以各组分的峰面积为纵坐标Y，质量浓度为横坐标X绘制标准曲线。由表7-12可知，4种PAEs线性相关系数R^2为0.992 9～0.998 2，线性关系良好。

表7-12 PAEs的线性方程和线性相关系数

化合物	线性方程	相关系数R^2
邻苯二甲酸二甲酯（DMP）	$Y=63\,936X+4\,016.2$	0.998 2
邻苯二甲酸二乙酯（DEP）	$Y=62\,220X-9\,881.6$	0.995 6
邻苯二甲酸二丁酯（DBP）	$Y=33\,962X-3\,787.1$	0.995 7
邻苯二甲酸二（2-乙基己基）酯（DEHP）	$Y=32\,949X-4\,382.6$	0.992 9

7.3.1.10 加标回收率和精密度

准确称取7个2g的空白土样，分别加入5种PAEs的混合标准溶液，按照最佳试验方案对7个加标土样进行加标回收率的测定。由表7-13可以看出，4种PAEs的加标回收率为94.7% ~ 102.8%，根据EPA方法计算得到相对标准偏为1.6% ~ 4.3%，方法检出限为0.49 ~ 1.29μg/kg。

表7-13 检测方法的PAEs回收率、相对标准偏差和检出限

化合物	加标回收率（%）	相对标准偏差（%）	方法检出限（μg/kg）
邻苯二甲酸二甲酯（DMP）	96.3	2.7	0.80
邻苯二甲酸二乙酯（DEP）	94.7	4.3	1.29
邻苯二甲酸二丁酯（DBP）	101.1	1.6	0.49
邻苯二甲酸二（2-乙基己基）酯（DEHP）	102.8	2.1	0.62

7.3.1.11 检测方法的应用

采用建立的检测方法对北京和河南典型污灌区的土壤进行测定分析，测定结果如表7-14所示。由表可知，DMP、DEP、DBP、DEHP在采样区土壤中均被检出，且DBP和DEHP含量较高，这与大部分地区土壤PAEs的污染情况相似；从不同地区土壤中PAEs的污染物组分来看，DBP和DEHP是土壤中最主要的PAEs污染物，浓度、检出率和超标率均相对较高。

表7-14 典型污灌区土壤样品PAEs测定结果

化合物	PAEs检出量（mg/kg）				
	北京1	北京2	北京3	河南1	河南2
邻苯二甲酸二甲酯（DMP）	1.13	2.12	1.10	0.38	0.08
邻苯二甲酸二乙酯（DEP）	3.09	0.21	0.04	2.29	0.19

（续表）

化合物	PAEs检出量（mg/kg）				
	北京1	北京2	北京3	河南1	河南2
邻苯二甲酸二丁酯（DBP）	8.67	5.80	7.72	12.94	9.79
苯二甲酸二（2-乙基己基）酯（DEHP）	14.26	13.91	10.04	11.42	12.71

7.3.2 邻苯二甲酸酯污染土壤植物修复效果

7.3.2.1 试验设计

选择经济作物甜菜和禾本科植物黑麦草、苏丹草、香根草为供试植物，通过盆栽试验方法，研究甜菜与三种杂草分别间作及各自单作种植对邻苯二甲酸二甲酯（DMP）、邻苯二甲酸二乙酯（DEP）、邻苯二甲酸二丁酯（DBP）和邻苯二甲酸二（2-乙基己基）酯（DEHP）污染土壤的修复效果。试验分别种植两茬植物。

7.3.2.2 不同种植模式土壤邻苯二甲酸酯的去除效果

由表7-15可知，第一茬植物收获后，种植植物的土壤中4种PAEs的总去除率为24.43%～44.88%，无植物种植的对照处理（CK）土壤PAEs的总去除率为19.39%。由表7-16可知，种植植物的土壤中PAEs总去除率为58.37%～81.08%，无植物种植处理仅为38.18%。经过两茬植物种植后，不同种植模式对土壤中4种PAEs均有明显的去除；种植植物与无植物种植相比，种植植物可以明显提高土壤中4种PAEs的去除率。根据植物修复土壤中有机污染物的机理，植物既可直接吸收土壤中的有机物，植物根系分泌物和植物释放的酶类也可促进有机污染物的降解，同时，还可通过根际微生物与植物的交互作用降解土壤中的有机污染物。

表7-15 种植第一茬植物后土壤中PAEs的去除率

去除率（%）	甜菜单作 T	黑麦草单作 H	香根草单作 X	苏丹草单作 S	空白对照 CK	黑麦草/甜菜间作 HT	苏丹草/甜菜间作 ST	香根草/甜菜间作 XT
邻苯二甲酸二甲酯（DMP）	25.86± 1.28	42.90± 2.63	40.65± 3.13	37.29± 3.32	20.54± 2.13	51.63± 3.75	48.13± 1.68	48.54± 4.25
邻苯二甲酸二乙酯（DEP）	24.49± 1.35	33.75± 3.17	31.95± 1.47	29.76± 1.39	19.06± 2.35	40.95± 2.17	36.87± 2.34	37.38± 1.22
邻苯二甲酸二丁酯（DBP）	20.95± 1.12	30.13± 2.36	27.87± 2.14	24.65± 2.23	17.25± 1.88	38.15± 1.84	33.49± 3.20	37.48± 3.19

（续表）

去除率（%）	甜菜单作 T	黑麦草单作 H	香根草单作 X	苏丹草单作 S	空白对照 CK	黑麦草/甜菜间作 HT	苏丹草/甜菜间作 ST	香根草/甜菜间作 XT
邻苯二甲酸二（2-乙基己基）酯（DEHP）	20.31 ± 2.11	25.02 ± 3.44	24.17 ± 2.33	22.86 ± 2.44	16.83 ± 2.51	29.34 ± 3.22	28.03 ± 3.15	28.49 ± 3.14
总PAEs	24.43 ± 0.73	37.07 ± 3.10	35.06 ± 1.28	32.26 ± 0.82	19.39 ± 2.34	44.88 ± 1.28	41.21 ± 1.01	42.08 ± 0.43

表7-16　种植第二茬植物后土壤中PAEs的去除率

去除率（%）	甜菜单作 T	黑麦草单作 H	香根草单作 X	苏丹草单作 S	空白对照 CK	黑麦草/甜菜间作 HT	苏丹草/甜菜间作 ST	香根草/甜菜间作 XT
邻苯二甲酸二甲酯（DMP）	67.31 ± 2.31	81.49 ± 0.88	78.92 ± 0.87	75.46 ± 0.85	40.79 ± 0.58	88.19 ± 2.22	84.28 ± 2.41	85.31 ± 3.61
邻苯二甲酸二乙酯（DEP）	55.10 ± 0.88	69.66 ± 1.45	67.88 ± 0.48	63.26 ± 2.51	37.52 ± 1.52	78.86 ± 1.37	73.34 ± 1.78	75.02 ± 1.36
邻苯二甲酸二丁酯（DBP）	41.85 ± 0.34	59.43 ± 2.33	56.27 ± 1.22	49.54 ± 3.24	34.07 ± 3.24	69.77 ± 0.94	62.90 ± 1.49	64.54 ± 2.99
邻苯二甲酸二（2-乙基己基）酯（DEHP）	41.23 ± 1.12	50.66 ± 1.69	48.65 ± 1.63	45.32 ± 1.42	30.65 ± 1.61	62.78 ± 1.73	55.83 ± 2.33	59.15 ± 2.54
总PAEs	58.37 ± 1.73	72.73 ± 1.05	70.39 ± 0.44	66.17 ± 0.62	38.18 ± 1.38	81.08 ± 0.75	76.07 ± 2.08	77.55 ± 2.30

单作种植模式下，4种植物对土壤中PAEs的去除率为黑麦草>香根草>苏丹草>甜菜，4种植物对土壤中4种PAEs的最终去除率分别为72.73%、70.39%、66.17%和58.37%，其中黑麦草对土壤PAEs的修复效果最好。由于植物的根系形态和根际特征存在较大差异，不同植物对PAEs污染土壤的修复效果也会有所差异，3种牧草单作处理对土壤中PAEs的去除率高于甜菜单作处理，可能与牧草发达的根系有关。间作种植模式下，香根草/甜菜、黑麦草/甜菜和苏丹草/甜菜间作对土壤中4种PAEs的最终去除率分别为77.55%、81.08%和76.07%。

不同处理对4种PAEs的去除率为黑麦草/甜菜>香根草/甜菜>苏丹草/甜菜>黑麦草>香根草>苏丹草>甜菜，间作种植的去除效果优于单作种植。间作种植模式增强了植物根际微生物的交互作用，促进了植物生长，从而可提高植物对污染物的积累及促进植物对有机污染物的降解。

由图7-17可知，不同种植模式下单一污染物的去除率表现出了较大的差异，4种PAEs在不同处理土壤中的去除率为DMP>DEP>DBP>DEHP；DMP去除率最高，种植植物处理土壤DMP去除率为67.31%~88.19%；DEHP去除率最低，去除率为41.23%~62.78%。4种PAEs的碳链按由短到长的排列顺序为DMP<DEP<DBP<DEHP，PAEs的碳链长度与去除率呈负相关性，碳链越短的PAEs去除率越高；4种PAEs中DMP的碳链最短，最有利于土壤微生物降解，其去除率最高；DEHP碳链最长，不利于生物降解，故去除率最低；说明土壤微生物降解对土壤中4种PAEs的去除起着重要作用。

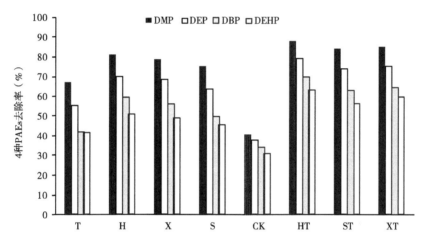

T. 甜菜单作；H. 黑麦草单作；X. 香根草单作；S. 苏丹草单作；CK. 无植物种植；
HT. 黑麦草/甜菜间作；ST. 苏丹草/甜菜间作；XT. 香根草/甜菜间作

图7-17　不同种植模式对土壤中PAEs的去除率

7.3.2.3　不同种植模式植物对邻苯二甲酸酯的吸收累积规律

植物直接吸收污染物是土壤中PAEs去除的一种途径。由图7-18可知，无论单作还是间作种植，4种植物地上部分PAEs的含量明显高于植物地下部分，说明PAEs易在4种植物的根部积累。4种植物中黑麦草对PAEs的吸收量最大，是其对土壤中PAEs去除率较高的原因之一。

单作植物与相对应的间作植物相比，甜菜与牧草间作的黑麦草、香根草、苏丹草中PAEs的含量分别高于单作的黑麦草、香根草、苏丹草，说明与单作模式相比，间作增强了3种牧草对PAEs的吸收积累。间作种植一方面促进了植物生长，另一方面可使两种植物优势互补，吸收更多污染物。而间作甜菜PAEs吸收量均低于单作甜菜，说明间作降低了甜菜对PAEs的吸收；对甜菜来说主要利用其地下部分，间作种植地下部分PAEs含量均明显低于单作甜菜地下部分含量，说明间作模式更有利于甜菜的再利用。

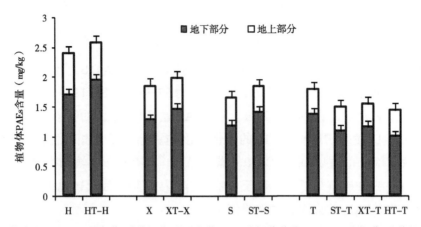

H. 黑麦草单作；HT-H. 黑麦草/甜菜间作的黑麦草；X. 香根草单作；XT-X. 香根草/甜菜间作的香根草；S. 苏丹草单作；ST-S. 苏丹草/甜菜间作的苏丹草；T. 甜菜单作；ST-T. 苏丹草/甜菜间作的甜菜；XT-T. 香根草/甜菜间作的甜菜；HT-T. 黑麦草/甜菜间作的甜菜

图7-18　不同种植模式下植物吸收PAEs量对比

由图7-19可知，4种植物中黑麦草的PAEs生物富集系数（BCFs）最高，表明黑麦草对土壤中4种PAEs的修复能力最好；其次为香根草、苏丹草和甜菜。单作的4种植物与其相对应的间作植物相比，间作植物的BCFs明显高于单作植物，说明间作对土壤中PAEs的修复能力高于单作种植模式。从植物对土壤有机污染物的修复机理来看，植物直接吸收只是植物修复土壤污染物的途径之一。土壤微生物降解与土壤酶的催化效应起着很大的作用，间作套种一方面可提高植物的生物量，另一方面能更好地发挥植物的种间互惠作用，促使植物根际分泌更多的营养物质，增加根际微生物数量，提高微生物新陈代谢能力，促进植物根际微生物对污染物的降解。因此，间作种植可优先考虑作为土壤中PAEs修复的植物种植模式。

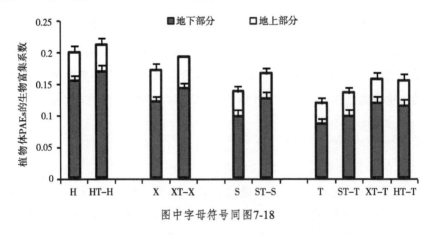

图中字母符号同图7-18

图7-19　不同种植模式下植物体内PAEs的生物富集系数

由表7-17可知，不同种植模式下4种植物对PAEs的植物累积总量为30.54～

74.13μg/盆，对土壤中PAEs的去除贡献率不足1%，说明植物累积不是土壤中PAEs修复的主要途径。

表7-17　植物体PAEs的累积量及富集系数

处理	植物地下部分PAEs含量（mg/kg）	植物地上部分PAEs含量（mg/kg）	地下部分富集系数	地上部分富集系数	植物累积总量（μg/盆）
T	1.386 ± 0.63c	0.41 ± 1.33b	0.085 ± 0.07d	0.033 ± 0.07bc	34.04 ± 0.06a
HT-T	1.01 ± 2.06c	0.44 ± 1.05b	0.115 ± 0.03e	0.04 ± 0.10bc	38.58 ± 0.07b
ST-T	1.101 ± 0.83ab	0.405 ± 2.11a	0.099 ± 0.12a	0.036 ± 0.07de	39.58 ± 0.02d
XT-T	1.171 ± 1.42b	0.378 ± 1.67a	0.12 ± 0.04c	0.038 ± 0.09d	30.54 ± 0.08b
S	1.186 ± 0.28c	0.464 ± 1.01b	0.099 ± 0.15c	0.039 ± 0.15c	55.64 ± 0.05a
X	1.286 ± 0.13d	0.57 ± 0.53c	0.122 ± 0.12f	0.049 ± 0.04a	64.74 ± 0.03a
H	1.711 ± 0.11d	0.688 ± 0.45c	0.154 ± 0.05ef	0.047 ± 0.12b	65.11 ± 0.10d
ST-S	1.415 ± 1.01c	0.434 ± 1.47b	0.127 ± 0.10cd	0.039 ± 0.20d	65.49 ± 0.06bc
XT-X	1.47 ± 0.06d	0.513 ± 0.38c	0.143 ± 0.08g	0.05 ± 0.06ab	68.80 ± 0.02b
HT-H	1.957 ± 0.21d	0.617 ± 0.22c	0.17 ± 0.06f	0.043 ± 0.03d	74.13 ± 0.10b

8 典型重金属—有机物复合污染农田土壤修复技术

8.1 苏丹草修复镉—芘复合污染土壤试验研究

8.1.1 试验设计

采用盆栽试验，研究苏丹草对镉—芘复合污染土壤的修复效果。试验设3个镉（Cd）污染水平（6mg/kg、9mg/kg、18mg/kg）和3个芘（Pyrene）污染水平（5mg/kg、50mg/kg、300mg/kg），以不添加污染物处理为对照（CK），各处理分别设计不种植苏丹草作为对比；为对比复合污染和单一污染的差异性，试验设计单一镉污染处理和单一芘污染处理。所有处理均设3个重复，试验周期为60d。苏丹草先行育苗，然后移栽，每盆移栽3株幼苗。

镉—芘复合污染土壤制备方法：将$CdSO_4 \cdot 8H_2O$配制成试验所需的一系列浓度，分别加入土壤中，混合均匀，并保持土壤水分为60%田间持水量稳定3个月。培养后的土壤自然风干后，过2mm筛，将芘以丙酮溶液的形式按设计浓度施入，并混合均匀。按前述处理后的土壤装盆，每盆装1.5kg风干土，保持土壤水分为60%田间持水量，放至温室中稳定。种植前采集土壤，测定各处理土壤镉和芘初始浓度，实测值如表8-1所示。

表8-1　镉—芘复合污染试验土壤污染物添加量及初始浓度

处理编号	镉（Cd）		芘（Pyrene）	
	外源添加浓度（mg/kg）	土壤初始浓度（mg/kg）	外源添加浓度（mg/kg）	土壤初始浓度（mg/kg）
F1	6	6.040	5	5.110
F2	6	6.040	50	50.080
F3	6	6.048	300	299.480
F4	9	9.168	5	4.968
F5	9	9.168	50	51.010

（续表）

处理编号	镉（Cd）		芘（Pyrene）	
	外源添加浓度（mg/kg）	土壤初始浓度（mg/kg）	外源添加浓度（mg/kg）	土壤初始浓度（mg/kg）
F6	9	9.161	300	302.130
F7	18	18.113	5	5.151
F8	18	18.113	50	50.943
F9	18	18.113	300	305.470
CK	0	0.325	0	Nd
B1	0	0.325	5	5.175
B3	0	0.315	50	51.217
B5	0	0.302	300	302.450
G2	6	6.035	0	Nd
G3	9	9.155	0	Nd
G4	18	18.155	0	Nd

注：Nd表示未检出

8.1.2 镉—芘复合污染对苏丹草生理生长的影响

植物生长高度和生物量是反映植物生长发育状况的重要指标，植物在污染环境中的抗性和生长能力是污染土壤植物修复的决定性因素。由图8-1、图8-2和表8-2可知，60d试验结束后，苏丹草地上部分干重受芘浓度水平的显著影响，受镉浓度水平及镉芘相互作用的影响差异不显著；相对于地上部分，苏丹草地下部分干重受镉浓度水平、镉芘相互作用的显著影响，受芘浓度水平的影响差异达极显著水平；苏丹草株高受镉、芘浓度水平的影响差异达极显著水平，受镉芘相互作用影响差异达显著水平；所有镉—芘复合污染处理苏丹草株高与地下部分干重均小于对照处理（CK），但F1、F4处理苏丹草地上部分干重大于对照处理。

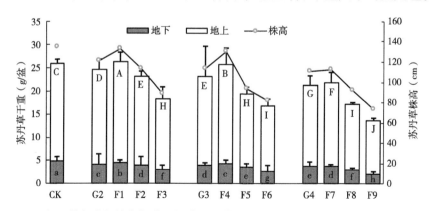

图8-1 镉—芘复合污染与镉单一污染处理苏丹草地上、地下部分生物量及株高对比

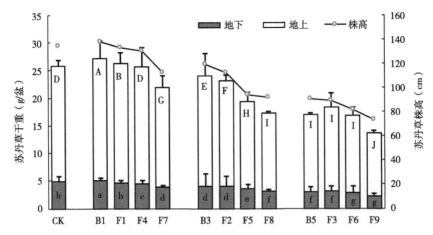

图8-2　镉—芘复合污染与芘单一污染处理苏丹草地上、地下部分生物量及株高

表8-2　苏丹草地上、地下部生物量及株高与污染水平显著性分析

方差分析	地上部分干重	地下部分干重	株高
芘浓度	*	**	**
镉浓度	NS	*	**
镉×芘	NS	*	*

注：*为5%显著水平，**为1%显著水平，NS为无显著影响

由图8-1可知，向土壤中添加5mg/kg芘时，苏丹草株高，地上、地下部分干重均较单一镉污染显著增大，而向土壤中添加50mg/kg、300mg/kg芘时，苏丹草株高，地上、地下部分干重却较单一镉污染显著减小。由图8-2可以看出，镉的添加使得苏丹草株高，地上、地下部分干重较单一芘污染低（5mg/kg）、中浓度（50mg/kg）污染水平显著下降；当土壤芘浓度达300mg/kg时，添加6mg/kg、9mg/kg镉处理苏丹草的生长与单一芘污染差异不明显，而镉浓度水平18mg/kg则导致苏丹草生长受到更为严重的抑制。

总体上，低浓度（5mg/kg）芘可以缓解镉对植物造成的毒性，而中（50mg/kg）、高浓度（300mg/kg）芘则会增强镉的毒性作用，镉的加入削弱了芘低浓度水平对苏丹草生长的促进作用，而加剧了芘中浓度水平对苏丹草生长的抑制作用。

由表8-3可知，施加芘低浓度（5mg/kg）水平对缓解镉浓度水平9mg/kg所造成的苏丹草生长受阻最为有效。总体上（F5、F6处理除外），芘浓度水平50mg/kg、300mg/kg对镉污染造成的抑制作用的增强效果随镉污染浓度的增大而增加，即土壤镉污染浓度越高，加入50mg/kg、300mg/kg芘后，苏丹草的生长情况较单一镉污染抑制作用越明显。

表8-3　镉—芘复合污染较单一镉污染处理苏丹草各生长指标变化情况

处理编号	增长率（%）		
	地上部分	地下部分	株高
F1	6.68	7.84	9.69
F2	−6.33	−3.56	−6.85
F3	−25.48	−27.55	−26.65
F4	10.86	11.34	14.58
F5	−17.7	−10.33	−17.12
F6	−26.84	−30.98	−28.07
F7	2.45	3.49	1.59
F8	−17.27	−18.5	−17.15
F9	−34.95	−42.36	−33.99

由表8-4可知，当土壤中芘污染水平相同时，外源添加的镉浓度越高，苏丹草的生长受抑制程度也越大。

表8-4　镉—芘复合污染较单一芘污染处理苏丹草各生长指标变化情况

处理编号	增长率（%）		
	地上部分	地下部分	株高
F1	−9.94	−1.72	−3.68
F4	−12.13	−4.19	−5.67
F7	−23.26	−18.76	−18.23
F2	2.53	−4.93	−5.51
F5	−9.87	−21.47	−21.24
F8	−23.04	−29.55	−22.97
F3	2.7	8.66	−2.08
F6	−7.43	0.21	−10.04
F9	−27.36	−18.38	−19.22

8.1.3　苏丹草对土壤镉的吸附规律

由图8-3和表8-5可知，苏丹草地上部分、地下部分镉含量受到土壤镉、芘污染水平和镉芘相互作用的显著影响。无论单一镉污染处理，还是镉—芘复合污染处理，苏丹草地上及地下部分镉含量均随着土壤镉浓度水平的增高显著增加。

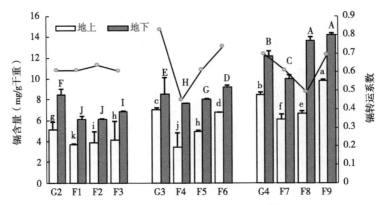

图8-3　不同处理苏丹草地上、地下部分镉含量及镉转运系数

表8-5　苏丹草地上、地下部镉含量与污染水平显著性分析

方差分析	地上部分镉含量	地下部分镉含量
芘浓度	**	**
镉浓度	**	**
镉×芘	**	**

注：**为1%显著水平

　　复合污染土壤中，有机污染物的加入可能会对植物从土壤中提取、积累重金属产生一定影响，且作用类型与植物种类、污染物种类有很大关系。本试验结果表明，芘的添加使得苏丹草地上部分镉含量低于单一镉污染处理（F9处理除外）。添加不同浓度芘对苏丹草地下部分镉含量产生不同的影响，当土壤中镉处于较低浓度（6mg/kg）时，添加不同浓度水平芘使苏丹草地下部分镉含量显著减小；当土壤中镉处于中等浓度（9mg/kg）水平时，添加5mg/kg、50mg/kg的芘使得苏丹草根部镉含量减小，而添加300mg/kg的芘使得苏丹草根部镉含量与单一镉污染处理无显著差异；当土壤中镉处于高浓度（18mg/kg）水平时，添加低浓度（5mg/kg）的芘对镉在地下部分的积累产生抑制作用，添加中浓度（50mg/kg）和高浓度（300mg/kg）的芘反而促进了镉在苏丹草根部的积累。

　　由图8-3可知，当土壤中芘含量在0～300mg/kg时，镉—芘复合污染土壤中镉在苏丹草体内运转系数为0.45～0.83。芘的添加对镉在苏丹草体内的转运产生了不同的影响，当土壤中镉浓度处于较高水平（9mg/kg、18mg/kg）时，不同浓度芘的添加抑制镉的转运，但当土壤镉为6mg/kg时，芘的加入却对镉在苏丹草体内的转运无显著影响。

由表8-6可知，苏丹草积累镉总量随着镉添加量的增加而增大，镉—芘复合污染土壤中镉浓度为6mg/kg、9mg/kg和18mg/kg时，苏丹草植株体积累镉总量分别为0.84～1.09mg/盆、1.07～1.20mg/盆和1.37～1.49mg/盆；同时，芘的加入抑制了植物对镉的积累总量，即镉—芘复合污染土壤中芘降低了6mg/kg、9mg/kg和18mg/kg镉污染水平土壤的植物修复效率。

表8-6 苏丹草地上、地下部分镉积累量及土壤镉植物去除率

	处理编号	地上部分镉积累量 （mg/盆）	地下部分镉积累量 （mg/盆）	植物积累镉总量 （mg/盆）	土壤镉去除率 （％）
单一镉污染	G2	1.05 ± 0.17	0.35 ± 0.03	1.40e	15.56
	G3	1.35 ± 0.27	0.34 ± 0.14	1.69b	12.52
	G4	1.49 ± 0.06	0.45 ± 0.03	1.94a	7.19
	F1	0.81 ± 0.07	0.28 ± 0.02	1.09g	12.11
	F2	0.74 ± 0.01	0.25 ± 0.02	0.99h	11.00
	F3	0.63 ± 0.09	0.21 ± 0.05	0.84i	9.33
	F4	0.73 ± 0.09	0.34 ± 0.01	1.07g	7.93
镉—芘复合污染	F5	0.78 ± 0.12	0.29 ± 0.03	1.07g	7.93
	F6	0.95 ± 0.06	0.25 ± 0.01	1.20f	8.89
	F7	1.10 ± 0.11	0.39 ± 0.03	1.49c	5.52
	F8	0.95 ± 0.07	0.42 ± 0.11	1.37e	5.07
	F9	1.12 ± 0.18	0.31 ± 0.02	1.43d	5.30
方差分析					
芘浓度		*	*	*	*
镉浓度		**	**	*	*
镉×芘		**	NS	*	*

注：*为5%显著水平，**为1%显著水平，NS为无显著影响

　　　同列数据后不同小写字母表示差异达5%显著水平

8.1.4 苏丹草对土壤芘的吸附规律

由表8-7可知，60d试验结束后，不种植苏丹草处理中土壤芘含量显著下降。

种植苏丹草处理中芘的去除率为59.18%～88.46%，而对照组不种植苏丹草处理芘的去除率仅为12.92%～40.73%。这种现象产生的原因，一方面可能是植物根际对土壤微生物的生长和活性产生了促进作用，另一方面也可能是由于植物根分泌物促进了芘的降解。由于植物的根系形态和根际特征存在很大差异性，不同植物对PAHs类有机污染物污染土壤的修复潜力也会有很大的差异，本试验种植苏丹草处理的土壤中芘去除率最高达88.46%，可能与苏丹草根系发达，植株生长旺盛有关。与种植苏丹草的处理相比，不种苏丹草的处理中土壤芘的去除率受土壤初始芘浓度的极显著影响。

表8-7　不同处理土壤中芘残留量及去除率

	处理编号	种植苏丹草		不种苏丹草	
		土壤芘残留量（mg/kg）	土壤芘去除率（%）	土壤芘残留量（mg/kg）	土壤芘去除率（%）
单一芘污染	B1	0.56 ± 0.21	88.94A	2.89 ± 0.51	42.66a
	B3	11.32 ± 2.95	78.19E	36.9 ± 2.98	28.88d
	B5	107.55 ± 13.23	63.88H	250.99 ± 15.27	15.71f
	F1	0.58 ± 0.13	88.46B	2.99 ± 0.55	40.73b
	F4	0.72 ± 0.32	85.51C	3.05 ± 0.21	39.55b
	F7	1.01 ± 0.11	80.35D	3.38 ± 0.30	38.43c
镉—芘复合污染	F2	12.09 ± 3.55	76.89F	39.41 ± 1.55	24.67e
	F5	12.76 ± 3.21	74.98F	39.06 ± 1.21	23.42e
	F8	14.50 ± 2.09	71.53G	40.04 ± 2.34	21.39e
	F3	115.65 ± 11.74	61.04I	255.81 ± 6.69	14.40g
	F6	120.04 ± 19.29	60.27I	260.56 ± 10.21	13.76g
	F9	124.70 ± 10.05	59.18J	266.00 ± 11.17	12.92g
方差分析	芘浓度		**		**
	镉浓度		**		NS
	镉×芘		NS		NS

注：**为1%显著水平，NS为无显著性差异

　　同列数据后不同小写字母表示差异达5%显著水平，大写字母表示差异达1%显著水平

土壤中芘去除的主要途径可能与土壤中土著微生物对芘的降解作用有关，植物吸收积累对芘减少量的贡献率可忽略不计。因此，种植植物的处理中土壤芘的去除，主要通过植物根际效应强化微生物对有机污染物的降解作用及非生物损失。复合污染土壤中，重金属对PAHs降解的影响取决于植物种类、重金属和PAHs的种类及浓度。本试验种植苏丹草处理中芘在土壤中的去除率受芘和镉浓度的极显著影响，但镉—芘相互作用不影响土壤中芘的去除。土壤芘的去除率随着镉浓度的增高而减小，这可能与镉和芘的加入影响了植物和微生物的相互作用有关，高浓度镉使苏丹草的生长受到抑制并对根际微生物群落产生了负面影响，从而使其根际环境不利于芘的降解，同时芘可能加剧了镉对微生物的毒害作用。

8.2 龙葵、大豆修复镉—芘复合污染试验研究

8.2.1 试验设计

采用盆栽试验，研究龙葵、大豆单作和间作种植对镉—芘复合污染土壤的修复效果与机理。试验设4个镉（Cd）污染水平（不加镉、1mg/kg、5mg/kg、25mg/kg）和4个芘（Pyrene）污染水平（不加芘、10mg/kg、50mg/kg、250mg/kg），采用交互试验处理设计；每个处理组合设龙葵、大豆单作和大豆/龙葵间作种植模式。试验周期90d。

土壤经采集、风干和磨细后，过20目筛，测定土壤理化性质及镉、芘含量；然后在磨细的土壤中，人为拌入设定浓度水平的镉、芘污染物，混合均匀后于室内稳定两周。将土样按每盆3.5kg装盆，并将培植好的供试植物幼苗移栽至盆中，单作模式每盆4株，间作种植模式处理为龙葵、大豆各2株。保持土壤水分为60%田间最大持水量。试验结束后测定土壤镉、芘的残留量，以及植物地上部分、地下部分生物量和植物体内的镉、芘含量。

8.2.2 镉—芘复合污染对大豆、龙葵生理生长的影响

由图8-4、图8-5可知，90d试验结束后，大豆地上部分生物量干重和株高均受到镉—芘复合污染的显著影响，但地下部分干重没有显著变化；镉—芘复合污染处理下，无论大豆单作，还是大豆/龙葵间作种植，大豆的株高与干重均小于对照无土壤污染物添加处理，说明镉—芘复合污染抑制了大豆的生长，且随着污染物浓度的增加，抑制作用越发明显。与大豆不同，龙葵的生物量并未受到镉—芘复合污染的显著影响，说明龙葵较大豆对镉—芘复合污染有较强的耐性，这可能与其生理特性有关。

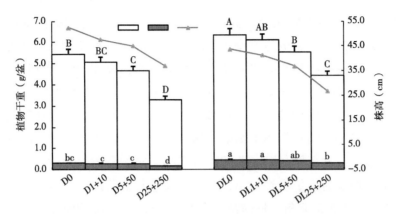

D为大豆单作；L为龙葵单作；DL为大豆/龙葵间作；字母后的数字表示外源添加污染物镉+芘水平，单位mg/kg，0表示未添加污染物的土壤；下同

图8-4　不同污染水平和种植模式对大豆生物量及株高的影响

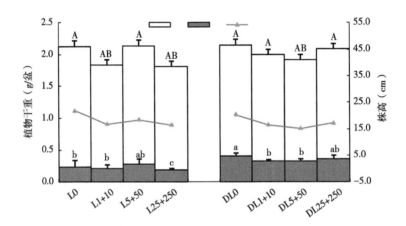

图8-5　不同污染水平及种植模式对龙葵生物量的影响

通过大豆/龙葵间作种植与单作种植收获物生物量比较可以发现，间作种植对大豆的生长有明显的促进作用，植株生物量和株高均同比增高，但对龙葵的生长促进作用不明显。

8.2.3　龙葵中镉、芘的分布及累积规律

8.2.3.1　龙葵中镉的分布及富集转运特征

由图8-6可知，试验结束后龙葵中镉含量均随着土壤中镉含量的增加而增加，土壤镉含量25mg/kg时，龙葵地下部分和地上部分镉含量达到最大，其中龙葵单作种植模式下分别为53.71mg/kg、75.37mg/kg，大豆/龙葵间作种植模式下龙葵地下部分和地上部分镉含量分别为59.63mg/kg、82.14mg/kg。单作和间作种植模式下龙葵对镉的转移系数均大于1，分别为1.4～1.47和1.34～1.44，并随着土壤中镉浓度的增加有所降低；在土壤镉含量达到25mg/kg时，镉转运系数仍大于1，说明龙葵

中累积的镉未达到其最大临界值。

大豆/龙葵间作种植模式下龙葵中镉含量略高于龙葵单作种植模式。大豆/龙葵间作种植模式下龙葵地下部分镉含量分别为（即DL1、DL5和DL25处理）2.64mg/kg、12.66mg/kg和59.63mg/kg，比龙葵单作模式下（即L1、L5和L25）分别高出20.06%、25.33%和11.02%；间作模式下龙葵地上部分的镉含量分别为（即DL1、DL5和DL25处理）3.79mg/kg、16.97mg/kg和82.14mg/kg，比单作模式下（即L1、L5和L25）分别高出17%、19.93%和8.98%，说明大豆与龙葵间作种植在一定程度上促进了龙葵对镉的吸收。

植物中重金属的积累量与植物的生物量和其富集重金属的浓度有关，是反映重金属污染土壤修复效果的重要指标。由表8-8可知，龙葵地下部分镉积累量明显低于地上部分，这与植物根部干重低于地上部分有关。植物镉积累量随着污染物浓度的增加而增加，当土壤镉含量为25mg/kg时，龙葵单作模式下植株体镉累积量为127.4μg/盆，而大豆/龙葵间作种植模式下镉累积量为170.86μg/盆，比单作处理高34.1%。龙葵地上部分的镉富集系数在1.24～3.65。

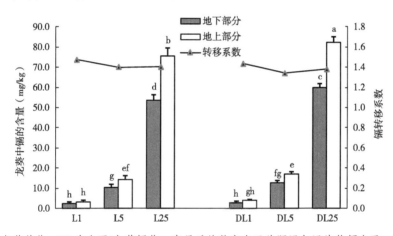

L为龙葵单作；DL为大豆/龙葵间作；字母后的数字表示外源添加污染物镉水平；下同

图8-6 不同种植模式和污染水平对龙葵中镉的含量及其转移系数的影响

表8-8 供试植物中镉的积累量、富集系数和土壤镉的去除率

处理编号	植物	地下部分镉积累量（μg/盆）	地上部分镉积累量（μg/盆）	植物镉积累量（μg/盆）	根部富集系数	地上部分富集系数	土壤中镉的残留量（mg/kg）	总去除率（%）
L1	龙葵	0.87 ± 0.07	8.90 ± 1.23	9.77f	2.11b	3.12b	0.84 ± 0.17	15.41b
L5	龙葵	2.33 ± 0.36	38.20 ± 4.16	40.53d	1.98c	2.77c	4.26 ± 0.51	12.73c
L25	龙葵	9.68 ± 1.87	117.72 ± 15.52	127.40b	2.10b	2.95bc	22.91 ± 0.89	10.40de

（续表）

处理编号	植物	地下部分镉积累量（μg/盆）	地上部分镉积累量（μg/盆）	植物镉积累量（μg/盆）	根部富集系数	地上部分富集系数	土壤中镉的残留量（mg/kg）	总去除率（%）
DL1	大豆	0.74 ± 0.15	5.93 ± 1.72	6.68f	2.02bc	1.24d	0.81 ± 0.08	19.07a
	龙葵	1.25 ± 0.33	13.70 ± 2.24	14.95e	2.54a	3.65a		
DL5	大豆	1.44 ± 0.17	11.23 ± 0.49	12.67ef	0.94d	0.56e	4.21 ± 0.33	17.66a
	龙葵	6.26 ± 1.60	62.27 ± 8.21	68.53c	2.48ab	3.32ab		
DL25	大豆	9.62 ± 2.41	45.71 ± 4.91	55.33cd	1.06d	0.48e	22.54 ± 1.15	10.68de
	龙葵	13.65 ± 1.82	157.21 ± 12.22	170.86a	2.33ab	3.21ab		

8.2.3.2 龙葵中芘的分布及富集转运特征

由表8-9可知，龙葵中芘的含量随着土壤芘浓度的升高而变大，芘在龙葵地下部分的累积量大于地上部分。各污染水平下，龙葵地下部分芘含量分别为（L10、L50、L250处理）2.75mg/kg、19.46mg/kg和96.04mg/kg，均明显低于同等污染水平龙葵地下部分芘含量。各污染水平下，龙葵地下部分和地上部分的芘富集系数分别为0.88～2.03和0.07～0.58，说明根部是龙葵积累芘的主要部位，芘向龙葵地上部分的转运较少。

表8-9 龙葵中芘的分布特征及富集系数

处理编号	植物	地下部分芘累积量（mg/kg）	地上部分芘累积量（mg/kg）	植物积累总量（μg/盆）	地下部分富集系数	地上部分富集系数
L10	龙葵	2.75 ± 0.35c	0.74 ± 0.18d	2.48 ± 0.47f	1.13 ± 0.03d	0.30 ± 0.09b
L50	龙葵	19.46 ± 1.19b	3.76 ± 1.28c	14.98 ± 1.86cd	1.26 ± 0.10d	0.24 ± 0.08bc
L250	龙葵	96.04 ± 5.26a	7.29 ± 2.71ab	46.5 ± 0.50b	0.88 ± 0.08d	0.07 ± 0.01d

注：同列数据后不同小写字母表示差异达5%显著水平

8.2.4 镉、芘污染对土壤酶的影响

8.2.4.1 单一镉污染对土壤蔗糖酶的影响

由图8-7可知，各处理对土壤蔗糖酶活性抑制率的变化趋势大体相似，均为先降低，再升高，最后降低；不同镉污染水平对土壤蔗糖酶活性抑制率不同，但主要表现为激活效应。各处理对土壤蔗糖酶抑制率变化范围分别为：土壤镉

1mg/kg处理-37.88% ~ 78.03%，镉5mg/kg处理-148.51% ~ 39.29%，镉25mg/kg处理-101.41% ~ 32.40%。对土壤蔗糖酶活性激活率最高出现在第40d，激活率最高达148.51%；从试验处理第40d到第60d，各处理组对土壤蔗糖酶活性的影响表现为抑制作用，最大抑制率达到78.03%。这与重金属对酶产生的抑制作用有关，其作用机理可能由于酶分子中的活性部位——巯基和含咪唑的配位结合，形成了较稳定的络合物，产生了与底物的竞争性抑制作用，也可能是因为重金属通过抑制土壤微生物的生长和繁殖，减少体内酶的合成和分泌，最终导致酶活性下降。各处理组最大抑制效应出现在第60d，且从第60d到第80d，土壤镉含量1mg/kg处理与其他处理相比，其对土壤蔗糖酶的激活效应显著增强，抑制率变化范围为-9.29% ~ 78.03%。

由图8-8可以看出，试验处理第60d时，各处理组与对照组均表现出显著性差异（$P<0.05$）；在其他4个时间段内，土壤镉5mg/kg和25mg/kg与镉1mg/kg处理和对照组均表现出显著性差异，但镉1mg/kg处理与对照无显著性差异。

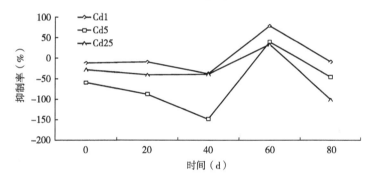

图8-7 不同镉污染水平对土壤蔗糖酶抑制率的影响

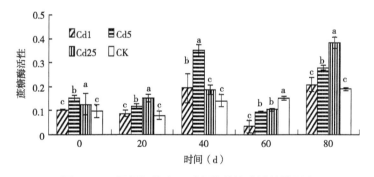

图8-8 不同镉污染水平对土壤蔗糖酶活性的影响

8.2.4.2 单一芘污染对土壤蔗糖酶的影响

由图8-9可知，土壤芘含量50mg/kg处理在第40d表现出激活作用，土壤芘含量10mg/kg和250mg/kg处理在第80d表现出激活作用外，其他时间段均表现出抑制作用。各处理对土壤蔗糖酶抑制率变化范围分别为：土壤芘10mg/kg

处理为−10.28%～70.03%，芘50mg/kg处理为−2.79%～69.54%，芘250mg/kg处理为−5.82%～68.68%。土壤芘10mg/kg处理对蔗糖酶活性抑制率最低出现在第80d，为−10.28%；芘50mg/kg对蔗糖酶活性抑制率最低出现在第40d，为−2.79%；土壤芘250mg/kg处理对蔗糖酶抑制率最低出现在第80d，为−5.82%。土壤芘50mg/kg处理对蔗糖酶抑制率的变化趋势为"上升—下降—上升—下降"；芘10mg/kg和250mg/kg处理的变化趋势相似，为"上升—下降"，且均在第60d之后开始下降。

由图8-10可知，试验处理第20d、第60d各处理对土壤蔗糖酶活性的影响差异无显著性（$P>0.05$），但各处理与对照组间的差异有显著性（$P<0.05$）；第0d、第40d，土壤芘50mg/kg处理与对照组差异有显著性，与其他两组处理间差异无显著性；第80d，各处理组均与对照间差异无显著性。

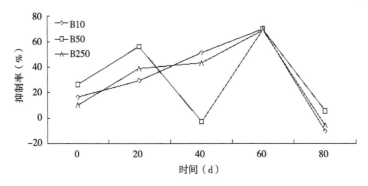

图8-9　不同芘污染水平对土壤蔗糖酶抑制率的影响

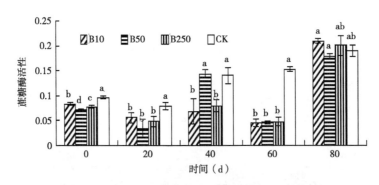

图8-10　不同芘污染水平对土壤蔗糖酶活性的影响

8.2.4.3　镉—芘复合污染对土壤蔗糖酶的影响

由图8-11可知，土壤镉1mg/kg＋芘10mg/kg复合污染处理在第40d、第80d表现出激活作用，镉5mg/kg＋芘50mg/kg处理在第40d开始表现出激活作用，镉25mg/kg＋芘250mg/kg在第80d表现出激活作用，其他时间均表现出抑制作用。镉—芘复合污染对蔗糖酶活性抑制率变化范围为：镉1mg/kg＋芘10mg/kg处理为−12.76%～67.82%，镉5mg/kg＋芘50mg/kg处理为−35.59%～70.89%，镉

25mg/kg+芘250mg/kg处理为-12.26%~73.43%。土壤镉1mg/kg+芘10mg/kg处理的最小抑制率为-12.76%，出现在第80d；镉5mg/kg+芘50mg/kg的最小抑制率为-35.59%，出现在第40d；镉25mg/kg+芘250mg/kg的最小抑制率为-12.26%，出现在第80d。镉1mg/kg+芘10mg/kg和镉25mg/kg+芘250mg/kg处理的抑制率变化趋势大体相似，为"上升—下降—上升—下降"；镉25mg/kg+芘250mg/kg处理的抑制率变化趋势为"上升—下降"，且在第40d开始出现下降。总体上，镉—芘复合污染在不同污染水平时蔗糖酶的活性均低于单一污染，即复合污染的毒性比镉、芘单一污染时要大，说明镉与芘发生了协同作用。

由图8-12可知，试验处理第0d、第60d各处理组与对照间对土壤蔗糖酶的影响差异有显著性（$P<0.05$）；第80d各处理组之间差异无显著性（$P>0.05$），且与对照间差异也无显著性；第40d镉25mg/kg+芘250mg/kg处理与其他处理组间差异有显著性；第20d各处理组间无显著性差异，但与对照间差异达显著水平。

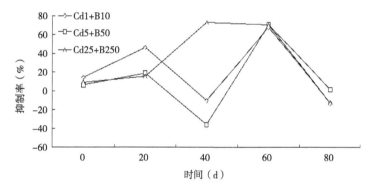

图8-11　不同镉—芘复合污染水平对土壤蔗糖酶抑制率的影响

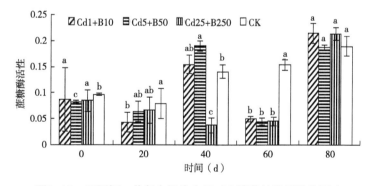

图8-12　不同镉—芘复合污染水平对土壤蔗糖酶活性的影响

8.2.4.4　单一镉污染对土壤脲酶的影响

由图8-13可知，不同土壤镉污染水平处理对脲酶的影响除在第40d有所抑制外，其他时间段内均表现出激活作用，且从第40d到第60d激活作用最为明显；土壤镉1mg/kg处理的最大激活率出现在第20d，为54.74%；镉5mg/kg和10mg/kg处理的最大激活率均出现在第60d，分别为28.50%和58.88%，说明中间的抑制只是一种暂时现象。土壤镉含量为1mg/kg时对脲酶的激活效应最大；从第40～80d，土壤脲酶的抑制率随着土壤镉含量的升高而升高。从抑制率的变化趋势看，不同镉污染水平对土壤脲酶的抑制率趋势大体相似，均在第20d到第40d出现明显的抑制，即"激活—抑制—激活"。

由图8-14可知，试验处理第20d、40d、60d、80d各处理组与对照间差异均达到显著水平（*P*<0.05），而0d各处理组之间和处理组与对照间差异无显著性（*P*>0.05）；第20d、40d各处理组之间差异有显著性，而第60d镉1mg/kg和5mg/kg处理间差异无显著性，但与对照间差异有显著性；第80d，镉5mg/kg和25mg/kg处理之间差异无显著性，但同样与对照间差异达显著水平。

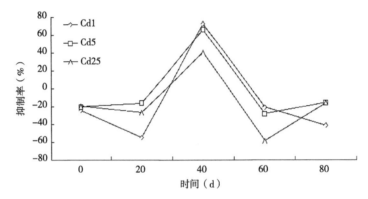

图8-13　不同镉污染水平对土壤脲酶抑制率的影响

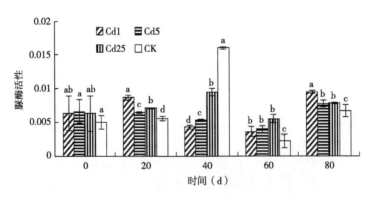

图8-14　不同镉污染水平对土壤脲酶活性的影响

8.2.4.5　单一芘污染对土壤脲酶的影响

由图8-15可知，在植物生长前期（0～40d），除土壤芘含量50mg/kg处理对脲酶为激活作用外，其他处理对土壤脲酶均为抑制作用，而在后期（40～80d）各处理对脲酶均表现出激活作用，最大激活率分别为：芘10mg/kg处理39.06%，芘50mg/kg处理25.81%，芘250mg/kg处理22.38%，且均出现在试验处理第60d，这可能是因为植物生育后期微生物能够利用芘作为碳源和能源刺激自身生长，从而激活脲酶活性；随着土壤芘含量的升高，对土壤脲酶的抑制率增大。与镉污染对脲酶的抑制率相似，不同土壤芘污染水平对脲酶的抑制率最大均出现在第40d；不同处理组对脲酶的抑制率变化趋势均为"先抑制—后激活"。

由图8-16可知，试验处理第40d、第60d，各处理组与对照间差异达显著水平（$P<0.05$）；第0d、第20d，土壤芘50mg/kg、150mg/kg处理与对照组间差异有显著性，但土壤芘10mg/kg处理与对照组间差异无显著性（$P>0.05$）；试验处理第60d，各处理组之间差异均无显著性，但与对照组间差异达显著水平。

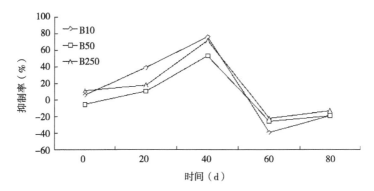

图8-15 不同芘污染水平对土壤脲酶抑制率的影响

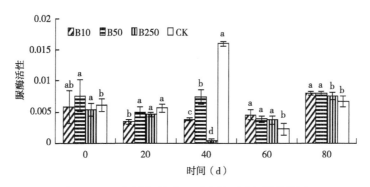

图8-16 不同芘污染水平对土壤脲酶活性的影响

8.2.4.6 镉—芘复合污染对土壤脲酶的影响

由图8-17可知，不同镉—芘复合污染水平在植物生长前期（0～40d）均表现出抑制作用，而在后期（40～80d）开始出现激活作用，到第60d开始表现为激活效应。不同处理对脲酶的最大激活率为：土壤镉1mg/kg+芘10mg/kg处理为26.18%，镉5mg/kg+芘50mg/kg处理为25.53%，镉25mg/kg+芘250mg/kg处理为39.24%，对脲酶的激活率最大均出现在第60d。不同处理对脲酶抑制率的变化趋势均为"抑制—激活"。

由图8-18可知，试验处理第40d各处理组与对照间差异达显著水平（$P<0.05$），

其他各时间段均有不同处理与对照间差异无显著性（$P>0.05$）；第0d、第40d、第60d、第80d土壤镉1mg/kg+芘10mg/kg处理与镉5mg/kg+芘50mg/kg处理之间差异无显著性，但与对照间差异达显著水平；第20d、第40d、第60d、第80d土壤镉25mg/kg+芘250mg/kg处理均与对照间差异有显著性，且在第20d、第40d、第80d均与其他处理间差异达显著水平。

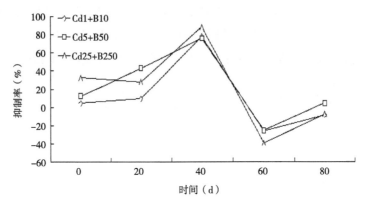

图8-17　不同镉—芘复合污染水平对土壤脲抑制率的影响

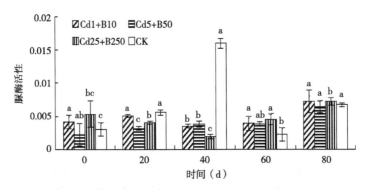

图8-18　不同镉—芘复合污染水平对土壤脲酶活性的影响

8.2.4.7　单一镉污染对土壤碱性磷酸酶的影响

由图8-19可知，不同土壤镉污染水平处理对土壤碱性磷酸酶大体都表现为激活作用，抑制率的变化范围分别为：土壤镉1mg/kg处理为-32.50%～-2.69%，镉5mg/kg处理为-52.63%～-3.23%，镉25mg/kg处理为-28.98%～-6.66%。除镉5mg/kg在第40d抑制率达到-52.63%外，其他处理对碱性磷酸酶抑制率最小均出现在第80d，且随着土壤镉污染水平的升高，对碱性磷酸酶的抑制率也增强；各处理组在前期（0～40d）随着时间的延长对碱性磷酸酶不断激活，而在第40～60d开始出现抑制现象，第60d后随着时间延长，又开始不断激活；这种抑制作用只是暂时的，前期（0～40d）产生了过多的磷酸基会抑制磷酸酶的活性，后期由于磷酸基为植物的生长提供了磷源而消耗了磷酸基，从而促进微生物的生长，对磷酸酶有一定的激活作用；各处理对碱性磷酸酶抑制率的变化趋势为"下降—上升—下降"。

由图8-20可知，试验处理第0d、第20d、第60d各处理间及处理与对照组间差异均无显著性（*P*>0.05）；第40d、第80d各处理与对照组间差异有显著性（*P*<0.05）；第40d土壤镉1mg/kg处理与镉5mg/kg处理间差异有显著性，但与镉25mg/kg处理间差异无显著性。

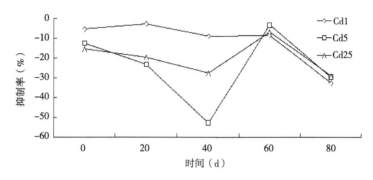

图8-19 不同镉污染水平对土壤碱性磷酸酶抑制率的影响

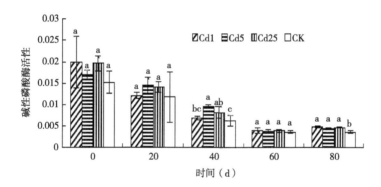

图8-20 不同镉污染水平对土壤碱性磷酸酶活性的影响

8.2.4.8 单一芘污染对土壤碱性磷酸酶的影响

由图8-21可知，不同土壤芘污染水平处理对土壤碱性磷酸酶大体都表现为激活作用，抑制率的变化范围分别为：土壤芘1mg/kg处理为-45.09%～-2.37%，芘5mg/kg处理为-59.16%～-6.72%，芘25mg/kg处理为-30.01%～-4.95%。对碱性磷酸酶抑制率最小出现在第40d土壤芘污染水平为50mg/kg时，达到-59.16%；土壤芘250mg/kg处理第20d时相对于其他组对碱性磷酸酶抑制率最小，其他时间对碱性磷酸酶的抑制率均小于另外两组处理；土壤芘50mg/kg处理的抑制率始终保持最小；不同处理对碱性磷酸酶抑制率变化趋势有所不同，土壤芘250mg/kg处理表现出"下降—上升—下降"趋势，而另外两组则为"上升—下降—上升—下降"。

由图8-22可知，试验处理第0d、第20d、第60d各处理之间、处理与对照组之间差异无显著性（*P*>0.05）；第40d，芘10mg/kg、50mg/kg处理间差异无显著性，但与芘250mg/kg和对照组间差异有显著性（$P<0.05$）；第80d，芘10mg/kg、50mg/kg处理、对照组间差异有显著性。

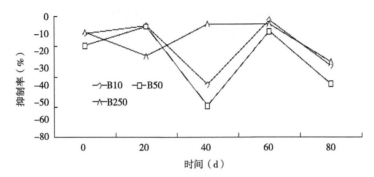

图8-21　不同芘污染水平对土壤碱性磷酸酶抑制率的影响

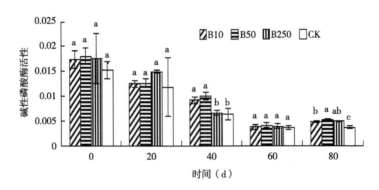

图8-22　不同芘污染水平对土壤碱性磷酸酶活性的影响

8.2.4.9　镉—芘复合污染对土壤碱性磷酸酶的影响

由图8-23可知，不同镉、芘复合污染水平对土壤碱性磷酸酶除低污染水平处理外，总体表现为激活作用，各处理的抑制率范围为：土壤镉1mg/kg+芘10mg/kg处理为-60.65%～10.21%，镉5mg/kg+芘50mg/kg处理为-53.61%～2.67%，镉25mg/kg+芘250mg/kg处理为-31.62%～9.21%。对碱性磷酸酶的最大激活率均出现在第80d；从第60d到第80d，各处理对碱性磷酸酶的抑制率均出现明显下降，在此阶段内随着污染物浓度的升高，各处理对碱性磷酸酶的抑制率也在升高；低浓度（镉1mg/kg+芘10mg/kg）在前20d对碱性磷酸酶的抑制率逐渐升高，而其他两组处理则表现出下降趋势；第20d后，各处理对碱性磷酸酶的抑制率变化趋势相似，均为"上升—下降"。

由图8-24可知，试验第20d、第40d、第60d各处理之间、处理与对照之间均无显著性差异（$P>0.05$）；土壤镉25mg/kg+芘250mg/kg处理在第0d、第80d与对照组和镉5mg/kg+芘50mg/kg处理组差异达显著水平（$P<0.05$）。

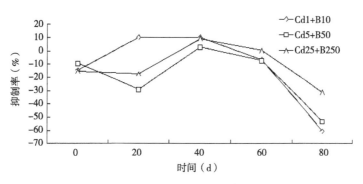

图8-23 不同镉—芘复合污染水平对土壤碱性磷酸酶抑制率的影响

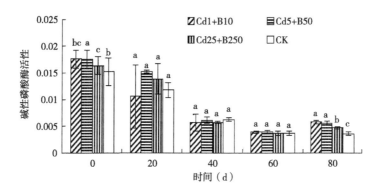

图8-24 不同镉—芘复合污染水平对土壤碱性磷酸酶活性的影响

8.2.5 镉、芘污染对土壤微生物的影响

8.2.5.1 镉、芘污染对土壤细菌数量的影响

由图8-25可知，除土壤单一污染镉1mg/kg处理和芘10mg/kg处理在第40d、第60d，单一污染镉5mg/kg处理在第40d为激活效应外，其他处理组对土壤细菌均为抑制效应；单一镉污染处理对细菌的最大激活出现在第40d、土壤镉污染为1mg/kg处理；单一芘污染处理对细菌的最大激活同样出现在第40d、土壤芘污染为10mg/kg处理。镉—芘复合污染对细菌的最大激活出现在第80d、土壤镉含量1mg/kg+芘10mg/kg处理，为3.37%；镉、芘单一污染和镉—芘复合污染在相同时间段内，均随着污染水平的升高抑制率逐渐增大，而不同时间段内，对细菌的抑制率在第20d开始下降，到第40d表现出最低，且对细菌的抑制率变化趋势均为"降低—升高—降低"。

由表8-10可知，镉、芘单一污染处理及复合污染处理土壤中细菌数量随着重金属污染水平的增加而减少；随着处理时间的延长，不同处理均在第40d和第60d时土壤中细菌数量达到最大，各处理间差异不显著；第80d，各处理中的土壤细菌数量均达到最少，且不同处理间差异达显著水平（$P<0.05$），其他时段各处理间差异不显著（$P>0.05$）。

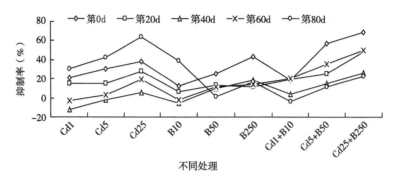

图8-25　不同污染水平对土壤细菌抑制率的影响

表8-10　镉芘污染对土壤中细菌数量的影响（平均值±标准差）

培养时间（d）	细菌（×10⁵CFU/g）			
	20	40	60	80
CK	2.09±0.15a	2.08±0.26a	2.14±0.22a	1.78±0.12ab
Cd1	1.77±0.33ab	2.34±0.44a	2.20±0.10a	1.24±0.17de
Cd5	1.77±0.12ab	0.97±0.46a	2.08±0.31a	1.02±0.16f
Cd25	1.50±0.29ab	1.96±0.30a	1.72±0.07ab	1.64±0.06g
B10	1.96±0.07ab	2.2±0.13a	2.18±0.17a	1.08±0.10ef
B50	1.81±0.10ab	1.88±0.07a	1.90±0.16ab	1.76±0.24ab
B250	1.84±0.36ab	1.77±0.10a	1.84±0.07ab	1.48±0.12cd
Cd1+B10	1.68±0.21ab	2.00±0.11a	1.88±0.08ab	1.84±0.22a
Cd5+B50	1.56±0.41ab	1.76±0.13a	1.64±0.14ab	1.57±0.39bc
Cd25+B250	1.08±0.44b	1.54±0.20a	1.27±0.18a	1.37±0.25de

注：同列数据后不同小写字母表示差异达5%显著水平

8.2.5.2　镉、芘污染对土壤真菌数量的影响

由图8-26可知，除土壤单一污染镉1mg/kg处理在第40d和第60d、单一污染芘浓度10mg/kg处理及复合污染镉5mg/kg+芘50mg/kg处理在第20d出现激活作用外，其他各处理均表现为抑制作用；同一时段，不同处理对真菌的抑制率随污染水平的升高而增大，不同时间内，除芘含量50mg/kg和250mg/kg处理外，对真菌抑制率的变化趋势均为先下降后上升；除镉污染对真菌抑制率最小出现在第40d外，其他各处理均出现在第20d。

由表8-11可知，除单一镉污染1mg/kg处理第40d土壤真菌数量大于对照CK外，其他处理土壤真菌数量均少于CK，且随着时间的延长，变化趋势均表现为先增加后减少的趋势。同一时段内，第80d单一镉污染和镉—芘复合污染处理间差异有显著性（*P*<0.05），而镉—芘复合污染镉5mg/kg+芘50mg/kg处理和镉25mg/kg+芘250mg/kg处理，各时间段内差异显著，单一芘污染则是在第40d和第60d达到差异显著，其他时段各处理间差异无显著性（*P*>0.05）。

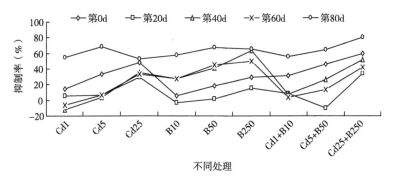

图8-26 不同污染水平对土壤真菌抑制率的影响

表8-11 镉芘污染对土壤中真菌数量的影响（平均值±标准差）

培养时间（d）	真菌（×10⁵CFU/g）			
	20	40	60	80
CK	1.16 ± 0.10abc	1.82 ± 0.05ab	1.96 ± 0.18a	2.26 ± 0.14b
Cd1	1.10 ± 0.11abc	2.04 ± 0.14a	2.08 ± 0.04a	1.02 ± 0.11c
Cd5	1.08 ± 0.16abc	1.76 ± 0.05b	1.84 ± 0.02ab	0.68 ± 0.04ef
Cd25	0.82 ± 0.18bc	1.18 ± 0.08c	1.32 ± 0.19cde	0.56 ± 0.09ef
B10	1.20 ± 0.07ab	1.32 ± 0.06c	1.43 ± 0.22ab	0.96 ± 0.13cd
B50	1.14 ± 0.25abc	1.08 ± 0.06d	1.07 ± 0.05cd	0.74 ± 0.16de
B250	0.98 ± 0.09abc	0.66 ± 0.17e	0.98 ± 0.07e	0.48 ± 0.17cde
Cd1+B10	1.06 ± 0.12abc	1.68 ± 0.09b	1.88 ± 0.16a	0.99 ± 0.20cd
Cd5+B50	1.27 ± 0.34a	1.34 ± 0.02c	1.69 ± 0.03abc	0.80 ± 0.18a
Cd25+B250	0.76 ± 0.17c	0.88 ± 0.05de	1.14 ± 0.03de	0.45 ± 0.20f

注：同列数据后不同小写字母表示差异达5%显著水平

8.2.5.3 镉、芘污染对土壤放线菌数量的影响

由图8-27可知，除单一镉污染1mg/kg处理和5mg/kg处理在第40d对放线菌呈激活效应外，其他处理及时段镉单一污染对放线菌总体为抑制作用，抑制率最小均出现在第40d，镉1mg/kg处理对放线菌的激活率最大为24.1%；同一时间段内，单一镉污染对放线菌数量的抑制率随着污染水平的升高而增大；单一芘污染与单一镉污染相似，随着芘污染水平的升高，在同一时间段内对放线菌的抑制率

逐渐增大，芘的添加对放线菌抑制率最小出现在芘含量10mg/kg处理第40d时，为-5.64%；镉—芘复合污染对放线菌的抑制作用较单一污染明显增强，各时段内同样是随着污染水平的升高而增大；总体上，镉、芘污染对放线菌抑制率的变化趋势均为"下降—上升"趋势。

由表8-12可知，各处理土壤放线菌的数量均随着时间的延长表现为先增加后减少的趋势，同一时段内不同处理间随着污染水平的增加，放线菌数量呈现减少趋势；不同处理在第20d和第40d时处理间差异达显著水平。

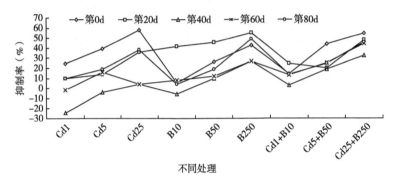

图8-27　不同污染水平对土壤放线菌抑制率的影响

表8-12　镉芘污染对土壤中放线菌数量的影响（平均值±标准差）

培养时间（g）	放线菌（×10^5 CFU/g）			
	20	40	60	80
CK	1.95 ± 0.06a	2.16 ± 0.23ab	2.04 ± 0.03a	1.98 ± 0.03a
Cd1	1.76 ± 0.11ab	2.42 ± 0.12a	1.98 ± 0.05ab	1.76 ± 0.05ab
Cd5	1.68 ± 0.04bc	2.02 ± 0.05ab	1.64 ± 0.03d	1.58 ± 0.12abc
Cd25	1.25 ± 0.06de	1.87 ± 0.02bc	1.87 ± 0.04bc	1.21 ± 0.24cde
B10	1.14 ± 0.17e	2.06 ± 0.07ab	1.79 ± 0.07cd	1.87 ± 0.06ab
B50	1.06 ± 0.05ef	1.76 ± 0.01bcd	1.72 ± 0.03cd	1.58 ± 0.24abc
B250	0.87 ± 0.04f	1.43 ± 0.07de	1.43 ± 0.04e	0.99 ± 0.10e
Cd1+B10	1.47 ± 0.08cd	1.89 ± 0.09bc	1.69 ± 0.04d	1.68 ± 0.03ab
Cd5+B50	1.56 ± 0.04bc	1.58 ± 0.07cde	1.46 ± 0.03e	1.47 ± 0.05bcd
Cd25+B250	1.02 ± 0.11ef	1.32 ± 0.05e	1.08 ± 0.10f	1.06 ± 0.22de

注：同列数据后不同小写字母表示差异达5%显著水平

8.2.6　龙葵、大豆对镉—菲复合污染土壤的修复效果

8.2.6.1　龙葵、大豆对土壤镉的去除效果

由表8-13可以看出，镉—菲复合污染土壤大豆单作及大豆/龙葵间作条件下，大豆地上部分镉富集系数为0.44～1.77，而龙葵地上部分镉富集系数为2.96～3.82，同比均明显高于大豆，说明龙葵富集镉的能力明显高于大豆。

通过对修复后土壤中镉残留的测定发现，大豆/龙葵间作处理土壤镉去除率随着土壤污染水平的升高分别为16.22%、13.74%和9.88%，而单作大豆和单作龙葵处理随污染水平升高土壤镉去除率分别为13.32%、10.81%、8.67%和14.45%、12.19%、9.58%。相同土壤污染水平下，不同种植模式土壤镉去除率为：大豆/龙葵间作>龙葵单作>大豆单作，这与单一镉污染的情况一致。通过对比单一污染和复合污染土壤镉的去除率可以看出，复合污染土壤镉的去除率明显低于单一污染，说明菲的存在抑制了土壤中镉的去除。

表8-13　不同污染水平大豆、龙葵单作与间作植物镉富集系数和土壤镉去除率

处理编号	植物	根部富集系数	地上部分富集系数	土壤中镉的残留量（mg/kg）	总去除率（%）
D1+10	大豆	2.09	1.17	0.90±0.05	13.32c
D5+50	大豆	0.99	0.59	4.56±0.11	10.81e
D25+250	大豆	1.00	0.54	23.35±0.54	8.67g
L1+10	龙葵	2.31	3.27	0.89±0.15	14.45b
L5+50	龙葵	2.37	2.96	4.49±0.26	12.19d
L25+250	龙葵	2.49	3.03	23.12±1.19	9.58f
DL1+10	大豆	1.83	1.06	0.87±0.08	16.22a
	龙葵	2.61	3.82		
DL5+50	大豆	0.81	0.50	4.41±0.14	13.74c
	龙葵	2.60	3.52		
DL25+250	大豆	0.98	0.44	23.04±0.20	9.88f
	龙葵	2.53	3.37		

注：D为大豆单作；L为龙葵单作；DL为大豆/龙葵间作；字母后的数字表示外源添加污染物镉+菲水平，单位mg/kg；下同

8.2.6.2　龙葵、大豆对土壤菲的去除效果

由表8-14可知，龙葵单作处理土壤菲的残留量随着土壤初始污染水平的升

高而增大，但芘去除率却随着土壤芘初始含量的增大而减小；当土壤芘污染水平为10mg/kg时，无植物对照处理土壤芘残留量为5.31mg/kg，土壤芘去除率为49.07%，而种植龙葵处理（L10）的土壤芘残留量为2.43mg/kg，去除率达到76.66%。由此可见，相同土壤芘污染水平下，种植植物处理土壤芘残留量均低于无植物对照处理，其芘去除率明显高于无植物对照处理。

表8-14 龙葵单作土壤中芘的残留量及土壤芘去除率

处理编号	土壤中芘残留量（mg/kg）	去除率（%）
10	5.31 ± 0.82f	49.07 ± 7.87f
L10	2.43 ± 0.21fg	76.66 ± 2.02b
50	29.04 ± 2.11d	43.11 ± 4.13fg
L50	15.50 ± 1.33e	69.64 ± 2.61cd
250	152.29 ± 14.38a	38.88 ± 5.77g
L250	108.86 ± 9.25b	56.31 ± 3.71e

注：同列数据后不同小写字母表示差异达5%显著水平

由表8-15可知，土壤中芘的残留量随着初始污染水平的增加而增加，但去除率却随着初始污染水平的增加而减小；当土壤芘污染水平为10mg/kg时，无植物对照处理（1+10）的土壤芘残留量为6.66mg/kg，去除率为36.13%，而种植植物处理（D1+10、L1+10和DL1+10）的芘去除率分别达到75.70%、72.40%和77.57%。相同土壤污染水平下，种植植物处理中土壤芘残留量均低于无植物对照处理，但其去除率明显高于无植物对照处理（$P<0.05$）；相同土壤污染水平下，大豆/龙葵间作处理的芘残留量最低，而去除率最高。试验结果表明，大豆和龙葵间作明显促进了土壤中芘的降解，间作模式的修复效果优于单作。

镉—芘复合污染处理土壤芘去除率明显低于单一污染处理的去除率，单一芘污染处理（DL10）土壤芘去除率最高达87.16%，而复合污染（DL1+10）去除率仅为77.57%，重金属镉的存在可能抑制了土壤中芘的去除，也可能与重金属抑制微生物活动有关。

表8-15 不同污染水平大豆、龙葵单作与间作土壤中芘的残留量及重金属去除率

处理编号	土壤芘初始含量（mg/kg）	土壤芘残留量（mg/kg）	去除率（%）
1+10	10.42 ± 1.08	6.66 ± 0.32	36.13f
D1+10	10.42 ± 1.08	2.53 ± 0.28	75.70ab
L1+10	10.42 ± 1.08	2.88 ± 0.31	72.40b

（续表）

处理编号	土壤芘初始含量（mg/kg）	土壤芘残留量（mg/kg）	去除率（%）
DL1+10	10.42 ± 1.08	2.34 ± 0.66	77.57a
5+50	51.04 ± 1.31	32.04 ± 2.10	37.23f
D5+50	51.04 ± 1.31	15.80 ± 1.07	69.04b
L5+50	51.04 ± 1.31	16.38 ± 1.34	67.91c
DL5+50	51.04 ± 1.31	14.66 ± 1.88	71.28b
25+250	249.17 ± 2.25	162.29 ± 4.58	34.87g
D25+250	249.17 ± 2.25	92.17 ± 3.93	63.01d
L25+250	249.17 ± 2.25	112.40 ± 5.21	54.89e
L25+250	249.17 ± 2.25	88.31 ± 4.59	64.56d

注：1+10、5+50、25+250为无植物种植对照处理，"+"前后数字分别表示镉、芘含量

参考文献

安婧，宫晓双，陈宏伟，等.2016.沈抚灌区农田土壤重金属污染时空变化特征及生态健康风险评价[J].农业环境科学学报，35（1）：37-44.

鲍士旦.2008.土壤农化分析 [M].第3版.北京：中国农业出版社.

曹攽，李云木子，马军，等.2011.超声波萃取—高效液相色谱法测定土壤中邻苯二甲酸酯[J].岩矿测试，30（2）：178-181.

曹云者，施烈焰，李丽和，等.2008.浑蒲污灌区表层土壤中多环芳烃的健康风险评价[J].农业环境科学学报（2）：144-150.

曾卉，徐超，周航，等.2012.几种固化剂组配修复重金属污染土壤[J].环境化学（9）：80-86.

曾嘉强，吴文成，戴军，等.2015.有机酸—氯化物复合浸提去除土壤重金属的效应及对土壤理化性质的影响[J].生态环境学报，24（11）：146-151.

常兰，周洪祥，蒋天玉，等.2018.蔬菜产地土壤重金属污染评价及源解析[J].四川环境，37（6）：183-186.

陈保冬，赵方杰，张莘，等.2015.土壤生物与土壤污染研究前沿与展望[J].生态学报，35（20）：38-47.

陈京都，戴其根，许学宏，等.2012.江苏省典型区农田土壤及小麦中重金属含量与评价[J].生态学报，32（11）：3 487-3 496.

陈晶中，陈杰，谢学俭，等.2003.土壤污染及其环境效应[J].土壤，35（4）：298-303.

陈静，王学军，陶澍，等.2003.天津污灌区耕作土壤中多环芳烃的纵向分布[J].城市环境与城市生态（6）：276-278.

陈丽华，周立辉，雒晓芳，等.2015.微生物菌剂与冰草联合修复含油污染土壤[J].中南大学学报（自然科学版）（11）：4 377-4 383.

陈素暖，何江涛，金爱芳，等.2010.多环芳烃在不同灌区土壤剖面的分布特征研究[J].环境科学与技术（10）：15-19.

陈同斌，范稚莲，雷梅，等.2002.磷对超富集植物蜈蚣草吸收砷的影响及其科学意义[J].科学通报（15）：38-41.

陈希超，韩倩，向明灯，等.2016.重金属和有机物复合污染对土壤酶活力的影响研究进展[J].环境与健康杂志，33（9）：841-845.

陈欣.2018.关于长期污灌农田土壤重金属污染及潜在环境风险评价[J].科技创新导报，15（18）：145-146.

陈焱山，贾梦茹，曹越，等.2018.蜈蚣草砷富集的分子机制研究进展[J].农业环境科学学报，37（7）：1 402-1 408.

陈印军，杨俊彦，方琳娜. 2014. 我国耕地土壤环境质量状况分析[J]. 中国农业科技导报（2）：22-26.

陈玉鹏，梁东丽，刘中华，等. 2018. 大棚蔬菜土壤重金属污染及其控制的研究进展与展望[J]. 农业环境科学学报，269（1）：15-23.

崔小维. 2018. 溴氰菊酯、DEHP污染对蚯蚓种群和土壤酶的影响[D]. 沈阳：沈阳大学.

崔艳红，朱雪梅，郭丽青，等. 2002. 天津污灌区土壤中多环芳烃的提取、净化和测定[J]. 环境化学（4）：81-85.

邓彪，薛二军，刘文亚. 2005. 城市污水再生回用的生态毒理问题[J]. 中国给水排水，21（9）：34-36.

邓呈逊，徐芳丽，岳梅. 2019. 安徽某硫铁尾矿区农田土壤重金属污染特征[J]. 安全与环境学报，9（1）：337-344.

邓闻杨，罗学刚，罗蓝，等. 2018. 三种微生物对铀胁迫下凤眼莲荧光生理及铀累积特性的影响[J]. 农业环境科学学报，37（8）：1 626-1 633.

丁旭彤. 2018. 微生物与植物联合修复钒矿污染土壤的研究[D]. 哈尔滨：哈尔滨师范大学.

杜玉吉，刘文杰，王海刚，等. 2018. 污染土壤原位热修复应用进展及综合评价[J]. 环境保护与循环经济（12）：26-31.

段淑辉，周志成，刘勇军，等. 2018. 湘中南农田土壤重金属污染特征及源解析[J]. 中国农业科技导报，20（6）：80-87.

范巍，李兴春. 2010. 土壤中污染物源解析技术受体模型研究进展[J]. 绿色科技（10）：60-62.

房彬，季民，张建，等. 2018. 复合淋洗剂对熔炼厂遗留场地土壤Pb、Cd的浸提效果[J]. 化工环保（4）：456-460.

冯丹，王金生，滕彦国. 2015. 铜、锌和铅复合污染对土壤水解酶活性的影响[J]. 农业资源与环境学报（4）：95-101.

高红霞，刘英莉，关维俊，等. 2014. 污灌土壤中多环芳烃的残留水平及其种类分析[J]. 环境与职业医学（1）：37-39.

高彦征，凌婉婷，朱利中，等. 2005. 黑麦草对多环芳烃污染土壤的修复作用及机制[J]. 农业环境科学学报，24（3）：498-502.

葛高飞，邰红建，郑彬，等. 2012. 多环芳烃污染土壤的微生物效应研究现状与展望[J]. 安徽农业大学学报，39（6）：133-138.

葛晓颖，欧阳竹，杨林生，等. 2019. 环渤海地区土壤重金属富集状况及来源分析[J]. 环境科学学报，39（6）：1 979-1 988.

关峰. 2018. 化学淋洗法修复工业场地铬污染土壤的过程控制及效果研究[D]. 青岛：青岛科技大学.

关松荫. 1986. 土壤酶及其研究法[M]. 北京：农业出版社.

郭丽莉，许超，李书鹏，等. 2014. 铬污染土壤的生物化学还原稳定化研究[J]. 环境工程，32（10）：152-156.

郭书海，吴波，胡清，等. 2017. 污染土壤修复技术预测[J]. 环境工程学报，11（6）：3 797-3 804.

郭硕. 2012. 生物修复技术在土壤污染治理上的应用[J]. 哈尔滨师范大学自然科学学报，28（2）：69-72.

韩存亮，肖荣波，罗炳圣，等. 2017. 土壤重金属污染源解析主要方法及其应用[J]. 广东化工，44（23）：85-87+95.

韩君，梁学峰，徐应明，等. 2014. 黏土矿物原位修复镉污染稻田及其对土壤氮磷和酶活性的影响[J]. 环境科学学报，34（11）：2 853-2 860.

郝汉舟，陈锐凯，钱宽，等. 2016. 稳定化技术对土壤重金属污染修复的试验研究[J]. 湖北农业科学，55（12）：3 042-3 047.

郝强. 2016. 强化稳定纳米零价铁对土壤中Cr（Ⅵ）的还原去除及其机理[D]. 太原：太原理工大学.

何江涛，金爱芳，陈素暖，等. 2009. 北京东南郊污灌区PAHs垂向分布规律[J]. 环境科学（5）：14-20.

何军良，祝亚平，朱密，等. 2019. 土壤中重金属污染的植物修复强化技术概览[J]. 安全与环境工程，26（1）：58-63.

何其辉. 2018. 长株潭典型中轻度污染农田土壤重金属来源及有效性分析[D]. 长沙：湖南师范大学.

和晶亮. 2018. 植物—微生物联合修复含油污泥污染土壤中的多环芳烃分析[J]. 科技视界，252（30）：108-109.

胡碧峰，王佳昱，傅婷婷，等. 2017. 空间分析在土壤重金属污染研究中的应用[J]. 土壤通报，48（4）：1 014-1 024.

胡炎. 2019. 东南景天对镉胁迫的响应和镉再转运的生理与分子机制[D]. 杭州：浙江大学.

胡艳玲，齐学斌，李平，等. 2015. 微污染水灌溉对土壤-作物系统Cd动态的影响及小麦敏感期分析[J]. 中国农学通报（20）：175-179.

胡园，林莉，胡艳平，等. 农田土壤重金属Cd的环保淋洗剂筛选研究[J]. 长江科学院院报，36（9）：23-28.

黄荣，徐应明，黄青青，等. 2018. 不同水分管理下施用尿素对土壤镉污染钝化修复效应及微生物结构与分布影响[J]. 环境化学，37（3）：523-533.

黄颖. 2018. 不同尺度农田土壤重金属污染源解析研究[D]. 杭州：浙江大学.

黄子杰，许东升，杨有礼. 2013. 我国农村土壤污染防治对策研究[J]. 今日中国论坛（15）：82-83.

蒋彬，张慧萍. 2002. 水稻精米中铅镉砷含量基因型差异的研究[J]. 云南师范大学学报，22（3）：37-40.

蒋村，孟宪荣，施维林，等. 氯苯污染土壤低温原位热脱附修复[J]. 环境工程学报，13（7）：1 720-1 726.

蒋建东，顾立锋，孙纪全，等. 2005. 同源重组法构建多功能农药降解基因工程菌研究[J]. 生物工程学报（6）：32-39.

金爱芳. 2010. 不同灌溉条件下多环芳烃在包气带中的迁移规律研究[D]. 北京：中国地质大学.

孔祥言，李道伦，徐献芝，等. 2005. 热—流—固耦合渗流的数学模型研究[J]. 水动力学研究与进展（A辑），20（2）：269-275.

寇永纲，伏小勇，侯培强，等. 2008. 蚯蚓对重金属污染土壤中铅的富集研究[J]. 环境科学与管理（1）：66-68.

李嘉康，宋雪英，崔小维，等. 2017. 土壤中多环芳烃源解析技术研究进展[J]. 生态科学，36

（5）：223-231.

李娇，吴劲，蒋进元，等.2018.近十年土壤污染物源解析研究综述[J].土壤通报，49（1）：232-242.

李隆，李晓林，张福锁.2000.小麦—大豆间作中小麦对大豆磷吸收的促进作用[J].生态学报（4）：629-633.

李隆，杨思存，孙建好，等.1999.小麦/大豆间作中作物种间的竞争作用和促进作用[J].应用生态学报，10（2）：197-200.

李明月，邵帅，李婷，等.2019.废弃生物质盐浸提液淋洗镉锌污染土壤[J].环境工程学报，13（4）：927-935.

李平，齐学斌，胡艳玲，等.2015.不同混灌模式对镉在冬小麦—夏玉米轮作系统中分配的影响[J].灌溉排水学报（4）：30-33.

李平，齐学斌，张建丰，等.2015.不同轮灌模式对污灌农田冬小麦—夏玉米轮作系统重金属镉阻断效应[J].水土保持学报（2）：206-210.

李盛安，张定煌，冯敏铃，等.2017.珠江三角洲地区典型农田土壤中六六六和滴滴涕残留分布状况[J].广东化工（24）：37-38.

李彤，李翔，李绍康，等.2019.蚯蚓对植物修复石油烃污染土壤的影响[J].环境科学研究，32（4）：671-676.

李燕，马瑜，朱海云，等.2016.重金属污染土壤植物及其联合修复的研究进展[J].环境科学与技术（S2）：305-309.

李玉姣，温雅，郭倩楠，等.2014.有机酸和$FeCl_3$复合浸提修复Cd、Pb污染农田土壤的研究[J].农业环境科学学报（12）：2 335-2 342.

李韵诗，冯冲凌，吴晓芙，等.2015.重金属污染土壤植物修复中的微生物功能研究进展[J].生态学报，35（20）：6 881-6 890.

李中阳，樊向阳，齐学斌，等.2012.城市污水再生水灌溉对黑麦草生长及土壤磷素转化的影响[J].中国生态农业学报，20（8）：1 072-1 076.

李中阳，樊向阳，齐学斌，等.2012.施磷水平对再生水灌溉小白菜Cd质量分数和土壤Cd活性的影响[J].灌溉排水学报，31（6）：114-116.

李中阳，樊向阳，齐学斌，等.2012.再生水灌溉下重金属在植物—土壤—地下水系统迁移的研究进展[J].中国农村水利水电（7）：5-8.

李中阳，齐学斌，樊向阳，等.2013.再生水灌溉对4类土壤Cd生物有效性的影响[J].植物营养与肥料学报，19（4）：981-987.

李中阳，齐学斌，樊向阳，等.2013.再生水灌溉对黑麦草生长及重金属分布特征的影响[J].中国农村水利水电（3）：85-87.

李中阳，樊向阳，齐学斌，等.2014.再生水灌溉对不同类型土壤磷形态变化的影响[J].水土保持学报，28（3）：232-235.

李中阳，齐学斌，樊向阳，等.2016.不同钝化材料对污灌农田镉污染土壤修复效果研究[J].灌溉排水学报，35（3）：44-46.

李柱，周嘉文，吴龙华.2018.2017年土壤重金属污染与修复研究热点回眸[J].科技导报，36

（1）：189-198.

梁学峰，韩君，徐应明，等. 2015. 海泡石及其复配原位修复镉污染稻田[J]. 环境工程学报（9）：479-485.

梁振飞，韦东普，王卫，等. 2015. 不同淋洗剂对不同性质污染土壤中镉的浸提效率比较[J]. 土壤通报，46（5）：1 114-1 120.

廖斌，邓冬梅，杨兵，等. 2003. 鸭跖草（Commelina communis）对铜的耐性和积累研究[J]. 环境科学学报（6）：95-99.

廖洁，王天顺，范业赓，等. 2017. 镉污染对甘蔗生长、土壤微生物及土壤酶活性的影响[J]. 西南农业学报，30（9）：2 048-2 052.

廖强，李金鑫，李明珠，等. 2018. 污灌条件下重金属在土壤中的累积效应及风险评价[J]. 农业环境科学学报，37（11）：209-218.

林燕萍，赵阳，胡恭任，等. 2011. 多元统计在土壤重金属污染源解析中的应用[J]. 地球与环境，39（4）：536-542.

林忠辉，陈同斌. 2000. 磷肥杂质对土壤生态环境的影响[J]. 生态农业研究，8（2）：47-50.

刘白林. 2017. 甘肃白银东大沟流域农田土壤重金属污染现状及其在土壤—作物—人体系统中的迁移转化规律[D]. 兰州：兰州大学.

刘晨，陈家玮，杨忠芳. 2008. 北京郊区农田土壤中滴滴涕和六六六地球化学特征研究[J]. 地学前缘（5）：84-91.

刘晋波. 2017. 油葵、龙葵单作与间作对菲污染土壤的修复及其强化措施研究[D]. 杨凌：西北农林科技大学.

刘凯，张瑞环，王世杰. 2017. 污染地块修复原位热脱附技术的研究及应用进展[J]. 中国氯碱，481（12）：34-40.

刘鹏，胡文友，黄标，等. 大气沉降对土壤和作物中重金属富集的影响及其研究进展[J]. 土壤学报，56（5）：1 048-1 059.

刘润堂，许建中. 2002. 我国污水灌溉现状、问题及其对策[J]. 中国水利（10）：123-125.

刘沙沙，付建平，蔡信德，等. 2018. 重金属污染对土壤微生物生态特征的影响研究进展[J]. 生态环境学报，27（6）：1 173-1 178.

刘仕翔，胡三荣，罗泽娇. 2017. EDTA和ICA复配淋洗剂对重金属复合污染土壤的淋洗条件研究[J]. 安全与环境工程（3）：77-83.

刘宪华，冯炘，宋文华，等. 2003. 假单胞菌AEBL3对呋喃丹污染土壤的生物修复[J]. 南开大学学报（自然科学版）（4）：65-69.

刘小诗，李莲芳，曾希柏，等. 2014. 典型农业土壤重金属的累积特征与源解析[J]. 核农学报，28（7）：1 288-1 297.

刘鑫，黄兴如，张晓霞，等. 2017. 高浓度多环芳烃污染土壤的微生物—植物联合修复技术研究[J]. 南京农业大学学报，40（4）：632-640.

刘勇，王成军，冯涛. 2015. 土壤中铅污染源解析研究[J]. 西北大学学报（自然科学版），45（1）：147-151.

刘育红. 2009. 关于污水农业灌溉的探讨[J]. 现代农业科技（2）：287-288.

刘增俊，滕应，黄标，等. 2010. 长江三角洲典型地区农田土壤多环芳烃分布特征与源解析[J]. 土壤学报，47（6）：1 110-1 117.

卢晓明，王万贤，卢彭真. 2005. 鲁白15对土壤中重金属铅的吸收及其生理生化指标SOD、POD变化的研究[J]. 科学技术与工程（19）：66-68.

陆美斌，陈志军，李为喜，等. 2015. 中国两大优势产区小麦重金属镉含量调查与膳食暴露评估[J]. 中国农业科学，48（19）：3 866-3 876.

罗虹，刘鹏，宋小敏. 2006. 重金属镉、铜、镍复合污染对土壤酶活性的影响[J]. 水土保持学报（2）：96-98.

骆永明，滕应. 2018. 我国土壤污染的区域差异与分区治理修复策略[J]. 中国科学院院刊，33（2）：145-152.

骆永明. 2009. 污染土壤修复技术研究现状与趋势[J]. 化学进展（2）：558-565.

吕海祥，田长彦，王梓宇，等. 2015. 外源硒对罗布麻幼苗生长及光合作用的影响[J]. 干旱区地理，38（1）：83-89.

吕良禾. 2017. DDT污染土壤表面活性剂强化植物—微生物联合修复技术研究[D]. 沈阳：沈阳大学.

马博. 2018. 凹凸棒石对重金属的钝化及在尾矿和农田中的应用研究[D]. 北京：中国地质大学.

马婵华. 2019. 黑麦草植物对农田重金属镉污染土壤的修复效果研究[J]. 现代农业科技，737（3）156+160.

马琳. 2018. 重金属污染对土壤酶活性影响的研究进展[J]. 农业与技术，38（20）：246+249.

马梅，王毅，王子健. 1999. 城市污水生物处理过程中有毒有机污染物浓度及毒性变化的规律[J]. 工业水处理，19（6）：9-12+47.

马文翠. 2016. 植物—微生物联合修复石油污染土壤的数值模拟与评价研究[D]. 天津：天津大学.

毛凯，周寿荣. 1993. 三种牧草与冬小麦间作的生态经济效益初探[J]. 中国草地（4）：31-34.

孟飞，张建，刘敏，等. 2009. 上海农田土壤中六六六和滴滴涕污染分布状况研究[J]. 土壤学报（2）：179-182.

孟敏，杨林生，韦炳干，等. 2018. 我国设施农田土壤重金属污染评价与空间分布特征[J]. 生态与农村环境学报，34（11）：61-68.

孟庆峰，杨劲松，姚荣江，等. 2012. 单一及复合重金属污染对土壤酶活性的影响[J]. 生态环境学报（3）：153-158.

聂梅生. 2001. 美国污水回用技术调研分析[J]. 中国给水排水，9（17）：23-25.

潘丽丽，孙建腾，詹宇，等. 2016. 长三角农田土壤中滴滴涕的污染特征与生态风险[J]. 生态毒理学报，11（2）：509-517.

潘声旺，魏世强，袁馨，等. 2008. 沿阶草（*Ophiopogon japanicus*）对土壤中菲芘的修复作用[J]. 生态学报（8）：3 654-3 661.

潘声旺，魏世强，袁馨，等. 2009. 油菜—紫花苜蓿混种对土壤中菲、芘的修复作用[J]. 中国农业科学，42（2）：561-568.

彭皓，马杰，马玉玲，等. 2019. 天津市武清区农田土壤和蔬菜中重金属污染特征及来源解析[J]. 生态学杂志，38（7）：2 102-2 112.

平安，魏忠义，李培军，等. 2011. 有机酸与表面活性剂联合作用对土壤重金属的浸提效果研究[J].

生态环境学报，166-171.

齐学斌，钱炬炬，樊向阳，等. 2006. 污水灌溉国内外研究现状与进展[J]. 中国农村水利水电（1）：13-15.

乔冬梅，樊向阳，齐学斌，等. 2012. 不同有机酸对重金属镉形态及生物有效性的影响[J]. 灌溉排水学报，31（6）：15-17.

秦先燕，李运怀，孙跃，等. 2017. 环巢湖典型农业区土壤重金属来源解析[J]. 地球与环境，45（4）：455-463.

任婧，田长彦. 2014.锂浓度对罗布麻生长及锂累积量的影响[J]. 干旱区研究，31（2）：313-316.

石岩，齐学斌，高青. 2014. 我国污水灌溉安全性研究进展与对策建议[J]. 节水灌溉（3）：37-40+44.

石钰婷，何江涛，金爱芳. 2011. 北京市东南郊不同灌区表层土壤中PAHs来源解析[J]. 现代地质，25（2）：393-400.

史兵方，张波，王耀，等. 2010. 南充市表层土壤中多环芳烃的源解析研究[J]. 化学研究与应用，22（7）：835-840.

宋凤敏，乔权，汤波，等. 锰镍单一及复合污染对土壤脲酶活性的影响[J]. 江苏农业科学，47（7）：248-252.

宋伟，陈百明，刘琳. 2013.中国耕地土壤重金属污染概况[J]. 水土保持研究，20（2）：293-298.

宋玉芳，常士俊，李利，等. 1997. 污灌土壤中多环芳烃（PAHs）的积累与动态变化研究[J]. 应用生态学报（1）：94-99.

宋志廷，赵玉杰，周其文，等. 2016. 基于地质统计及随机模拟技术的天津武清区土壤重金属源解析[J]. 环境科学37（7）：2 756-2 762.

苏德纯，黄焕忠，张福锁. 2002. 印度芥菜对土壤中难溶态镉、铅的吸收差异[J]. 生态环境学报，11（2）：125-128.

孙慧，毕如田，郭颖，等. 2018. 广东省土壤重金属溯源及污染源解析[J]. 环境科学学报，38（2）：704-714.

孙涛，毛霞丽，陆扣萍，等. 2015. 柠檬酸对重金属复合污染土壤的浸提效果研究[J]. 环境科学学报（8）：280-288.

孙贤波，陈琳玲，赵庆祥. 2005. 城市污水生化处理水的UV/03法深度处理研究[J]. 上海环境科学，24（3）：96-100+118.

索琳娜，刘宝存，赵同科，等. 2016. 北京市菜地土壤重金属现状分析与评价[J]. 农业工程学报（9）：179-186.

汤家喜，梁成华，杜立宇，等. 2011. 复合污染土壤中砷和镉的原位固定效果研究[J]. 环境污染与防治（2）：71-74+79.

汤逸帆，汪玲玉，吴旦，等. 2019.农田施用沼液的重金属污染评价及承载力估算——以江苏滨海稻麦轮作田为例[J]. 中国环境科学，39（4）：1 687-1 695.

唐小飞. 2018.植物—微生物联合修复重金属污染土壤研究进展[J]. 广东化工（14）：148-149.

田九洲. 2011.土壤中重金属污染与危害特点综述[J]. 绿色科技（10）：141-143.

万洪富. 2005. 我国华南沿海典型区域农业土壤污染特点、原因及其对策//中国土壤科学的现状与展望[C]. 中国土壤学会, 30.

万盼, 黄小辉, 熊兴政, 等. 2018. 农药施用浓度对油桐幼苗生长及土壤酶活性、有效养分含量的影响[J]. 南京林业大学学报（自然科学版）, 42（1）: 73-80.

王斌. 2018. 农田土壤化肥污染及应对措施[J]. 河南农业, 8（14）: 47+49.

王洪, 孙铁珩, 李海波, 等. 2010. 耕作方式对农田土壤PAHs分布特征的影响[J]. 安全与环境学报, 10（4）: 78-81.

王京秀, 张志勇, 孙珊珊, 等. 2016. 植物—固体菌剂联合修复石油污染土壤的基础研究[J]. 环境工程学报（11）: 6 732-6 738.

王丽. 2019. 农田土壤重金属污染现状及防治对策[J]. 新农业（3）: 21.

王美仙, 万映伶, 董丽, 等. 2016. 镉污染土壤的植物修复研究进展[J]. 环境污染与防治（2）: 111.

王巧红, 董金霞, 张君, 等. 2017. Cd污染对3种类型土壤酶活性及Cd形态分布的影响[J]. 四川农业大学学报, 35（3）: 339-344.

王圣瑞, 颜昌宙, 金相灿, 等. 2005. 关于化肥是污染物的误解[J]. 土壤通报（5）: 161-164.

王学军, 任丽然, 戴永宁, 等. 2003. 天津市不同土地利用类型土壤中多环芳烃的含量特征[J]. 地理研究（3）: 100-106.

王逸轩, 田婧宜, 陈玉成. 2018. 赤泥对污染土壤中铅形态转化的影响分析[J]. 南方农业, 12（17）188-191.

王志刚, 胡影, 徐伟慧, 等. 2015. 邻苯二甲酸二甲酯污染对黑土土壤呼吸和土壤酶活性的影响[J]. 农业环境科学学报, 34（7）: 1 311-1 316.

王志刚, 赵晓松, 徐伟慧, 等. 2015. 黑土微生物量和酶活性对邻苯二甲酸二丁酯污染的响应[J]. 生态毒理学报, 10（6）: 202-208.

王紫泉. 2017. 土壤酶对As污染毒性响应及作用机理研究[D]. 杨凌: 西北农林科技大学.

韦朝阳, 陈同斌, 黄泽春, 等. 2002. 大叶井口边草——一种新发现的富集砷的植物[J]. 生态学报（5）: 777-778.

韦韩阳, 陈同斌, 等. 2002. 大叶井边草——一种新发现的富集砷的植物[J]. 生态学报, 22（5）: 777-778.

魏睿. 2018. 植物—微生物联合修复农药污染土壤的技术研究[J]. 科技创新导报, 15（11）: 109-110.

魏树和, 周启星, 王新, 等. 2004. 一种新发现的镉超积累植物龙葵（Solanum nigrum L.）[J]. 科学通报（24）: 66-71.

文武, 贾丽艳, 刘洪波, 等. 2007. 城市污水处理技术与工艺研究进展综述[J]. 环境保护科学, 33（6）: 53-55+77.

吴文勇, 尹世洋, 刘洪禄, 等. 2013. 污灌区土壤重金属空间结构与分布特征[J]. 农业工程学报, 29（4）: 165-173.

吴志能, 谢苗苗, 王莹莹. 2016. 我国复合污染土壤修复研究进展[J]. 农业环境科学学报, 35（12）: 2 250-2 259.

武升, 邢素林, 马凡凡, 等. 2019. 有机肥施用对土壤环境潜在风险研究进展[J]. 生态科学, 38

（2）：219-224.

夏庆兵，王军，朱鲁生，等. 2016. 土壤微生物对邻苯二甲酸二（2-乙基己）酯胁迫的生态响应[J]. 农业环境科学学报，35（7）：1 344-1 350.

向玥皎，刘阳生. 2015. 柠檬酸、草酸对污染土壤中铅锌的静态浸提实验研究[J]. 环境工程（9）：35+158-162.

肖光辉，卢红玲，彭新德. 2015. 土壤镉污染对农作物的危害研究进展[J]. 湖南农业科学（9）：91-94.

肖汝，汪群慧，杜晓明，等. 2006. 典型污灌区土壤中多环芳烃的垂直分布特征[J]. 环境科学研究（6）：51-55.

谢探春，王国兵，尹颖，等. 2019. 柳树对镉—芘复合污染土壤的修复潜力与耐受性研究[J]. 南京大学学报（自然科学），55（2）：282-290.

熊鹏翔，龚娴，邓磊. 2008. 南昌市农田土壤和水样中邻苯二甲酸酯污染物的分析[J]. 化学通报（8）：636-640.

徐建明，孟俊，刘杏梅，等. 2018. 我国农田土壤重金属污染防治与粮食安全保障[J]. 中国科学院院刊，33（2）：153-159.

徐坤，刘雅心，成杰民，等. 2019. 蚯蚓对印度芥菜修复Zn、Pb污染土壤的影响[J]. 土壤通报，50（1）：203-210.

徐奕，李剑睿，徐应明，等. 2017. 膨润土钝化与不同水分灌溉联合处理对酸性稻田土镉污染修复效应及土壤特性的影响[J]. 环境化学，36（5）：1 026-1 035.

薛祖源. 2014. 国内土壤污染现状、特点和一些修复浅见[J]. 现代化工（10）：7-12.

杨茹月，李彤彤，杨天华，等. 植物基因工程修复土壤重金属污染的研究进展[J]. 环境科学研究，32（8）：1 294-1 303.

杨硕，阎秀兰，冯依涛. 河北曹妃甸某农场农田土壤重金属空间分布特征及来源分析[J]. 环境科学学报，39（9）：3 064-3 072.

杨肖娥，龙新宪，倪吾钟，等. 2002. 东南景天（Sedum alfredii H）——一种新的锌超积累植物[J]. 科学通报（13）：45-48.

姚梦琴. 2017. 植—微生物联合修复农药污染土壤的技术研究[D]. 沈阳：沈阳工业大学.

易鹏，勾昕，樊云龙，等. 2015. 施肥与接种蚯蚓对农田土壤中镉、铬、铜、铅元素的影响[J]. 贵州师范学院学报，31（12）：26-31.

尹国庆，江宏，王强，等. 2018. 安徽省典型区农用地土壤重金属污染成因及特征分析[J]. 农业环境科学学报.

于志红，谢丽坤，刘爽，等. 2014. 生物炭—锰氧化物复合材料对红壤吸附铜特性的影响[J]. 生态环境学报，23（5）：897-903.

余春瑰，张世熔，姚苹，等. 2015. 四种生物质材料水浸提液淋洗镉污染土壤及其废水处理研究[J]. 土壤（6）：1 132-1 138.

袁立竹. 2017. 强化电动修复重金属复合污染土壤研究[D]. 北京：中国科学院大学.

袁馨，魏世强，潘声旺. 2009. 苏丹草对土壤中菲芘的修复作用[J]. 农业环境科学学报，28（7）：1 410-1 415.

张建，石义静，崔寅，等.2010.土壤中邻苯二甲酸酯类物质的降解及其对土壤酶活性的影响[J].
　　环境科学，31（12）：3 056-3 061.

张晶，张惠文，丛峰，等.2007.长期灌溉含多环芳烃污水对稻田土壤酶活性与微生物种群数量
　　的影响[J].生态学杂志（8）：53-58.

张娟.2012.污灌区土壤、大气和水中石油烃的分布特征、来源及迁移机制的研究[D].济南：山
　　东大学.

张军，蔺亚青，胡方洁，等.2018.土壤重金属污染联合修复技术研究进展[J].应用化工，47
　　（5）：1 038-1 042+1 047.

张利飞，杨文龙，董亮，等.2011.苏南地区农田表层土壤中多环芳烃和酞酸酯的污染特征及来
　　源[J].农业环境科学学报，30（11）：2 202-2 209.

张茂生，李明阳，王纪阳，等.2009.东莞市蔬菜基地邻苯二甲酸酯（PAEs）的污染特征研究[J].
　　广东农业科学（6）：172-175+180.

张晓斌，梁宵，占新华，等.2013.菲污染土壤黑麦草/苜蓿间作修复效应[J].环境工程学报，7
　　（5）：1 974-1 978.

张晓斌，占新华，周立祥，等.2011.小麦/苜蓿套作条件下菲污染土壤理化性质的动态变化[J].
　　环境科学，32（5）：1 462-1 470.

张长波，骆永明，吴龙华.2007.土壤污染物源解析方法及其应用研究进展[J].土壤（2）：
　　190-195.

赵多勇，郭波莉，魏益民，等.2011.重金属污染源解析研究进展[J].安全与环境学报，11
　　（4）：98-103.

赵红安，臧亮，张贵军，等.2018.县域尺度土壤重金属污染特征及源解析——以赵县为例[J].
　　土壤通报，49（3）：710-719.

赵颖，张丽.2017.太原小店污灌区农田土壤多环芳烃的污染特征及其来源[J].水土保持通报，
　　37（4）：99-105.

赵振勇，李中都，张福海，等.2013.盐生植物种植对克拉玛依农业开发区盐分平衡的影响[J].
　　水土保持通报，33（3）：444-448.

郑顺安，陈春，郑向群，等.2013.模拟降雨条件下22种典型土壤镉的淋溶特征及影响因子分析[J].
　　环境化学，32（5）：867-873.

郑顺安，陈春，郑向群，等.2013.污染土壤不同粒级团聚体中铅的富集特征及与叶类蔬菜铅吸
　　收之间的相关性[J].农业环境科学学报，32（3）：556-564.

郑学昊，孙丽娜，王晓旭，等.2017.植物—微生物联合修复PAHs污染土壤的调控措施对比研
　　究[J].生态环境学报，26（2）：323-327.

钟利彬.2018.土壤—水稻—人体系统中的镉迁移动态模型及健康风险评估[D].杭州：浙江大学.

周际海，黄荣霞，樊后保，等.2016.污染土壤修复技术研究进展[J].水土保持研究，23
　　（3）：366-372.

周启星，王美娥.2006.土壤生态毒理学研究进展与展望[J].生态毒理学报，1（1）：1-11.

朱凰榕，周良华，阳峰，等.2019.两种景天修复Cd/Zn污染土壤效果的比较[J].生态环境学
　　报，28（2）：403-410.

朱媛媛，田靖，魏恩琪，等. 2014. 天津市土壤多环芳烃污染特征、源解析和生态风险评价[J]. 环境化学，33（2）：248-255.

朱月珍. 1982. 土壤中六价铬的吸附与还原[J]. 环境化学，1（5）：359-364.

庄国泰. 2015. 我国土壤污染现状及防控策略[J]. 中国科学院院刊，30（Z1）：46-52.

邹萌萌，周卫红，张静静，等. 2019. 我国东部地区农田土壤重金属污染概况[J]. 中国农业科技导报，21（1）：123-130.

Alcántara T, Pazos M, Gouveia S, et al. 2008. Remediation of phenanthrene from contaminated kaolinite by electroremediation-Fenton technology[J]. Journal of Environmental Science and Health, Part A, 43（8）：901-906.

Altaf Hussain Lahori. 2018. 几种实用型固化剂对矿区及冶炼厂周边土壤中Pb、Cd、Cu和Zn的稳定化研究[D]. 杨凌：西北农林科技大学.

Anderson G L, Williams J, Hille R. 1992. The purification and characterization of arsenite oxidase from Alcaligenes faecalis, a molybdenum-containing hydroxylase[J]. Journal of Biological Chemistry, 267（33）：23 674-23 682.

Aresta M, Dibenedetto A, Fragale C, et al. 2008. Thermal desorption of polychlorobiphenyls from contaminated soils and their hydrodechlorination using Pd-and Rh-supported catalysts[J]. Chemosphere, 70（6）：1 052-1 058.

Arnot J A, Gobas F A. 2006. A review of bioconcentration factor（BCF）and bioaccumulation factor（BAF）assessments for organic chemicals in aquatic organisms[J]. Environmental Reviews, 14（4）：257-297.

Baker A J M, brooks R R, Pease A J, et al. 1983. Studies on copper and cobalt tolerance in three closey related taxa with in the genus Science L. from Zaire[J]. Plant and Soil, 73：377-385.

Bandick, Anna K, Dick, Richard P. 1999. Field management effects on soil enzyme activities[J]. Soil Biology & Biochemistry, 31（11）：1 471-1 479.

Banks M K, Schwab A P. 1979. Cartos Henderson leaching and reduction of chromium in soil as affected by soil organic content and plants[J]. Chemosphere, 2006, 62（2）：255-264.

Boshoff M, De Jonge M, Dardenne F, et al. 2014. The impact of metal pollution on soil faunal and microbial activity in two grassland ecosystems[J]. Environmental Research, 134：169-180.

Cameselle C. 2015. Enhancement of Electro-Osmotic Flow During the Electrokinetic Treatment of a Contaminated Soil[J]. Electrochimica Acta, 181：31-38.

Chander K, Klein T, Eberhardt U, et al. 2002. Decomposition of carbon-14-labelled wheat straw in repeatedly fumigated and non-fumigated soils with different levels of heavy metal contamination[J]. Biology and Fertility of Soils, 35（2）：86-91.

Cheema S A, Khan M I, Tang X, et al. 2009. Enhancement of phenanthrene and pyrene degradation in rhizosphere of tall fescue（Festuca arundinacea）[J]. Journal of Hazardous Materials, 166（2-3）：1 226-1 231.

Evangelou Michael W H, Ebel Mathias, Schaeffer Andreas. 2007. Chelate assisted phytoextraction of heavy metals from soil. Effect, mechanism, toxicity, and fate of chelating agents[J].

Chemosphere, 68（6）：1 000-1 003.

Francisco Pedreroa, Ioannis Kalavrouziotisb, Juan JoseAlarcona, et al. 2010. Use of treated municipal wastewater in irrigated agriculture-Review of some practices in Spain and Greece[J]. Agricultural Water Management（97）：1 233-1 241.

Gaddipati H, Herlyn M. 2008. Use of Thermal Conduction Heating for the Remediation of DNAPL in Fractured Bedrock[J]. Ind. eng. chem. res, 4（49）：18 852-18 862.

Gans J, Wolinsky M, Dunbar J. 2005. Computational improvements reveal great bacterial diversity and high metal toxicity in soil[J]. Science, 309（5 739）：1 387-1 390.

Garcia G J, Plaza C C, Soler R P. 2000. Long-term effects of municipal solid waste compost application on soil enzyme activities and microbial biomass[J]. Soil Biology & Biochemistry, 32（13）：1 907-1 913.

Giller K E, Witter E, McGrath S P. 1998. Toxicity of heavy metals to microorganisms and microbial processes in agricultural soils：a review[J]. Soil Biology and Biochemistry, 30（10-11）：1 389-1 414.

Giller K E, Witter E, McGrath S P. 2009. Heavy metals and soil microbes. Soil Biology and Biochemistry, 41（10）：2 031-2 037.

Groffmana P M, Mcdowell W H, Myers J C, et al. 2001. Soil microbial biomass and activity in tropical riparian forests[J]. Soil Biology & Biochemistry, 33（10）：1 339-1 348.

Hamed J, Acar Y, Gale R. 1991. Pb（II）Removal from Kaolinite by Electrokinetics[J]. Journal of Geotechnical Engineering, 117（2）：241-271.

Heron G, Van Zutphen M, Christensen T H, et al. 1998. Soil Heating for Enhanced Remediation of Chlorinated Solvents：A Laboratory Study on Resistive Heating and Vapor Extraction in a Silty, Low-Permeable Soil Contaminated with Trichloroethylene[J]. Environmental Science & Technology, 32（10）：1 474-1 481.

Higarashi M M, Jardim W E. 2002. Remediation of pesticide contaminated soil using TiO_2 mediated by solar light[J]. Catalysis Today, 76（2）：201-207.

Hou Q Y, Yang Z F, Ji J F, et al. 2014. Annual net input fluxes of heavy metals of the agro-ecosystem in the Yangtze River Delta, China[J]. Journal of Geochemical Exploration, 139：68-84.

James B R, Bartlett R J. 1979. Behavior of chromium in soils：Oxidation[J]. J Environ Quality, 8：31-34.

Ji P, Tang X, Jiang Y, et al. 2015. Potential of Gibberellic Acid 3（GA_3）for Enhancing the Phytoremediation Efficiency of *Solanum nigrum* L. [J]. Bulletin of Environmental Contamination & Toxicology, 95（6）：810-814.

Xu J L, Gu X, Biao S, et al. 2006. Isolation and Characterization of a Carbendazim-Degrading *Rhodococcus* sp. djl-6[J]. Current Microbiology, 53（1）：72-76.

Khan F I, Husain T, Hejazi R. 2004. An overview and analysis of site remediation technologies[J]. Journal of Environmental Management, 71（2）：95-122.

Khan S, Hesham A E L, Qing G, et al. 2009. Biodegradation of pyrene and catabolic genes in contaminated soils cultivated with Lolium multiflorum L[J]. Journal of Soils and Sediments, 9 (5): 482-491.

Kim K J, Kim D H. 2011. Electrokinetic extraction of heavy metals from dredged marine sediment[J]. Separation and Purification Technology, 79 (2): 164-169.

Lageman R. 1993. Electroreclamation. Applications in the Netherlands[J]. Environmental Science & Technology, 27 (13): 2 648-2 650.

Liang J, Feng C T, Zeng G M, et al. 2017. Spatial distribution and source identification of heavy metals in surface soils in a typical coal mine city, Lianyuan, China[J]. Environmental Pollution, 225: 681-690.

Lin Q, Shen K, Zhao H, et al. 2008. Growth response of Zea mays L. in pyrene-copper co-contaminated soil and the fate of pollutants[J]. Journal of Hazardous Materials, 150 (3): 515-521.

Liu X J, Tian G J, Jiang D, et al. 2016. Cadmium (Cd) distribution and contamination in Chinese paddy soils on national scale[J]. Environmental Science and Pollution Research, 23: 17 941-17 952.

Luo C L, Shen Z G, Li X D. 2008. Root exudates increase metal accumulation in mixed cultures: implications for naturally enhanced phytoextraction[J]. Waterairand soil pollution, 193 (1-4): 147-154.

Ma T T, Luo Y M, Christie P, et al. 2012. Removal of phthalic esters from contaminated soil using different cropping systems: A field study[J]. European Journal of Soil Biology, 50: 76-82.

Macdonald C A, Clark I M, Zhao F J, et al. 2011. Long-term impacts of zinc and copper enriched sewage sludge additions on bacterial, archaeal and fungal communities in arable and grassland soils[J]. Soil Biology and Biochemistry, 43 (5): 932-941.

Maila M P, Randima P, Cloete T E. 2005. Multispecies and monoculture rhizoremediation of polycyclic aromatic hydrocarbons (PAHs) from the soil[J]. Int J Phytorem, 7 (2): 87-98.

Marcucci M, Tognotti L. 2002. Reuse of wastewater for industrial needs: the Pontedera case[J]. Resources Conservation and Recycling, 34 (4): 249-259.

Mavrov V, Erwe T, Biocher C, et al. 2002. Chmiel. Study of new integrated processes combining adsorption membrane separation and flotation for heavy metal removal from wastewater[J]. Desalination, 157 (1-3): 97-104.

Meagher R B. 2000. Phytoremediation of toxic elemental and organic pollutants[J]. Curr. opin. plant Biol, 3 (2): 153-162.

Pan Y P, Wang Y S. 2015. Atmospheric wet and dry deposition of trace elements at 10 sites in Northern China[J]. Atmospheric Chemistry and Physics, 15 (2): 951-972.

Pandey G, Dorrian S J. 2010. Cloning and biochemical characterization of a novel carbendazim (methyl-1H-benzimi-dazol-2-ylcarbamate)-hydrolyzing esterase from the newly isolated Nocardioides sp. strain SG-4G and its potential for use in enzymatic bioremediation[J]. Appl. Environ. Microbiol, 76, 2 940-2 945.

Puppala S K, Alshawabkeh A N. 1997. Enhanced electrokinetic remediation of high sorption capacity soil[J]. Journal of Hazardous Materials, 55 (1-3): 203-220.

Reilley K A, Banks M K, Schwab A P. 1996. Dissipation of polycyclic aromatic hydrocarbons in the rhizosphere[J]. Journal of Environmental Quality, 25（2）: 212-219.

Shahid, Muhammad, Dumat, et al. 2012. Assessment of lead speciation by organic ligands using speciation models[J]. Chemical Speciation and Bioavailability, 24（4）: 248-252.

Shen G Q, Cao L K, Lu Y T, et al. 2005. Influence of phenanthrene on cadmium toxicity to soil enzymes and microbial growth[J]. Environmental Science and Pollution Research, 12（5）: 259-263.

Shi Y, Xie H, Cao L, et al. 2016. Effects of Cd-and Pb-resistant endophytic fungi on growth and phytoextraction of Brassica napus in metal-contaminated soils[J]. Environmental Science & Pollution Research, 24（1）: 417-426.

Singh B K, Quince C, Macdonald C A, et al. 2014. Loss of microbial diversity in soils is coincident with reductions in some specialized functions[J]. Environmental Microbiology, 16（8）: 2 408-2 420.

Wang K, Zhu Z Q, Huang H G, et al. 2012. Interactive effects of Cd and PAHs on contaminants removal from co-contaminated soil planted with hyperaccumulator plant Sedum alfredii[J]. Journal of Soils and Sediments, 12（4）: 556-564.

Wang X, Yuan X, Hou Z. 2009. Effect of di-（2-ethylhexyl）phthalate（DEHP）on microbial biomass C and enzymatic activities in soil[J]. European Journal of Soil Biology, 22: 135-177.

Wang X G, Song M, Wang Y Q, et al. 2012. Response of soil bacterial community to repeated applications of carbendazim[J]. Ecotoxicology & Environmental Safety, 75: 33-39.

Wang Z C, Wang Y Y, Gong F F, et al. 2010. Biodegradation of carbendazim by a novel actinobaeterium Rhodococcus jialingiae djl-6-2[J]. Chemosphere, 81: 639-644.

White J C, Parrish Z D, Gent M P N. 2006. Isleyenme-hmet incorviamattinamary Jane soil amendments plantage andintercroppingimpactp, p'-DDE bioavailability to Cucurbitapepo[J]. Journal Environmental Quality, 35: 992-1 000.

Wu W Y, Huang Y, Liu H L, et al. 2015. Reclaimed water filtration efficiency and drip irrigation emitter performance with differing combination of sand and filter[J]. Irrigation and Drainage, 64: 362-369.

Xia X Q, Yang Z F, Cui Y J, et al. 2014. Soil heavy metal concentrations and their typical input and output fluxes on the southern Song-nen Plain, Heilongjiang Province, China[J]. Journal of Geochemical Exploration, 139: 85-96.

Xu J L, He J, Wang I C, et al. 2007. *Rhodococcus qingshengii* sp. nov., a carbendazim-degrading bacterium[J]. International Journal of Systematic and Evolutionary Microbiology, 57（12）: 2 754-2 757.

Ying-wu Shi, Kai Lou, Chun Li, et al. 2015. Illumina-based analysis of bacterial diversity related to halophytes Salicornia europaea and Sueada aralocaspica[J]. Journal of Microbiology, 53（10）: 678-685.

Zhang G S, Jia X M, Cheng T F, et al. 2005. Isolation and characterization of a new carbendazimdegradingRalstoniasp. strain[J]. World Journal of Microbiology & Biotechnology，21（3）：265-269.

Zhang Y X，Wang M，Huang B，et al. 2018. Soil mercury accumulation，spatial distribution and its source identification in an industrial area of the Yangtze Delta，China[J]. Ecotoxicology and Environmental Safety，163：230-237.

Zhou J，Li X，Jiang Y，et al. 2011. Combined effects of bacterial-feeding nematodes and prometryne on the soil microbial activity[J]. Journal of Hazardous Materials，192（3）：1 243-1 249.